热带果树科学施肥技术集成与示范推广

全国农业技术推广服务中心　编著

中国农业出版社
北　京

图书在版编目（CIP）数据

热带果树科学施肥技术集成与示范推广 / 全国农业技术推广服务中心编著. -- 北京 ：中国农业出版社，2024. 6. -- ISBN 978-7-109-32219-6

Ⅰ. S667.06

中国国家版本馆 CIP 数据核字第 2024RJ8543 号

热带果树科学施肥技术集成与示范推广

REDAI GUOSHU KEXUE SHIFEI JISHU JICHENG YU SHIFAN TUIGUANG

中国农业出版社出版

地址：北京市朝阳区麦子店街 18 号楼

邮编：100125

策划编辑：贺志清

责任编辑：史佳丽　贺志清

版式设计：王　晨　　责任校对：吴丽婷

印刷：中农印务有限公司

版次：2024 年 6 月第 1 版

印次：2024 年 6 月北京第 1 次印刷

发行：新华书店北京发行所

开本：787mm×1092mm　1/16

印张：10.5

字数：250 千字

定价：68.00 元

本书获“十三五”国家重点研发计划“热带果树化肥农药减施增效技术集成研究与示范”项目支持。

编　委　会

前　言

我国是果树种植大国，具有悠久的栽培历史，同时也是水果生产和消费大国，当前无论是水果种植面积，还是产量水平都稳居世界第一。热带果树在我国资源丰富，除了香蕉、芒果、荔枝等大宗热带果树以外，还有柠檬、火龙果、山竹等功能独特、经济效益显著的特色热带果树，主要种植在海南、广东、广西、云南、福建、台湾等省份的热带及亚热带地区。

近年来，随着人民生活水平的提高，热带果树得到越来越多的关注，果树品种培育、水肥科学管理、冷链长途运输、水果深加工等技术体系建设不断纵深推进，热带果树产业有了突飞猛进的发展，成为提升热区农民收入、促进农业高质量发展、巩固乡村振兴发展成果的支柱产业之一。肥料是果树的“粮食”，科学施肥是改善热带果园土壤质量、提升土壤肥力、保障果树营养均衡供给，促进优质高产稳产的关键。当前，一些地区热带果树科学施肥技术模式不成熟、标准体系不完善，农户缺乏有效的科学施肥指导和技术支持，施肥多凭种植经验感觉，不规范不科学用肥现象仍然存在，不仅导致了肥料不能被果树有效吸收利用，造成养分流失浪费、降低肥料利用效率，还会影响水果品质，降低农户收益，威胁热带果树产业可持续健康发展。

在“十三五”国家重点研发计划“热带果树化肥农药减施增效技术集成研究与示范”项目支持下，全国农业技术推广服务中心牵头实施了“热带果树化肥农药减施增效技术示范”课题，围绕热带果树科学施肥用药开展技术研究和示范推广，重点筛选集成新产品、新技术、新模式，推进热带果树测土配方施肥、有机肥替代化肥、水肥药一体化、新型功能肥料、果园生草还田、化学农药绿色替代等技术应用，着力提升热带果树肥料农药利用效率，减少人工投入，提高果树产量和品质。并结合项目研究成果，广泛开展技术培训和宣传推广，指导项目省份分类建立化肥农药减量增效技术示范区，有力促进了果农增收、推动了热带果业绿色发展。

为推进热带果树科学施肥技术集成推广，更有力的支持作物产能品质提升、农民增产增收和产业现代化发展，我们在前期工作的基础上，编写了《热带果树科学施肥技术集成与示范推广》，供相关热带果树工作者参考，也可结合生产实际进一步优化完善。由于时间仓促和水平有限，不足和疏漏之处敬请广大读者批评指正。

编　者

2024 年 7 月

目录

第一章

热带果树产业发展与施肥现状

一、香蕉产业发展与施肥现状

（一）香蕉种植及产业发展情况

1. 国际香蕉种植面积及产量 亚洲香蕉产量占全球产量的一半以上，是香蕉生产第一大洲；美洲和非洲两大洲的收获面积占全球收获面积的一半以上。2019 年，全球香蕉收获面积为 515.86 万 hm^2，近 20 年，全球香蕉收获面积增长了 26.96%，2006 年以后，基本保持在 500 万 hm^2 以上。

2019 年全球香蕉产量达到 1.17 亿 t（图 1-1），价值约为 310 亿美元。全球共有 117 个香蕉生产国和地区，如图 1-2 所示，收获面积排名前十的国家和地区为印度、中国、印度尼西亚、巴西、厄瓜多尔、菲律宾、危地马拉、安哥拉、坦桑尼亚、哥伦比亚，占全球香蕉种植总面积的 54.94%，占全球香蕉总产量的 71.54%。从产业规模来看，印度遥遥领先于世界其他国家，收获面积为 86.6 万 hm^2，占世界总面积的 16.79%；产量为3 046 万 t，占世界总产量的 26.08%；中国位居第二，收获面积为 34.40 万 hm^2，占世界总面积的 6.67%，产量为1 165.57万 t，占世界总产量的 9.98%；印度尼西亚位居第三，收获面积和产量分别为 13.22 万 hm^2、728.07 万 t，分别占世界的 2.56% 和 6.23%。

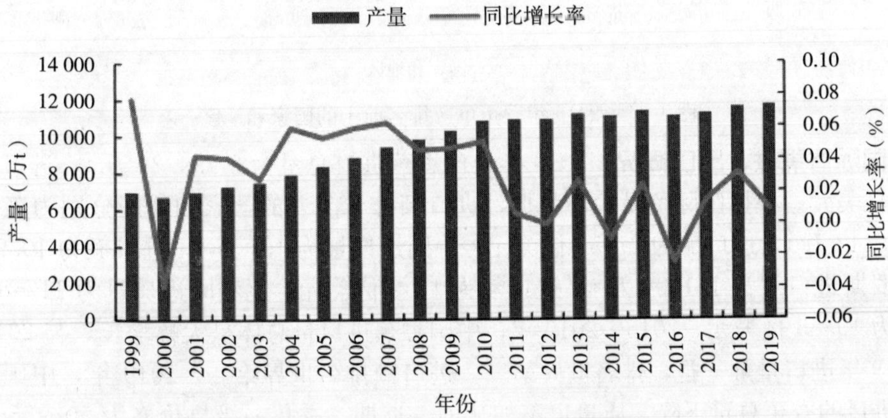

图 1-1　1999—2019 年全球香蕉产量

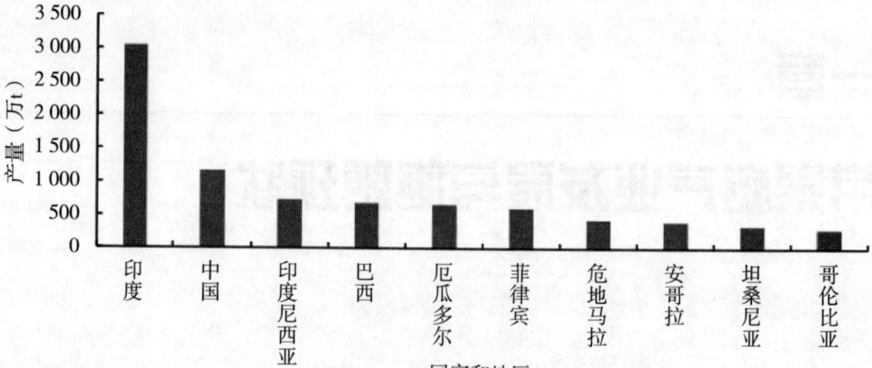

图 1-2　2019 年香蕉产量排名前十的国家和地区

从香蕉单产来看（图 1-3），2019 年印度尼西亚和危地马拉的香蕉单产量要远超于其他国家，尤其是印度尼西亚香蕉单产在 50t/hm² 以上。全球香蕉单产排名前十位的国家和地区有印度尼西亚、危地马拉、厄瓜多尔、印度、中国、菲律宾、哥伦比亚、安哥拉、巴西和坦桑尼亚。

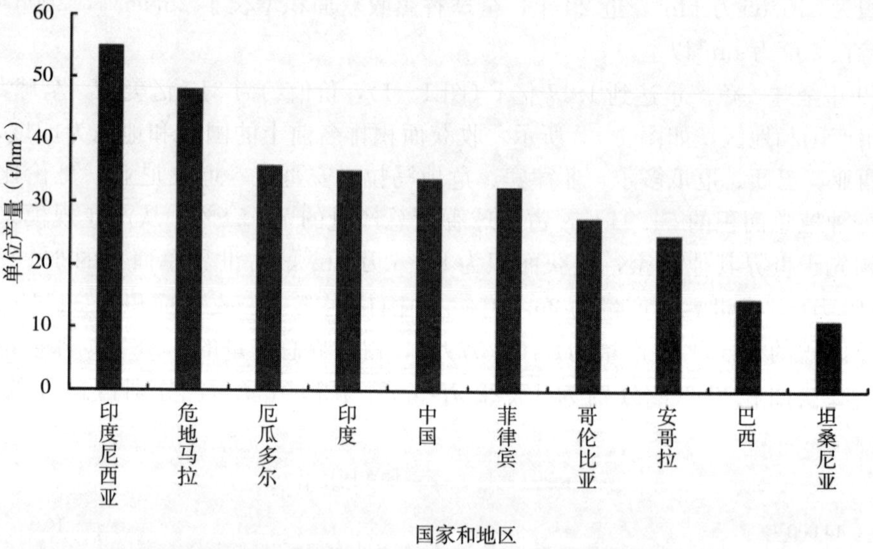

图 1-3　2019 年香蕉单产排名前十的国家和地区

2. 国际香蕉进、出口概况　2019 年全球香蕉进口总量为 2 299.24 万 t，进口总额为 153.67 亿美元。根据国际贸易中心数据，进口额排名前 4 的国家和地区分别为美国进口量为 505.42 万 t，进口额为 27.56 亿美元；中国进口量为 194 万 t，进口额为 10.94 亿美元；俄罗斯进口量为 151.24 万 t，进口额为 11.2 亿美元；比利时进口量为 117.82 万 t，进口额为 10.83 亿美元。2015—2019 年，中国香蕉进口量总体呈大幅增长，与 2015 年相比，2019 年进口量翻一番，排名世界第二，进口额排名世界第一。2019 年，中国从东南亚国家进口的香蕉总量下降，质量也不如从前。近期，香蕉一级果价格为 50～55 元/箱，一箱约重 13.5kg。2018 年同期，香蕉一级果价格为 70～80 元/箱，2019 年香蕉每箱价格比 2018 年下降了近 30 元。进口香蕉 B 级果价格低于 40 元/箱。与 2018 年同期相比，进口香蕉总量下降约 30%。

厄瓜多尔为世界香蕉出口国之首，出口量占全球出口总量的 28%。根据联合国粮农组织数据，2019 年厄瓜多尔出口量为 688.11 万 t，出口值为 33.11 亿美元；菲律宾出口量为 435.20 万 t，出口值为 19.31 亿美元；菲律宾的香蕉出口量占全球出口总量的 18%，从 2018 年开始有显著增长，主要出口对象是中国。2018 中国与柬埔寨签订《柬埔寨香蕉输华植物检验检疫要求协定书》，2019 年柬埔寨开始直接向中国出口香蕉，出口占比仅为 17%，而在 2020 年出口占比上升至 92.7%。

3. 中国香蕉种植面积与产量 根据《中国农村统计年鉴》，2020 年中国香蕉园面积为 32.72 万 hm^2，较 2019 年减少 0.9%。香蕉的总产量为 1 151.3 万 t，较 2019 年下降 1.2%。香蕉主产省份 2020 年的香蕉种植面积与产量见表 1-1。

表 1-1 2020 年香蕉主产省份的种植面积与产量

省份	福建	广东	广西	海南	重庆	四川	贵州	云南	西藏
种植面积（khm^2）	11.8	111.3	77.5	31.9	0.1	1.9	10.3	82.4	0.1
香蕉产量（万 t）	45.2	478.7	303.7	112.9	0.1	5.1	7.8	197.6	0.1

注：数据来源为《中国农村统计年鉴》，2021。

（二）香蕉品种及分布

1. 国际香蕉主要品种及分布 全球香蕉种植主要分布于亚洲南部、东南部与东部，美洲南部、中部与加勒比地区，非洲东部、中部与北部，以及大洋洲的美拉尼西亚群岛等地。全球生产和消费的香蕉共有1 000多种，“卡文迪许”因高产、抗风和耐长途运输等特点，被广泛地进行商业化种植，并成为国际贸易的主要品种。全球每年生产“卡文迪许”香蕉约占全球总产量的 47%，这些香蕉主要出口到美国和欧洲市场，我国生产和消费的香蕉品种主要也是“卡文迪许”。印度香蕉约有 60 多个品种，其中 6 个主栽品种 Robusta、Poovan、Pachanadan、Saba（煮食香蕉）、Peyan 和 Karpuravalli，产量占全国香蕉总产量的 80%；巴西现有 500 多个香蕉品种（品系）。北部和东部主栽品种为 Prata。南方主栽品种为“卡文迪许”香蕉 Nanica、Nannicao、Prata，中西部主栽品种为 Maca (SilkType)、Terra，大蕉也有少量栽培。菲律宾出口香蕉主要为“卡文迪许”，其中，大奈因（GrandNaine）占 90%，威廉斯占 10%。大奈因单穗重 30kg 以上。

2. 中国香蕉主要品种及分布 中国香蕉主要分布在广东、广西、福建、台湾、云南和海南，贵州、四川、重庆也有少量栽培。广西以灵山、浦北、玉林、南宁、钦州为主产区；广东以湛江、茂名、中山、东莞、广州、潮州为主产区；福建主要集中在漳浦、平和、南靖、长泰、诏安、华安、云霄、龙海、厦门、南安、莆田、漳州（天宝）和仙游等县（市、区）；台湾的香蕉以高雄、屏东为主栽区，其次是台中和台东等地；海南的香蕉主要分布在儋州、澄迈、三亚、东方等地。国内香蕉的主要品种如下：

齐尾：属高干型香牙蕉，主要分布在广东高州市，为高州市的优良品种。植株假干高 300～360cm，茎周 65～80cm，茎干上下较均匀，皮色淡绿；叶片较直立向上伸长，叶片窄长，叶柄较细长，叶鞘距疏，叶片密集成束尤其在抽蕾前后甚明显，故名齐尾；正造果穗较长大，一般情况下果穗梳数及果数与高脚顿地雷相似。平均果穗梳数为8～10梳，果指长18～22cm，单果重130～140g，可溶性固形物19%～20%，品质中上；在正常的情况下单株产量可达25～30kg，最高可达50kg。该品种产量高，果指长，是出口及适于北运的品种之一，但抗风力较差，抗寒和抗病能力差，要求水肥条件较高。该品种有高脚齐尾和矮脚齐尾两个品系。

仙人蕉：属高干型香牙蕉，是从台湾地区北蕉的突变中选育出来的，其综合性状极似北蕉，为台湾省的主栽品种。植株瘦高，假茎高270～320cm，叶片较北蕉稍长而宽，色较淡绿；果实含糖量高但品质较北蕉稍差，因果皮较厚，果实较耐贮运；对束顶病的抵抗力强，适于较瘦瘠的山地粗放栽培，但生育期比北蕉长15～30d，抗风能力也较差。此外，油蕉、云南高脚蕉、广西高型香蕉、波约（也称台湾青皮）、巴西蕉等均属高干型香牙蕉。

威廉斯：属中干型香牙蕉，从澳大利亚引入。植株假茎高250～280cm、周长47～58cm；叶片较长达175～193cm，叶片稍直立生长；果穗长65～80cm，梳形较好，果指排列紧密、果指直，梳数也较多，为8～10梳。果数稍少，果指较长。果指为19～23cm，品质中等。该品种果形商品性状好，但抗风力较差，也较易感叶斑病。在中国各产区性状表现不一，反应也不同。

大种高把香蕉：属高干型香牙蕉，又称青身高把、高把香牙蕉，福建称高种天宝蕉，为广东省东莞市的优良品种。植株高大健壮，假茎高260～360cm，假茎茎部周长85～95cm；叶片长，叶鞘距较疏，叶背主脉披白粉；果穗长75～85cm，果梳数9～11梳，果指长19.5～20cm；果肉柔滑、味甜而香，可溶性固形物20%～30%；在一般情况下单株正造产量为20～25kg，最高可达60kg。该品种产量高、品质好，耐旱和耐寒能力都较强。受寒害后恢复生长快，但易受风害。

高脚顿地雷：属高干型香牙蕉，为广东省高州市优良品种之一。植株高大，假茎高300～400cm，周长70～80cm，假茎下粗上细明显；叶片窄长，叶柄细长，叶色淡黄绿色，叶鞘距疏；果穗中等长，果梳及果指数均较少但单果长且重；果指长20～24cm，单果重150g以上，可溶性固形物为20%～22%，品质中等；在一般栽培条件下单株产量达25～30kg，高产者可达70kg。该品种果形长，产量高，品质也较好，但对肥、水、温的要求较高，在珠江三角洲经济性状表现不甚理想，抗风能力极差，受霜冻后恢复能力低，也易感染香蕉束顶病。

矮脚顿地雷：属中干型香牙蕉，为广东高州市等地的主栽良种之一。植株假茎高250～280cm，生势粗壮，叶片长，叶柄较短；果穗较长、疏距密。小果多而大，果指长18～22cm，可溶性固形物20%～22%，品质和风味优于高脚顿地雷及齐尾，品质中上；一般单株产量为20～28kg，个别可达50kg。该品种产量稳定，适应性强，抗风力中等，耐寒力较强，遭霜冻后恢复较快。

广东香蕉1号：原名74-1，属矮至中干型香牙蕉，由广东省农业科学院果树研究所于1974年从高州市的高州矮香蕉中芽变选育而成。植株假茎高200～240cm，假茎粗壮。上下较均匀；叶长200cm、叶柄长36cm，叶片较短阔；果穗中等长，穗长68～76.3cm，果梳数较多，为10～11梳，果数较多，为190～208个，果指长17～22cm，单果重100～

130g，全糖含量 19.4%；一般单株产量为 18～27kg，抗风、抗寒、抗叶斑病较强，耐贮性中等。该品种丰产、稳产、抗逆能力强，受寒后恢复生长快，是十分适合在华南地区特别是沿海多台风地区栽培的新品种。但在栽培上对土壤、肥水条件要求较高，要注意疏松土壤，适当排灌。此外，广东大种矮把、东莞中把、中山牙蕉、台湾的北蕉、云南河口中把、广西龙州中把等品种均属中干型香牙蕉。

广东香蕉 2 号：原名 63－1，属中干型香牙蕉，由广东省农业科学院果树研究所从引入的越南香蕉中芽变选育而成。植株假茎高 200～265cm，叶片长 203～213cm，叶柄长 38cm，叶片稍短阔；果穗较长，为 70～85cm，果穗梳数及果指数较多，分别为 10～11 梳、165～210 个。果指稍细长，为 18～23cm，单果重 125～145g，全糖含量 19.8%，品质中上；一般单株产量为 22～32kg，抗风力较强，近似矮干香蕉，抗寒抗病中等，耐贮性中等，受冻后恢复生长较快。该品种丰产、果型好、品质较好、适应性强，适宜各地种植，但对水分、土壤要求较高。

美蕉：属龙牙蕉类型，又名龙牙蕉或过山香蕉，为福建省的主栽品种。植株假茎高 340～400cm，色黄绿具少数褐色斑点；叶窄长，叶柄沟深；果形纹短而略弯。果指长 13.0～16.5cm，饱满、两端钝尖、果皮甚薄，成熟后皮色鲜黄美观、无斑点；果肉乳白色，果肉组织结实，肉质柔滑而香甜，可溶性固形物 23%～26%；单株产量一般 15～20kg，耐寒。该品种产量一般，但品质好、适应性强，抗风力弱、易感巴拿马枯萎病。此外，1984 年从云南景洪引入广东省农业科学院果树研究所的云南孟加拉等也属龙牙蕉类型。

西贡蕉：属粉蕉类型，又名粉沙蕉、米蕉、糯米蕉、蛋蕉，约在 1932 年从越南引入，为广西南宁、龙州一带的主栽品种，各产区均有引种。植株假茎高 400～500cm，叶柄极长达 70cm，叶色淡而有红色斑纹。叶片背面密披蜡粉；果糟梳数多达 14～18 梳，果指数多，果形似龙牙蕉但较大，两端渐尖、饱满，果指长 11～13.5cm，果皮薄，皮色灰绿，成熟时为淡黄色且易变黑；果肉乳白色、肉质嫩滑味甚甜，可溶性固形物 24%，最高达 28%，香气稍淡；一般情况下单株产量 15～20kg，抗风、耐寒耐旱适应性强。该品种产量中等、品质优、抗逆性强，但皮薄易裂、不耐贮运，又易感染巴拿马枯萎病。

大宝蕉：属矮干型香牙蕉，又称矮脚蕉、本地蕉、度蕉，原产福建省天宝地区，现为福建闽南地区主要栽培品种之一。假茎高 160～180cm，叶片长椭圆形，叶片基部为卵圆形，先端纯平，叶柄粗短；果肉浅黄白色。肉质柔滑味甜、香味浓郁，品质甚佳；单株产量一般为 10～15kg，抗风力强。该品种品质好、适宜密植，适应沿海地区栽种，为北运和外销最佳品种之一，但耐寒力较差、抗病力弱、品种存在退化现象，在栽培中应予注意。

畦头大蕉：属大蕉类型，为广东新会的地方品种之一。畦头大蕉植株假茎高 350～400cm，茎周 85～99cm。上下大小一致，果梳及果指数多，果指长 11～13.5cm；可溶性固形物 24%～25%，品质与其他大蕉相同；单株产量一般为 15～27kg，抗风性好但生育期较长。此外，广东顺德的顺德中把大蕉、广西的牛角蕉、福建的柴蕉、四川的板蕉、云南的饭蕉等均属大蕉类型。

高州矮香蕉：属矮干型香牙蕉，是高州市地方品种之一。植株假茎矮而粗壮，假茎高150～170cm；叶宽大、叶柄短、叶鞘距密；果槽短，果梳距密、果指数多、果型稍小、果指长16～20cm，果实品质较优良；一般栽培情况下，单株产量13～18kg，最高可达28kg；抗风力强、抗寒力也强，受寒害后恢复较快，也较耐瘦瘠土壤，适于矮化密植栽培，但产量低、果形小、抗束顶病能力弱。

广西矮香蕉：属矮干香牙蕉，又名浦北矮、白石水香蕉、谷平蕉等，为广西主栽香蕉品种。据刘荣光报道：广西矮香蕉植株假茎高150～175cm、周长46～55cm，叶长140～161cm，叶宽65～78cm，叶幅275～310cm；果穗长50～56cm，果梳9～12梳，果指数135～183个，果指长16.2～19.2cm，品质上乘；单株产量一般为11～20kg，抗风和抗病能力强，但果指较小。

河口高把香蕉：河口高把香蕉属高干型香牙蕉，为云南河口县主要栽培品种。植株高大、假茎高260～300cm，梳形整齐、果指数较多，通常每果穗有果10梳，果指200多个，果指长15～21cm；果实柔滑香甜，品质好；在一般栽培条件下单株产量为20～40kg，个别高产单株达50kg。该品种产量高，品质好，十分适宜高温多湿及肥水充足的地区栽种。

（三）中国香蕉市场价格与生产成本

1. 香蕉市场价格 香蕉的市场价格随月度的变化差异较大，2020年全国农产品集贸市场香蕉月度价格如表1-2所示。一般情况下反季节香蕉的价格会高于正造蕉，如表1-3所示。

表1-2 2020年全国农产品集贸市场香蕉月度价格

月份	1	2	3	4	5	6	7	8	9	10	11	12
香蕉价格（元/kg）	6.30	6.97	7.04	6.84	6.51	6.06	5.84	5.84	6.04	5.91	5.82	5.76
年平均价格（元/kg）							6.24					

注：数据来源于中国农产品价格调查年鉴2021。

表1-3 福建漳州近几年正造蕉与反季节蕉地头销售平均价格情况表

年份	2012	2013	2014	2015	2016	2017
正造蕉平均销售价格（元/kg）	1.3	2.0	3.4	1.5	1.3	1.1
反季节蕉平均销售价格（元/kg）	2.1	2.1	3.5	2.8	2.2	2.0

2. 香蕉生产成本及收益 结合世界主要国家农产品成本核算体系，我国香蕉种植总成本主要由生产成本和土地成本构成。生产成本由物质与服务费用成本和人工成本构成。物质与服务费用，是指在香蕉从种植到售后的整个过程中所直接消耗的、一次性消耗的生产资料费用，具体包括香蕉种苗费用、肥料费用、农药费用、灌溉费用（包括滴喷灌系统和水电）以及基建、套袋、机耕、防风、农膜、包装线、生产工具、运输费用等其他物质服务；人工成本包括了从事种植蕉苗、打药、施肥、管护、采收（含部分生产主体采用的索道）、管理费等人力成本。表1-4、表1-5总结了2017—2019年六大香蕉主产区（桂

蕉 6 号）一代苗和二代苗种植成本情况。表 1-6 为 2015 年广东省香蕉成本收益，表 1-7 为 1996—2009 年广东省香蕉成本收益比较。

表 1-4　2017—2019 年六大香蕉主产区（桂蕉 6 号）一代苗种植成本构成

项目	广西	广东	海南	云南	老挝	缅甸
土地租金（元/亩①）	1 100	1 133	750	1 100	617	717
种苗费用（元/亩）	223	172	229	205	273	225
人工成本（元/亩）	2 085	1 322	2 593	1 803	2 471	1 517
肥料费用（元/亩）	2 235	1 600	2 380	1 908	1 499	1 260
农药费用（元/亩）	518	458	583	498	893	495
灌溉费用（元/亩）	1 127	700	613	624	1 622	457
其他物质服务（元/亩）	1 787	2 215	1 667	1 975	3 628	2 298
总成本（元/亩）	9 075	7 600	8 815	8 113	11 003	6 969
种植密度（株/亩）	132	152	163	130	143	135
单株种植成本（元/株）	68.75	50	54.08	62.41	76.77	51.62

表 1-5　2017—2019 年六大香蕉主产区（桂蕉 6 号）二代苗种植成本构成

项目	广西	广东	海南	云南	老挝	缅甸
土地租金（元/亩）	1 100	1 133	750	900	617	717
种苗费用（元/亩）	0	0	0	0	0	0
人工成本（元/亩）	1 903	1 230	2 670	1 300	2 308	1 400
肥料费用（元/亩）	2 060	1 043	2 080	2 113	1 354	1 016
农药费用（元/亩）	555	458	537	448	851	495
灌溉费用（元/亩）	277	67	238	149	439	83
其他物质服务（元/亩）	807	1 405	850	675	2 592	1 668
总成本（元/亩）	6 702	5 336	7 125	5 585	8 186	5 379
种植密度（株/亩）	132	152	163	130	143	135
单株种植成本（元/株）	50.77	35.11	43.71	42.96	57.07	39.84

表 1-6　2015 年广东省香蕉成本收益

产量（kg/亩）	产值（元/亩）	总成本（元/亩）	物质与服务费用（元/亩）	人工成本（元/亩）	土地成本（元/亩）	净利润（元/亩）	成本利润率（%）
3 101.3	4 910.19	3 172.9	2 216.57	956.33	1 155.68	581.1	13.44

① 亩为非法定计量单位，1 亩=1/15hm²≈667m²。——编者注

表 1-7 1996—2009 年广东省香蕉成本收益比较

年份	总价值（元/亩）	总成本（元/亩）	净利润（元/亩）	成本利润率（%）	平均出售价格（元/kg）	总产值（元/亩）	总成本（元/亩）	净利润（元/亩）	成本利润率（%）	平均出售价格（元/kg）
1996	1 735.83	817.04	918.79	112.45	13.18	2 295.35	1 221.82	1 073.82	87.91	1.73
1997	2 787.01	838.03	1 948.98	232.57	11.54	2 037.94	1 234.62	803.32	65.07	1.35
1998	967.06	611.69	355.37	58.1	26.55	2 447.28	1 505.7	941.59	62.53	1.22
1999	3 277.4	917.36	2 360.04	257.26	7.42	1 771.43	1 490.94	280.49	18.81	1.24
2000	4 217.97	1 434.57	2 780.4	193.81	7.3	2 231.8	1 695.24	626.53	39.03	1.15
2001	2 906.14	1 725.95	1 180.19	68.38	9.54	2 414.44	1 732.31	1 073.82	39.38	1
2002	1 415.56	1 645.62	−230.06	−13.98	2.69	3 267.42	2 207.34	1 180.1	47.99	1.21
2003	1 595.63	523.24	1 072.39	204.95	7.66	3 337.58	2 260.65	1 076.93	47.64	1.51
2004	1 237.66	747.42	490.24	65.59	2.39	2 219.99	1 791.14	428.85	23.94	1.22
2005	1 555.74	796.31	759.43	95.37	4.17	3 197.15	1 988.44	1 208.71	60.79	1.59
2006	1 508.2	1 270.64	237.56	18.7	4.93	3 079.68	2 211.71	867.97	39.24	1.45
2007	770.95	1 384.07	−613.12	−44.29	3.62	3 316.25	2 372.19	944.06	39.8	1.23
2008	1 820.75	908.29	912.46	100.46	4.94	3 707.04	2 615.76	1 091.28	41.72	1.53
2009	1 962.77	967.67	995.1	102.83	5.69	3 454.49	2 506.71	947.78	37.81	1.24
平均值	1 982.55	1 041.99	940.56	103.73	7.97	2 769.85	1 910.34	896.09	46.55	1.33

（四）香蕉主要病虫害

1. 香蕉主要病害 国内香蕉的主要病害有香蕉枯萎病、叶斑病、黑星病、炭疽病、束顶病、香蕉根结线虫病、花叶心腐病、煤纹病和灰纹病，以下将从病害特点、传播途径与发病规律、防治措施三方面介绍各种香蕉病害。

（1）香蕉枯萎病

病害特点：枯萎病亦称为巴拿马病，真菌侵染引起。最初植株下部叶的边缘处有异常的黄色，后逐步向中肋蔓延，叶片在短时间内快速凋萎，维管束坏死、变色，随着病情的加重，植株的整体长势微弱，易由于生长势头不足而出现枯死的现象，尽管也有一些植株勉强成活，但果实质量极低。通常情况下会直接减产 20%，严重会导致绝产。

传播途径与发病规律：主要通过病株、土壤、河水、田间流水、农事活动等途径传播，从某区域向其他区域传播，从而使香蕉大范围染病。在秋冬季节（10 月左右）是发病高峰期。该病属于土传性维管束病害，在温度较高、土壤肥地低、排水性能不好的区域大面积发生。枯死的病株仍存在大量的病菌，渗入土壤，蔓延传播，侵染健康植株。

防治措施：

①选择优质的抗病苗种植，加强吸芽的检疫，从源头上断绝病菌传播。

②对于零星发病的蕉园，需及时整株拔起，转移至指定区域统一销毁，杀死病株后撒施石灰并用薄膜覆盖起来。待病株被清理干净后，向原植株所在的病穴处用多菌灵杀毒，随后覆土。为全面保证防治效果，病穴周边 2m 范围内也需要进行杀毒处理，切实消灭病

菌。病区内要实行独立排灌，农事工具单独使用或进行消毒处理。

③对于发病株率达5%以上的蕉园，可与甘蔗、玉米等作物进行多年轮作，还可通过韭菜套作达到防控效果。对于发病超30%的区域，需要适时轮作，如种植水稻，两年后再恢复香蕉种植。

④还需要定期检查，加强检疫。病害较轻时可喷洒41%聚砹·嘧霉胺800～1 000倍液。

(2) 香蕉叶斑病

病害特点：叶斑病在广东、云南地区较为普遍。在发病初期嫩叶被侵染，当出现黄绿色病纹后，叶片逐渐扩散为黄条纹，最终出现深褐色斑块并逐步向其他部位延伸，导致光合作用的面积明显减少，进而降低了香蕉的产量和品质，并且病株的果实更易腐烂不易运输，严重时会死亡。香蕉植株染病后，存在果穗不饱满、抵抗力下降等特征，导致香蕉产量、口感和营养物质含量下降。香蕉植株最高染病率达80%，减产30%。

传播途径与发病规律：叶斑病属于真菌性病害，病菌通过土壤、风、雨等途径传播。香蕉叶斑病主要集中在5～10月和越冬后传播，若高温天气发生暴雨则极易发病。

防治措施：

①割除、清扫病叶，确保园区整洁度，降低种植密度，种植时多检查、勤施肥料，做好田间管理工作。

②每年6～10月，按照每月1～2次的频率，喷施1%波尔多液（加0.2%木茨粉）或50%甲基托布津1 000倍液。

③抽薹开花期选用药剂保护幼果，现蕾前30d选用40%灭病威胶悬剂600～800倍液喷施。

④药剂防治时最好真菌药和细菌药搭配使用，常用的有25%丙环唑乳油1 000倍液、2.4%腈苯唑悬浮剂800倍液、25%苯醚甲环唑乳油1 000倍液、25%戊唑醇乳油1 000倍液、25%吡唑醚菌酯乳油2 000倍液，每隔2周喷洒1次，连喷4～5次，注意交替使用。

(3) 香蕉黑星病

病害特点：该病为害部位主要是叶片以及青果，初期叶片上呈现大量深色斑点，后逐渐扩散为不规则大斑块，严重时会使叶片枯死。青果染病则会呈现黑色，并逐渐变软下陷，产生霉菌，影响果实着色和膨大。严重时甚至香蕉内侧也会布满黑点，导致香蕉腐烂或变质，影响果实口感与外观。

传播途径与发病规律：黑星病是真菌病害，主要是通过雨季或是风季随孢子扩散而传播，该病病原是香蕉大茎点菌，发病率亦与自然环境有着密切关联，高温多雨季节极易发生。

防治措施：

①加强冬季清园，及时清除病叶，减少病源基数，适当控制种植密度，注意增施有机肥。地块发病严重时，可种粉蕉、大蕉等抗病品种。

②做好果实套袋工作，摘除花蕾后应立即套袋，有效隔离雨水以及病菌。夏秋蕉可选用蓝色聚乙烯薄膜袋或者无纺布袋，冬春蕉可选用珍珠棉袋。

③在香蕉抽蕾后苞片未打开至套袋前，对花蕾和叶片进行喷洒，每周喷药1次，共喷

4次。药剂可选用25%嘧菌酯悬浮液1 500倍液、25%吡唑醚菌酯乳油1 500倍液、25%苯醚甲环唑乳油2 000倍液或12.5%腈菌唑乳油1 500倍液。

④每年8～12月，按照每月1～2次的频率，喷施40%苯醚甲环唑1 000倍液或40%氟硅唑1 500倍液。

⑤严格控制施氮肥的时间与数量，增施钾肥，加快植株生长速率。另外，也可施入维生素等调节剂，提高植株的抗病能力。

(4) 香蕉炭疽病

病害特点：重点危害部位为果实，叶片、花序等部位也会受到侵染。在果实染病后，可以发现在果端先显现病症，初期为暗褐色的小斑点，后续有逐步扩大的趋势，从而出现局部斑点融合的情况，香蕉果皮分布大片黑板，严重影响果实膨大，甚至会导致果实畸形。随着染病程度的加重，病斑在向外扩散的同时还将下陷。

传播途径与发病规律：香蕉炭疽病主要由芭蕉炭疽菌引发，从发生时间来看，虽然会在果园发生，但更为明显的暴发时期为后熟期以及在途运输时期，且易受到环境的影响，如在高温、高湿的条件下香蕉易患炭疽病。

防治措施：

①加强清园工作，及时清除枯叶、病花、病果。加强水肥管理，提高蕉苗抗性。在香蕉定植后，需要对香蕉基部土壤进行松土，并用3%米乐尔进行灌根，完毕后覆盖土壤并淋水。

②采用50%甲基托布津1 000倍液或40%苯醚甲环唑2 000倍液，每隔两周喷1次，连喷2次，喷洒于果实及其附近枝叶，果实需套袋处理。或者使用50%多菌灵可湿性粉剂1 000倍液，在香蕉抽穗时对小果和花穗进行施药，通常每15d施药1次，连续2～3次即可。

③及时采收。本地销售控制在八成熟时采收，需要外运则控制在七成熟时采收。采收、运输及贮藏环节需遵循“匀速、平稳”的原则，避免香蕉间发生磕碰。

④采果后在当天用45%咪鲜胺水乳剂1 500倍液或45%噻菌灵水剂1 000倍液浸果消毒，浸果时间为1min。或选择50%特克多悬浮剂1 000倍液浸果，1min后捞起并将果实晒干，而后包装贮运。

(5) 香蕉束顶病

病害特点：香蕉束顶病发病率在5%～10%，管理方法不当、栽培条件欠佳等情况下发病株率可增至20%～40%，严重时减产60%左右。这种病症主要表现在新长出来的植株与叶片上，叶片边缘黄化、质脆易折损，会导致香蕉植株矮、叶片出现萎缩，直至叶片硬直，出现束顶，并且会传染给其他植株。若叶片出齐则不现“束顶”，但最终果实较小，且无香味。

传播途径与发病规律：束顶病主要是通过病毒传播，与媒介昆虫有着密切的关系，蔓延速度较快。新的种植园区出现这种病症的原因在于自身携带病株苗，而旧园区是因为在园区内存有病株。香蕉束顶病的暴发存在1～3个月的潜伏期，在条件适宜时会侵染植株。

防治措施：

①为从根源上降低束顶病发生概率，可选用威廉斯8818、巴西等抗病性较强的香蕉

品种。选用无毒组培苗，禁止使用病株吸芽种苗，定期巡查，发现病株立即挖除或销毁，并采取全园消毒。可用10%草甘膦水剂每株注射10ml于假茎杀死病株。老园区面积较小时可以单独挖出有病害植株来预防，当受害面积较大时，可以在园区内全部改种无病害植株，治其根本。

②在8～9月蚜虫开始转移至蕉株心叶时，首次施药治蚜。重点对蕉心和田间杂草喷药，视天气及蚜虫发生情况，10月或11月和翌年2月蚜虫移居蕉株基部叶鞘内前，分别喷施药液1次。可供选用药剂有50%抗蚜威可湿性粉剂2 000倍液、25%吡虫啉可湿性粉剂8 000倍液、25%噻虫嗪水分散颗粒剂5 000倍液等。4月可用上述药剂按1%比例制成毒土投入蕉株喇叭口内，可兼治其他害虫。

(6) 香蕉根结线虫病

病害特点：根部为主要的受害区域，香蕉患线虫病后，在其束顶叶柄处存在较为明显的“青筋”，病株通常枯黄、无色泽，植株叶片不易聚集，植株矮化现象明显，严重时在挂果后期无法正常生长，导致倒伏，植株部分会腐烂、脱落。

传播途径与发病规律：线虫病常见于砂土地质或是河边地带，主要通过病土、水流、病苗等方式传播，远距离的病害传播主要是依靠吸芽，部分是因为病土的缘故。

防治措施：

①育苗时选用消毒土或晒干土装杯育，种植前期要对新芽进行筛选或是无病培养，在培养过一代或两代后再进行种植。

②有机肥替代化肥，促进新根生长，提高植株抗病力。

③最好选择水旱轮作过的土地建园，减少土壤线虫基数。混种紫花苜蓿、万寿菊等驱线虫植物。

④可以进行化学药剂的喷洒，但要注意的是在植株挂果后不能再喷洒化学药剂，防止果实吸收有毒物质，药剂采用10%噻唑磷颗粒剂、10%灭线磷颗粒剂或10%硫线磷颗粒剂，拌土撒施、穴施或沟施。此外，米乐尔、克线磷均是可行的药物，可以按照每株10～15g的标准取用。

⑤这类病害，需要在香蕉定植前深耕土壤，做好晾晒工作，并利用5%丁硫克百威颗粒剂40～50g/株对土壤进行消毒，有效降低土壤中的病原微生物。

(7) 香蕉花叶心腐病

病害特点：香蕉花叶心腐病又称为心腐病，主要以危害香蕉幼苗、叶片、假茎为主。主要表现为病株的花叶呈现黄色斑或者梭形斑，发病严重时会出现病株心叶或假茎中心部分出现水渍状病斑，并逐渐腐烂、变臭。这种病害传播速度较快，自出现后一直在广东全省蔓延，其病株率已经达到15%，受灾严重地区病株率高达50%。

传播途径与发病规律：病害依靠媒介昆虫进行远距离传播，发展速度较快，幼苗的发病率极高，也最易染病。

防治措施：

①通常采用喷施药剂方式进行防治。推荐使用20%病毒清800～1 000倍液，在发病前期和中期进行施药。

②在香蕉选种育苗过程中，应优先使用无病健康土培苗，避免引入病苗，同时在香

蕉生长期间，及时清理园内杂草和病株，确保园内卫生、整洁，清理出的病株要集中烧毁。

③施肥时控制好氮肥施入量，可以选择与水稻、花生等作物轮作，以此来减少病原微生物，为香蕉健康生长奠定良好基础。

(8) 香蕉煤纹病

病害特点：此病好发于中下层蕉叶，病斑呈深褐色，发病初期主要以点状斑为主，后续向外延伸并形成大范围斑块，严重时蕉叶早衰，无法维持正常的光合作用。

传播途径与发病规律：海南省早春发病概率高且影响严重，此阶段日平均气温低于20℃，偏低温的环境正适宜煤纹病的发生。时间推移至夏季后，由于温度升高使该病受到抑制。在相对湿度达80%或更高时更易发病，风雨是重要传播途径。

防治措施：

①加强蕉园卫生管理，及时清理病枯叶，可以减少病原。

②在刚发病时期使用42.4%唑醚·氟酰胺悬浮剂2 000倍液，或用12%苯甲·氟酰胺1 000倍液进行喷雾，每10d喷1次，连喷3次。

(9) 香蕉灰纹病

病害特点：此病原菌为半知菌亚门暗双孢属真菌，病症主要出现在蕉叶，患病后形成椭圆形病斑，初期以褐色为主，后续逐步扩大并呈现中间浅褐色、周边深褐色的特点，伴有适量黄，色晕圈，病斑背面堆积大量霉状物。

传播途径与发病规律：风雨是灰纹病重要传播途径，病原菌分生孢子易在高温、高湿环境下致使植株患病，且以台风暴雨天气最为典型。此外，蕉园种植密度偏大，且又缺乏高效排水措施时，均容易发病。

防治措施：

①加强蕉园的管理，做好排灌系统，及时清理病叶。

②出现症状时使用42.4%唑醚·氟酰胺悬浮剂2 000倍液，或用12%苯甲·氟酰胺1 000倍液进行喷雾，每10d喷1次，连喷3次。

2. **香蕉主要虫害** 国内香蕉的虫害主要由香蕉弄蝶/香蕉卷叶虫、斜纹夜蛾、蕉根象鼻虫、香蕉交脉蚜和黄胸蓟马引起，各类虫害的特点及防治措施如下。

(1) 香蕉弄蝶/香蕉卷叶虫

虫害特点：成虫为黑褐色，主要在清晨和傍晚活动，食叶致残，导致蕉叶缺刻，局部露出经脉，不利于植株的正常光合作用，幼虫主要对叶片边缘产生为害，吐丝后藏身，并通过吸取叶片营养存活。

防治措施：

①冬季清园，重点处理对象为枯叶，将虫苞摘下或割去带虫苞蕉叶，集中烧毁。此方法可以有效地消灭幼虫、蛹，从源头上规避虫害问题。日常管理工作中，定期检查蕉株，若存在虫苞，则及时清除。

②药剂防治。最好在幼虫3龄前用药喷杀，药液可选用40%氰戊菊酯乳油4 000倍液、48%乐斯本乳油800倍液、90%敌百虫原药1 000倍液或50%辛硫磷乳油1 000倍液。

③保护和利用卵寄生蜂——赤眼蜂。

(2) 斜纹夜蛾

虫害特点：斜纹夜蛾主要以幼虫危害，幼虫食性杂，且食量大，初孵幼虫在叶背为害，取食叶肉，仅留下表皮；3龄幼虫后造成叶片缺刻、残缺不堪，甚至全部吃光，蚕食花蕾造成缺损，容易暴发成灾。

防治措施：

①可用黑光灯、性诱剂或糖醋液诱杀该虫. 注意观察叶上的卵块或其上分散的幼虫，人工采摘杀死。

②药剂防治。关键期在幼虫3龄前，可选用50%辛硫磷乳油1 000倍液、90%敌百虫原药800倍液、2.5%溴氰菊酯乳油3 000倍液、5%甲氨基阿维菌素苯甲酸盐水分散粒剂1 200倍液、10%氯氰菊酯乳油3 000倍液、1.8%阿维菌素乳油2 000倍液。

(3) 蕉根象鼻虫

虫害特点：蕉根象鼻虫，别名香蕉黑筒象、香蕉球茎象虫。其幼虫在近地面的茎至根头内纵横蛀食。蕉苗受害的叶片变黄，心叶萎缩，甚至全株枯死。成株受害后假茎瘦小，叶少且多枯黄，虽能结实，但产量锐减，品质低劣。植株易风折。成虫食害香蕉茎叶。

防治措施：

①选苗时剔除带虫种苗。将收获时砍下的蕉茎切成条状，摆放在蕉行间诱杀该虫。

②冬季在蕉树叶柄末端撒辛硫磷颗粒或者阿维菌素颗粒，做好除虫工作。

③清理枯烂叶鞘，对于老蕉园可进行灌水浸泡处理，持续时间控制在2～3d。

④药剂防治。可用3%辛硫磷颗粒剂撒施蕉根，或者50%辛硫磷乳油1 000倍液、90%敌百虫原药1 000倍液、480g/L毒死蜱乳油2 000倍液喷淋蕉茎。

(4) 香蕉交脉蚜

虫害特点：以成虫和若虫吸食植株汁液，并能传播香蕉束顶病和香蕉心腐病，通常情况下8～11月虫害较为严重，冬季蚜虫在叶柄、球茎、根部越冬。到春季气温回升，蕉树生长季节蚜虫开始活动、繁殖，吸取植株汁液养分。

防治措施：

①选用组培苗，育苗地点远离虫害的老蕉园，挖除病株，从源头上切断传播途径。

②为了降低蕉园内蚜虫的数量，所选蕉苗要确保不携带病毒，不得在园区周围栽种十字花科蔬菜，一旦发现有植株长势慢，要选择适宜的药剂预防蚜虫，及时割除染病植株的病害部位，或是直接将染病植株移除，并进行深埋处理。

③可选择杀螨类药物进行防治，推荐选用10%吡虫啉可湿性粉剂3 000倍液、50%抗蚜威可湿性粉剂2 000倍液、25%高效氯氰菊酯乳油2 000倍液喷雾或2.5%溴氰菊酯乳油2 000倍液。还可喷施40%乐果乳油2 000倍液、硫酸烟碱800～1 000倍液或拟除虫菊酯稀释液。

(5) 黄胸蓟马

虫害特点：以成虫和若虫锉吸植物的花、子房及幼果汁液，花被害后常留下灰白色的点状食痕，为害浆果受害处现红色小点，后变黑，此外，还有产卵痕。为害严重的花瓣卷缩，致花提前凋谢，影响结实。

防治措施：

①及时清理蕉园周边杂草，用蓝色黏虫板悬于蕉株诱捕成虫。

②香蕉抽穗开花时做好药剂防治，重点是喷洒花蕾及幼嫩叶片。推荐使用25%噻虫嗪水分散粒剂3 000倍液、10%吡虫啉可湿性粉剂2 000倍液、480g/L毒死蜱乳油1 500倍液、50%辛硫磷乳油1 000倍液或50g/L氟虫腈种子处理悬浮剂1 000倍液。每隔一周用药1次，连续防治2次即可。

二、荔枝产业发展与施肥现状

（一）国外种植面积及产量情况

荔枝是原产于中国的珍稀果品，分布范围为N18°～N28°。目前，种植面积1.33万hm^2以上的有中国、印度、越南、泰国和马达加斯加5个国家，中国荔枝年产量位居第一，其次是印度和越南。据主产国官方统计数据和相关文献估算，2019年世界荔枝种植面积约71万hm^2。其中，中国种植面积47.57万hm^2，印度9.5万hm^2，越南8.34万hm^2，泰国1.69万hm^2，马达加斯加1.33万hm^2，分别占世界的66.9%、13.4%、11.7%、2.4%、1.9%，其他国家占3.7%。2019年世界荔枝总产量约331.7万t，同比增长22.2%。其中，产量居前5位的国家分别占世界总产量的情况为：中国60.8%，印度21.9%，越南10.6%，马达加斯加3%，泰国0.7%，其他国家3%。其中，产量居前5位的国家分别占世界总产量的情况为：中国60.8%，印度21.9%，越南10.6%，马达加斯加3%，泰国0.7%，其他国家3%。

（二）国内种植及产业发展现状

荔枝是我国重要的热带亚热带水果，味道甜美，自古以来就尤为有名，受到许多人的喜爱，也得到了许多赞美。白居易有诗赞其“瓤肉白如冰雪，浆液甘酸如醴酪”；北宋文学家苏东坡诗曰“日啖荔枝三百颗，不辞长作岭南人”。我国荔枝种植地区主要集中在广东、广西、四川、海南、福建和云南6个省份。据农业农村部农垦局统计，2019年全国荔枝种植面积47.57万hm^2，同比下降7.3%。其中，广东24.87万hm^2、广西16.31万hm^2、四川2.14万hm^2、海南2.05万hm^2、福建1.39万hm^2、云南0.75万hm^2、贵州400hm^2，分别占全国总面积的52.3%、34.3%、4.5%、4.3%、2.9%、1.6%、0.08%。据统计，2019年全国荔枝总产量为201.6万t，同比下降22.69%。其中，广东109.2万t、广西58.3万t、海南17.3万t、福建9.1万t、云南3万t、四川4.5万t、贵州0.1万t，分别占全国荔枝总产量的54.2%、28.9%、8.6%、4.5%、1.5%、2.2%、0.05%。下面具体介绍我国部分主产区的荔枝产业发展与施肥现状。

1. 广东荔枝产业 广东是中国荔枝分布最多的省，2021年广东荔枝投产面积394.93万亩，占比约49.8%，产量预估将达143.71万t，占51.1%。广东荔枝遍及全省80多个县市，重点产区为茂名、广州市郊的从化、增城、花都区及新会、东莞、中山等，其次为新兴、惠东、深圳、惠来、普宁、高州、电白、琼山等县市。其中，茂名市荔枝种植面积及产量均居广东省首位，2019年茂名市荔枝种植面积为135.54万亩，产量为43.82万t；

湛江市荔枝种植面积为 25.88 万亩，产量为 14.13 万 t；汕尾市荔枝种植面积为 20.77 万亩，产量为 10.14 万 t。广东大宗品种有妃子笑、白糖罂、桂味、黑叶、糯米糍、怀枝六大类，还有挂绿、仙进奉、宾利、井岗红糯、凤山红灯笼等一批特色品种。据广东省农业农村厅消息 2021 年全国鲜荔枝出口呈增长态势，广东为全国荔枝第一出口大省，出口量占比超四成。海关总署数据显示，2021 年全国鲜荔枝出口量 2.1 万 t，同比增长 18.0%；出口额 6 311.8 万美元，同比增长 18.7%。根据从广东省农业农村厅查到的数据，2020 年规模化荔枝基地中，糯米糍亩均效益最高，亩均成本2 783元，亩均效益达11 851元；其次是桂味，亩均成本3 134元，亩均效益9 939元；接下来是妃子笑、白糖罂、黑叶、怀枝。荔枝经济效益与品种成熟期、品质、丰产稳产性、农艺、农资投入水平密切相关。

但是目前制约广东荔枝产业的主要瓶颈因素仍然较多，主要体现在品种结构不合理、“大小年”现象严重、标准化栽培普及率较低、荔枝园基础设施薄弱、采后处理冷链设施不足、加工能力不足以及小规模种植户与现代农业的链接机制尚未建成、社会化服务体系不健全等问题。

2. 广西荔枝产业　荔枝产业是广西传统特色水果产业之一，广西政府一直十分重视荔枝产业的发展。2019 年广西壮族自治区人民政府印发的《关于加快推进广西现代特色农业高质量发展的指导意见》中指出，要提升打造特优水果产业集群，改造提升荔枝产业，突出发展优质荔枝。广西荔枝产期为 5 月上旬至 7 月上旬，主产地在钦州、玉林、贵港、梧州。目前灵山、钦北、浦北、北流、桂平是广西荔枝主产大县。产量较高的荔枝品种丰要有黑叶、禾荔、妃子笑、怀枝和鸡嘴荔等，其中黑叶、禾荔 2 个中晚熟品种约占荔枝种植面积的 70%。近年来，广西荔枝生产进入了“瓶颈期”，品种结构不合理、成熟期过于集中导致价格低迷，丰产不丰收等问题凸显。广西荔枝产业总体呈现南强北弱、散户为主的特征。据调研了解到 2020 年荔枝稳产丰产区主要在钦州等南部主产区，而北部主产区如玉林等大部分中小农户收成较少，多数处于微利或亏损状态，甚至部分果园已经出现了失管丢荒现象。

3. 四川荔枝产业　自古以来，合江一直是四川主要的荔枝产地，唐代诗人杜牧给合江荔枝量身订做了一个绝佳的广告语：“一骑红尘妃子笑，无人知是荔枝来。”到了明代，一位名叫曹蕃的官员，对这个广告语又加了一个注解：“巴蜀所产，能挟一骑红尘，博妃子笑”，这个“注解”藏于他的专著《荔枝谱》一书中。合江地处四川盆地南沿川黔渝接合部，其气候特征却是亚热带湿润气候。具体地讲，就是气温较高、降水充沛、无霜期长、日照充足、四季分明，且这里沿长江一带的土壤富含硒，也就是说适合荔枝栽培种植的一切条件都可以在合江找到。

截至 2020 年年底，合江县荔枝面积稳定在 2.04 万 hm^2，投产面积 0.8 万 hm^2，常年产量 4 万余 t，综合产值 15 亿元。基本建成以合江县荔江镇荔枝产业核心区和宜泸渝、成自泸赤高速公路沿线和合福路沿线的荔枝产业带，已建成核心园区 1 个，万亩规模荔枝产业乡镇 3 个，334 hm^2 以上荔枝产业村 15 个。合江县是全国晚熟荔枝产业发展优势区，是“中国晚熟荔枝之乡”。合江荔枝种质资源丰富，本地荔枝品种有大红袍、带绿、陀缇、楠木叶、酸荔枝、泸州桂味、合江妃子笑等 10 余个，其中，带绿荔枝还入选全国十大优异种质资源。2008 年以来，先后从广东、广西、海南等地引进广东妃子笑、井岗红糯、冰荔、仙进奉、钦州红荔、贵妃红、无核荔、新球蜜荔、紫娘喜等 30 余个品种，极大丰富了合江荔枝品种资源。合江荔枝成熟期主要集中在 7 月中旬至 8 月中旬，以鲜果销售为主。销售市场以本地市场以及重庆、成都、贵阳等周边大中城市销售为主，少量以电商平台销往全国。受大小年影响，不同年际间销售价格差异较大，如 2019 年为大年，大红袍荔枝价格在 10～16 元/kg，带绿荔枝价格为 60～100 元/kg；2020 年为小年，大红袍荔枝平均售价在 20 元/kg 以上，带绿荔枝为 160～240 元/kg。

虽然合江荔枝初步构建了"一园三带"的发展格局，但品种布局缺乏统筹引领，没有突出主导品种，存在着荔枝品种多、散、乱、杂的问题。且荔枝产区基础设施不完善，应对灾害能力弱；产业技术基础薄弱，标准化生产压力大；主体带动不得力，市场销售波动大；采后保鲜技术落后，晚熟品种优势难发挥。随着合江荔枝投产面积和产量的增加，出现了供过于求的局面，采后处理技术和设备设施的滞后和加工产业的缺失，制约着合江荔枝"走出去"。

4. 海南荔枝产业　海南是我国荔枝的最早上市区，最早可于 4 月下旬成熟上市，每年上市时间较广东、广西两大产区早 15d 左右，4～7 月是海南荔枝的集中上市期。海南荔枝主要以满足省内及国内需求为主，出口较少。作为海南比较常见的热带水果，荔枝具有上市期早、种植环境优越的巨大优势。海南荔枝品种众多，主要有三月红、妃子笑、白糖罂、大丁香、无核荔枝、紫娘喜、桂早荔等，以妃子笑和白糖罂等的种植为主。海南荔枝主要分布在海口、文昌、陵水、定安、万宁、琼海、澄迈，其他市县也有少量种植。

人工成本、化肥农药成本、土地成本是荔枝种植的主要成本来源。近年来，海南荔枝种植成本费用持续上涨，人工成本是成本上涨的主要来源。2019 年单位面积生产总成本同比上涨，其中土地成本与上年持平，物质与服务费用增加 750 元/hm^2。受劳动力工资水平不断提升的影响，荔枝生产的雇工成本随之增加。2019 年海口地区劳动力工价提高到 120～200 元/d，同比增长 16%，并且呈持续增长趋势。海口荔枝种植户尤其是传统荔枝种植区的生产规模较大，对荔枝园的管理能力和技术水平有待提升。近年来，为了提高荔枝口感和品质，越来越多的农户开始注重施用有机肥。同时，为了防止荔枝疫病发生，农药投入越来越大，而海南土地资源较为稀缺，土地租金明显高于国内其他地区，受资金限制大多数农户只签订了短期土地租赁合约，租期短导致荔枝生产经营不能长期持续。目前荔枝种植机械化水平仍较低，生产成本偏高。据荔枝种植户反映，2019 年荔枝生产行情好于 2018 年，这是因为尽管 2019 年荔枝出现减产，但荔枝价格明显高于上年同期，海口荔枝总产值 115 500 元/hm^2，净利润 42 000 元/hm^2，成本利润率为 36.4%。相比其他种植业，种植荔枝仍有利可图。

5. 荔枝产业发展存在问题　荔枝盛产于我国南方，与香蕉、菠萝、龙眼一同号称"南国四大果品"。得益于货运物流的发展、保鲜技术的革新、耐储品种的选育，荔枝这种以往的珍稀佳品得以走进百姓家。然而，荔枝面临的风险挑战也在逐渐上升。一是荔枝效益大幅提升的同时，种植成本也在快速上升。近 5 年全国荔枝种植平均成本1 700～2 100 元/亩，人工成本和生产成本是影响总成本投入的两大重要因素。二是荔枝保鲜难已是行业共识。大多数区域冷库拥有量都比较少，而且目前大多数农产品还处于"伪冷链"阶段，缺乏田头预冷、产地中心仓等冷链仓储，无法延长保鲜期，更无法长距离运输，增产不增收时有发生。三是深加工发展落后。荔枝主要以鲜果形式销售，可开发加工产品种类较多但加工占比较小，且加工业发展滞后，加工量不足总产量的1%。四是大小年现象突出。一般来说，产量的提高是荔枝价格跳水的主要原因。通常“大年”市场价格较低，“小年”市场价格较高，“丰年果贱”的现象时常出现。五是进口荔枝冲击越来越大。目前为止，我国荔枝进口数量大于出口数量。2020年中国鲜荔枝出口数量为1.8万t，进口数量为2.4万t。中国荔枝进口主要地区为泰国和越南，越南荔枝较国内荔枝早上市，且劳动力成本低，荔枝价格低，给国内荔枝市场鲜销带来一定冲击。六是肥料、农药、除草剂等农资投入品使用过频、过量。目前，肥料方面，大多数荔农以大化肥（尿素、复合肥）、农家肥为主，少量使用水溶肥，特种肥料市场有限。荔枝最难防治的有“两虫两病”——荔枝霜疫霉病、荔枝炭疽病、荔枝蒂蛀虫和荔枝椿象，农药市场潜力非常大，荔农全年用药8～10次，用药成本较高。但目前，荔枝用药登记种类不均，用药短缺依然存在，这就导致部分果农乱用药，盲目加大剂量，增加使用次数，未按农药安全间隔期施药，导致农产品农药残留量超标，导致农资支出在荔枝园总成本中占比高达35%，加之荔枝行情波动较大，荔农对于价格十分敏感，这就间接抬高了有机肥等高质量投入品的推广门槛。

6. 荔枝土壤肥力现状 我国荔枝园土壤养分肥力低。为维持荔枝园土壤养分肥力、保障树体正常生长发育，荔枝采果及修剪带走的养分量应为翌年荔枝养分施用量的下限。修剪较重的品种，翌年需要补充的养分相对也应较多。由于作物对不同养分元素的吸收能力不同，果树收获带走的各种养分量往往并不直接等于养分施用量，还需考虑果树对每种养分的利用率。

研究表明，广西和福建两省荔枝果园土壤有机质、碱解氮、速效钾、有效钙、有效镁、有效硼、有效钼含量均为低水平，广西荔枝果园有效磷和有效锌含量为中下，福建为中上，有效铜中等，有效硫含量较高。整体上两省荔枝园土壤养分肥力较低且不平衡。同时不同荔枝主产区土壤养分肥力状况差别很大，硼是广西荔枝园土壤最普遍缺乏的元素，镁、钼次之，而镁是福建荔枝园土壤最普遍缺乏的元素，硼、钙次之。海南荔枝园土壤大部分呈酸性，16.3%荔枝园土壤pH适宜荔枝生长，土壤阳离子交换量为中等水平，63.27%果园土壤有机质含量处于适宜值及以上；土壤全氮、碱解氮、有效磷、速效钾含量丰富；土壤交换性钙、有效硫含量丰富，42.86%果园土壤交换性镁含量缺乏，4.08%果园极缺乏；土壤微量元素铁、锰、铜、锌、钼含量较为丰富，但73.47%果园土壤有效硼含量低于适宜值。不同产区荔枝园土壤养分状况存在差异。

因此，今后要深入系统研究荔枝对主要养分元素的吸收利用能力，为荔枝养分管理提供更为精确的数据支持。为维持荔枝园土壤养分肥力不下降及保障翌年荔枝正常生长发育，成年荔枝生产50 kg果实，翌年至少应施用114.5g N、14.4g P、105.1g K、21.6g Ca和12.5g Mg。由于随果实收获及修剪带走的各种养分量约为地上部树体养分累积量的1/2，荔枝采果及修剪前后应及时补充养分。建议今后加强对荔枝Ca、Si和Mo营养的研究。

目前我国荔枝园施肥现状及存在问题如下：

一是，氮肥施用量过多。研究表明，平均每产500kg鲜果计算，成年植株荔枝年施N

量为8kg。而调查表明，荔枝园每产500kg鲜果植株，年施纯N大于10kg的荔枝园占调查样本数的56.3%，其中，有25%果园施N量达16.2～34.0kg，远超过植株所需。氮肥施用过多，会造成枝梢徒长，园内郁蔽，严重地影响荔枝园的光照和通风等条件，导致果树绿叶层薄，内部枝叶光合效能低，消耗大，结果母枝纤细，有效结果枝少，产量下降。

二是，钾肥施用量太少。研究表明，以每产500kg鲜果计算，植株年施纯钾以12～16kg为宜。而调查的荔枝园中，年施纯钾普遍大于12kg的荔枝园仅占调查样本数的18.7%。荔枝植株对钾的需求量较大。适量供钾能促进植株的同化作用，使枝梢生长和树势正常，坐果增加，果实增大，提高果实耐贮性，并增强植株抗寒、抗旱和抗病力，提高荔枝果实品质。

三是，施肥品种单一。缺乏施用含钙、镁、硫、硼等中量、微量元素的肥料。研究调查过的荔枝园中，大部分的果园都施用复合肥，只有少部分的荔枝园施用过磷酸钙等含中微量元素的肥料。

三、芒果产业发展与施肥现状

（一）芒果主要种植区域

芒果盛产于热带地区，是著名热带水果之一，被誉为热带水果之王。近年来，全世界芒果面积不断扩大，产量也逐年上升，在热带水果中排名第三，已成为世界上五大水果之一，有90%集中在亚洲，主要种植国家有印度、中国、巴基斯坦、孟加拉国、缅甸、马来西亚等；非洲的东部和西部，坦桑尼亚、扎伊尔，美洲的巴西、墨西哥，美国的佛罗里达州和夏威夷州等地区也有分布。

全世界约有100多个国家种植芒果，中国成为第二大芒果生产国。2020年度中国芒果产量达到277.2万t，占全世界芒果总产量的8.75%，其中广西芒果产量约占全国总产量32.3%，海南芒果产量约占27.4%，云南芒果产量约占19.2%，四川芒果产量约占10.5%，广东芒果产量约占9.4%，其他地区约占1.1%。中国芒果主要销售在国内，出口量约4.44万t，进口量约8.41万t，相当于纯进口量为3.97万t。中国进口芒果都来自越南与泰国，约占进口总量93.76%，其中越南约占79.84%，泰国约占13.92%。芒果主要分布在中国热带、亚热带等省份，集中在广西右江河谷、海南南部—西南部、四川—云南金沙江干热河谷流域、云南怒江—澜沧江流域、云南红河流域、广东雷州半岛、贵州黔西南、福建闽南8个主产区，构成了中国芒果种植的版图，组成了中国芒果大家庭。目前中国芒果最集中的三大主产区，分别是海南、百色和攀枝花。全国芒果种植区域主要分布在广西的南宁、龙州、百色、邕宁、博白、平南、百色、田东、田阳等，海南的海口、琼山、儋州、昌江、白沙、东方、乐东、三亚、陵水等，云南的临沧、华坪、红河、普洱、玉溪、西双版纳等，四川的攀枝花市、会东、会理、宁南县等，贵州的望谟县红水河至册亨县的双江口一带等，广东的湛江、茂名和珠江三角洲等，福建的漳州、泉州等。目前，中国芒果深加工产能明显不足，每年芒果收获季节除了果质较好易销部分，约有20%～30%芒果需进行工厂加工，而芒果深加工环节的缺乏，使得芒果产业链得不到延伸，资源得不到合理配置，极大限制了芒果产业发挥应有的效益。

（二）芒果种植面积及产量

中国芒果种植历史悠久，据考证中国自唐代开始就从印度引种进行芒果种植，20 世纪 50 年代得到迅速发展，成为中国热带、亚热带地区的著名热带水果之一。全国芒果种植面积超 480 万亩，总产量超 277 万 t，产值超过 115 亿元；广西种植面积超 170 万亩，产量达 99 万 t，产值超过 41 亿元；海南种植面积约 100 万亩，产量超过 58 万 t，产值超过 24 亿元；云南种植面积约 90 万亩，产量约 50 万 t，产值超过 21 亿元；四川种植面积超 50 万亩，产量超过 29 万 t，产值超过 12 亿元；贵州种植面积约 25 万亩，产量约 15 万 t，产值超过 6 亿元；广东种植面积超 45 万亩，产量约 27 万 t，产值超过 11 亿元；福建种植面积约 1.5 万亩，产量约 0.5 万 t，产值约 0.3 亿元。

（三）芒果种植品种

全世界芒果种植品种有 1 000 多个，中国芒果种植品种也达 100 多个。目前中国主要种植的品种有：青皮芒、金煌芒、凯帝芒、因特芒、肯特芒、凯特、红象牙芒、白象牙芒、象牙 22、象牙芒、小象牙、桂热 3 号、桂热 10 号、桂热 82、桂热 120、玉文芒 6 号、红芒 6 号、彬林 1 号、台农 1 号、印度 1 号、粤西 1 号、贵妃芒、台芽、紫花芒、红花芒、金穗芒、圣心、水英达、爱文芒、吕宋芒、椰香芒、澳芒、桂七芒、桂香芒、大白玉、三年芒、新世纪、东镇红芒等。

全国各地芒果种植品种有所差异，广西以种植中晚熟品种为主，主要栽培优质品种有：台农 1 号、桂热 82、紫花芒、红象牙芒等；海南以种植早熟品种为主，主要栽培优质品种有：吕宋芒、白象牙芒、椰香芒、爱文芒、台农 1 号等；云南以种植中晚熟品种为主，主要栽培优质品种有：金煌芒、三年芒、肯特芒、白象牙芒、爱文芒、红芒 6 号、凯特芒等；四川以种植中晚熟、晚熟品种为主，主要栽培优质品种有：凯特、新世纪、爱文、台农 1 号、红芒 6 号等；贵州以种植中晚熟品种为主，主要栽培优质品种有：台农 1 号、圣心、红象牙芒、桂热 82、桂热 120 等；广东以种植早中熟品种为主，主要栽培优质品种有：台农 1 号、椰香芒、金煌芒、紫花芒、东镇红芒、粤西 1 号芒等；福建以种植中晚熟品种为主，主要栽培优质品种有：红花芒、紫花芒、桂香芒等。

（四）芒果的生长习性

1. 生长环境条件

（1）温度 芒果喜高温，不耐寒，开花期更忌绵绵细雨的低温天气。芒果生长的有效温度为 15～35℃，生长的最适温度为 24～27℃。在 20℃以上开花才能正常授粉受精，低于 20℃则花药不开裂，花粉也不萌发，影响结果。在－3℃时能令幼树致死，大树也会严重冻伤。

（2）水分 芒果耐旱能力较强，但不耐涝，在年降雨量 700～2 000mm 的地区生长良好。水分过量会使芒果的营养生长过旺，不利于开花结果，还会加剧病虫害的滋生和危害；水分不足会引起落花落果。在花芽分化临界期需要适度干旱，有利于枝梢停止生长，进行花芽分化；花期天气晴朗，降雨量相对较少，而有灌溉条件的环境，是芒果理想的种植地区。经长期定位试验结果表明，芒果全年需水量 690～950mm，平均需水量约 820mm，每天需水强度为 2.25mm；秋梢抽发期约 92d，需水量 180～340mm，平均需水量为 250mm，每天需水强度为 2.75mm；花芽分化期约 92d，需水量 90～180mm，平均需水量为 120mm，每天需水强度为 1.34mm；开花挂果期约 90d，需水量 120～210mm，平均需水量为 160mm，每天需水强度为 1.77mm；果实膨大期约 60d，需水量 140～250mm，平均需水量为 190mm，每天需水强度为 3.01mm；成熟期约 30d，需水量 80～150mm，平均需水量为 100mm，每天需水强度为 3.30mm。芒果成熟期需水强度最大，花芽分化期需水强度最小。

(3) 光照 芒果为喜光果树，光照充足可促进花芽分化、开花坐果和提高果实品质、改善外观。开花期日照强，天气暖和，相对湿度低，有利于授粉受精，结实率高，果实颜色鲜艳，风味也较浓，耐贮。树冠阳面或树冠空旷条件下，单株开花多，坐果率高；树冠枝叶过多、树冠茂密、光照不足条件下，开花结果少，果实外观和品质均差。通过整形修剪，改善园内、树内的光照条件，提高产量、果实品质和延长盛产期。

(4) 土壤 芒果对土壤质地的要求不严格，除极其贫瘠的盐碱地外，在海拔 600m 以下的地区均可栽培。芒果是一种深根果树，需要种在土层深厚、排水良好、地下水位不高的地块。芒果是一种菌根植物，需要土壤含有丰富的有机质，透气性强，适合土壤 pH 为 5.5～7.5，土壤 pH 超过 7.5 或低于 5.5，会影响植株的生长发育。

2. **生长状况**

(1) 生长发育 芒果枝梢呈蓬次式生长，芽由苞片包裹，生长时苞片先绽开，芽梢伸长，叶片开展，苞片随即脱落。中、下部叶片互生，叶距较大。一般苗期和幼树每年抽梢 6～8 次，幼龄结果树抽梢 2～4 次，成龄树抽梢 1～2 次。每年 3～5 月抽春梢，6～8 月抽夏梢，9～11 月抽秋梢，12 月至翌年 2 月抽冬梢。秋梢是主要结果母枝，春、夏梢也会成为结果母枝，在条件良好的情况下，某些品种的冬梢也能成为结果母枝。从芽萌动至枝梢停止生长，叶片老熟历时 15～35d。夏、秋梢历时较短，冬梢较长。枝梢生长与根系生长交替进行。

(2) 花芽分化 花芽分化一般从 10 月下旬至 11 月开始，从花芽分化至花序的第一朵花开放历时 20～39d，但第一朵花开放后花序还在继续伸长，适当的低温干旱有利于花芽分化，气温高有利于两性花的形成。如果使用催花剂则任何时候都可能分化。

(3) 开花 芒果一般在每年 12 月至翌年 1～2 月开花，有时会早至 11 月或迟到翌年 3 月，盛花期出现在春节前后。花序完全开放需 15～25d，整个花期约 50d。芒果有两性花、雄花两种花，两性花有发育正常的雄蕊和雌蕊，可进行正常的传粉受精和结果，雄花没有雌蕊，开花后不能结果。多数栽培品种两性花占 15%以上。花从花瓣展开至柱头干枯约 1.5d。

(4) 果实 果实的发育由受精开始，开花受精后，果实的子房就开始膨大，经过 1 个半月后进入快速膨大期，采果前 10～15d，果实的增长极慢或不增长，主要是增厚、充实、增重。不同品种的成熟时间有所差异，早熟品种需 85～110d，中熟品种需 100～120d，晚熟品种需 120～150d。果实发育有两次较为明显的落果高峰期：第一次高峰期是在花后 2 周左右，主要是受精不良的小果枯黄脱落，落果量较大；第二次高峰期是在花后

4～7周，主要是因养分和水分供应不足造成落果。花后2个半月后基本不会再发生生理落果，只有风害、裂果或病虫害才会导致落果。因品种和地区的差异，果实收获期一般在5～9月。

（五）主要病虫害

1. 炭疽病　芒果炭疽病主要侵染嫩叶、花、果和嫩梢造成落花和落果，采摘后的芒果还会继续腐烂。枝叶产生黑褐色圆形、多角形或不规则形小斑，甚至叶片皱缩、扭曲，最后干枯。花穗变褐干枯，果皮上先产生小黑斑，且扩展迅速，引起幼果皱缩变黑而脱落。果实形成褐色的圆斑，中央稍微下陷。果肉僵硬，最后腐烂变质（图1-4）。

图1-4　芒果炭疽病
（图片来源：种植网，https：//www.gengzhongbang.com）

2. 白粉病　芒果白粉病主要危害花序、幼果、叶片及幼嫩组织。先出现白粉状小斑块，后斑块逐渐联合形成一层白色粉状物，引起大量落花落果，叶片扭曲。

3. 流胶梢枯病　芒果流胶梢枯病主要危害枝条。先出现小黑粒，粗糙、开裂，然后引起流胶，皮层坏死，最后枯枝。

4. 细菌性角斑病　芒果细菌性角斑病主要危害梢、叶、果实。叶片出现黑色、多角形的病斑，嫩茎变黑、裂缝流胶，果实造成大量果斑，后变为山口状的黑褐色溃疡斑，严重影响果实外观及商品价值。

5. 叶点霉叶斑　芒果叶点霉叶斑主要危害叶片。先出现浅褐色圆斑，边缘水渍状，病斑直径0.5～1cm，后期变成不规则形，边缘深褐色，病斑中央长出小黑粒，为病菌的分生孢子器（图1-5）。

图1-5　叶点霉叶斑
（图片来源：搜狐网，https：//www.sohu.com）

6. **穿孔病** 芒果穿孔病主要危害叶片。最先出现在新叶，叶面上出现小圆斑，初为浅褐色，边缘暗褐色，后扩大，变成小黑粒，病斑易破裂成穿孔。

7. **疮痂病** 芒果疮痂病主要危害果实、叶片、新梢。果实外表面出现黑褐色木栓化小斑，后连成斑块，斑面粗糙，中央凹陷或星状开裂，果皮龟裂；新叶变形扭曲，易早落；新梢皮层粗糙、开裂或成枯梢。

8. **横线尾夜蛾** 横线尾夜蛾主要危害嫩梢、花穗。幼虫蛀食嫩梢和花穗，取食为害，造成枯梢、死穗，危害率一般达30%～50%。严重影响植株的生长和产量。

9. **蜡蝉** 蜡蝉主要危害嫩梢、花穗、果实。以成虫、若虫吸取嫩梢、嫩叶、花梗、幼果的汁液，从而造成嫩梢、花梗枯萎，嫩叶畸形、扭曲脱落、落花落果。易出现在荫蔽和定植较密的果园。

10. **介壳虫** 介壳虫主要危害叶片、枝条、果柄和果实。使叶片枯黄、枝条生长衰弱、果实脱落，同时引起煤烟病使树势衰弱。

11. **花瘿蚊** 花瘿蚊主要危害花蕾。幼虫在花蕾上取食子房，并在其中化蛹且在羽化后钻出花瓣继续危害花蕾。

12. **叶瘿蚊** 叶瘿蚊主要危害叶片。叶片留下大量穿孔，影响叶片光合作用。

13. **切叶象甲** 切叶象甲主要危害嫩叶。成虫食嫩叶表皮和叶肉，使叶片卷缩、干枯。在嫩叶上产卵，留下刀切状的叶基部或咬断，影响芒果树的生长，特别是小苗和幼树影响较大。

14. **拟小黄卷叶蛾** 拟小黄卷叶蛾主要危害嫩梢、花穗及幼果。将多张嫩叶、花穗缀合一起，躲藏其中取食为害，咬食幼果造成缺刻。

15. **红脚丽金龟** 红脚丽金龟主要危害根、幼茎、叶、嫩果。幼虫在地下食用根及幼茎，成虫则食用嫩叶、嫩果，使之残缺或仅余叶脉，甚至枯死。

16. **茶黄蓟马** 茶黄蓟马主要危害嫩梢、花穗。引起叶片畸形、落花落果，中后期果实造成粗皮。

17. **脊胸天牛** 脊胸天牛主要危害树枝。幼虫蛀食芒果树枝干，造成枝干中空，易受风折，危害严重时可导致整株树枯死。

（六）农民施肥状况

目前，我国芒果种植集中在热带、亚热带地区，施肥管理水平差异很大。部分管理好的芒果园采用增施有机肥、测土配方施肥、水肥一体化等技术，施肥管理合理，产量好、品质高；部分芒果园管理比较粗放，采用大水大肥的管理模式，使得果园过量施肥现象严重，虽然产量还好，但品质不行；部分芒果园基本不管理，基本不施肥或施肥很少，产量差、品质差。大部分农户施用肥料品种以平衡型复合肥（如15-15-15、17-17-17）为主，缺乏相应的施肥技术，无法根据作物养分需求等特点进行施肥。根据农户调查结果表明，我国芒果亩产范围为427.8～1 198.3kg，平均亩产约为825kg；年度化肥每亩总用量变化范围20.3～83.2kg，化肥平均亩用量为46.9kg；氮肥亩用量变化范围10.4～42.9kg，氮肥平均亩用量为24.5kg；磷肥亩用量变化范围7.3～26.2kg，磷肥平均亩用量为16.3kg；钾肥亩用量变化范围9.7～32.3kg，钾肥平均亩用量为18.7kg，各肥料之间的比例为 N：P_2O_5：K_2O=1：（0.41～0.72）：（0.43～0.82）。芒果园农户中高达70%农户选择每年或者隔年施用有机肥，但有机肥施用量较低，有机肥亩用量变化范围0～1 000kg，平均每亩仅为187kg，且40%的农户有机肥亩施用量小于50kg。由于有机肥种类繁多，有商品有机肥，还有各种畜禽粪便，不同有机肥的养分含量不同，且约有30%的农户对有机肥量没有进行评估，这些都增加了对有机肥养分含量统计的难度（表1-8）。

表1-8 农户年度施肥情况调查

肥料种类	亩用量变化范围（kg）	亩均用量（kg）
化肥	20.3～83.2	46.9
氮肥	10.4～42.9	24.5
磷肥	7.3～26.2	16.3
钾肥	9.7～32.3	18.7
有机肥	0～1 000	187

（七）管理存在的主要问题

1. 施用化学养分较粗略 芒果施肥过程中，小农户施肥随意性大，未能按果树的实际需求合理施肥。一般农户会看家里剩余的肥料随意施用，或看别的果农怎么施就跟着怎么施。有些果农施肥既不互相搭配，也不看肥料比例是否合理，严重影响了化肥的施用效果。大部分果农只重视氮、磷、钾等大量元素，忽视中微量元素，对中微量元素肥料作用及重要性认识不够到位，不能按照养分比例合理搭配使用，直接影响了果树抗冻、抗旱和抗病虫能力及产量和品质的提高。

2. 施用化肥品种较单一 近年来，复合肥产业发展较快。据全国统计，复合肥用量达2 221万t（折纯），占农用化肥施用量的42.3%，市场肥料配方尚不规范，复合肥的肥料配比往往脱离芒果养分需求。据调查，果农化肥投入以复合肥为主，约占80%以上，其中以平衡型（15-15-15、17-17-17）最多，约占复合肥的60%以上，且大部分都是直接撒施，不合理肥料投入带来肥料利用率降低、品质下降、土壤和地下水污染、土壤酸化加剧等一系列生产和生态问题，严重制约了芒果的可持续发展。

3. 有机肥施用较不合理 目前，我国芒果基本在山上种植，而有机肥用量较大且山区道路不便，导致施用有机肥比率相对较低。据调查，约有70%果农不施用有机肥，仅有30%果农施用有机肥。施用有机肥的果园，果农就近从奶牛场、养鸡场、养猪场等购买牛、鸡、猪粪，直接施入果园，仅有10%～20%果农经过高温堆沤发酵熟化，再进行施用。果农在炎热的盛夏和初秋，直接将未发酵的沼液随水进行冲施，加上果园地面凹凸不平，有的地方积存较多，局部浓度过大造成烧根，使叶片萎蔫、果实脱落。

4. 基础设施建设较薄弱 果农由于文化程度较低，对新事物接受能力不高，再加上对果园的资金投入不足，果园基础设施建设相对薄弱，导致大多数新经验、新技术、新品种得不到广泛地推广应用，造成低产果园面积大，经济效益差的现象。有些地区因地形、气候等自然原因影响及水利基础设施不健全，芒果生长过程中水分较难保障，直接影响了芒果的产量和效益。

5. 科技管理水平较落后 长期以来，芒果产业的科技投入不足导致科技推广滞后，芒果高产优质新技术未能普及，果农科技意识不强，果园生产管理水平和劳动生产率较低。尽管我国芒果标准化生产体系已经基本建成，但很多标准可操作性不强，未能在生产上推广应用。芒果标准化生产水平还比较低，与发达国家相比还有较大差距。

6. 产业信息化程度较低下 市场销售、生产管理等信息流通不畅，果农对最新的生产管理技术信息不通，不能应用新品种、新技术、新经验，品种单一老化、产量品质较差；对芒果市场价格、供需等信息不了解，无法根据市场需要进行相应调整，不利于芒果产业和市场的有序发展。

四、柑橘类果树产业发展与施肥现状

柑橘为芸香科柑橘属植物。我国柑橘种质资源丰富，优良品种繁多，包括橘、柑、橙、柚、枳、柠檬、金柑等。近40年来，我国柑橘主栽品种随着经济的快速发展也发生了较大变化。首先表现为主栽品种在适时调整。改革开放以前，以温州蜜柑、南丰蜜橘、椪柑等为主；20世纪80年代到20世纪末，脐橙、白肉琯溪蜜柚与夏橙等种植规模开始不断扩大；2000—2010年以砂糖橘为代表的晚熟品种、极早熟温州蜜柑也得到大面积推广种植；2010年以来，晚熟脐橙、不知火、沃柑以及爱媛28等品种迅速发展，同时涌现了金秋砂糖橘、甜橙柚等一系列品种。其次是表现在主栽品种栽培面积的变化，温州蜜柑类、椪柑类、南丰蜜橘、红肉蜜柚及白肉蜜柚等品种栽培面积有所缩减，脐橙类、砂糖橘类与冰糖橙类等栽培面积有所上升。

柑橘是全球第一大果树作物，中国是柑橘的重要原产地之一，有4 000多年的栽培历史。据FAO统计数据可知，2020年全球柑橘类水果种植面积达1 007.2万hm^2，总产量为15 849.1万t，平均产量为15.74t/hm^2，与1961年相比，2020年柑橘类水果种植面积、种植产量与平均产量分别提高了341%、532%和43.6%。我国柑橘种植面积和产量自2007年超过巴西以来，一直稳居世界第一。总种植面积排名前三的国家分别是中国、印度和尼日利亚，总产量排名前三的国家分别是中国、巴西和印度。2020年我国柑橘种植面积为299.9万hm^2，总产量为4 463.2万t，分别占全球的29.8%、28.2%，在世界柑橘产业体系中占有重要地位。据中国2020年统计年鉴显示，在我国柑橘种植面积位居前五的省份依次是广西、湖南、江西、四川、湖北，产量位居前五的省份依次是广西、湖南、湖北、广东、四川。

随着柑橘产业发展进入快车道的同时，生产中一些制约其发展的因素也日益凸显。在更高经济效益的驱动下，果农盲目追求更高产量，导致柑橘园化肥施用过量的问题逐渐凸显。我国宽皮柑橘、橙和柚平均氮肥施用量分别为443、440和696kg/hm^2，而世界上柑橘产业发达国家的施氮量普遍较低，如西班牙、巴西和美国柑橘园平均氮肥施用量分别为284、200和203kg/hm^2。此外，基于柑橘优势产区2 458户柑橘园的肥料施用现状调研结果显示，我国柑橘园氮、磷、钾肥年平均用量分别为494、364和397kg/hm^2，这远远大于国外柑橘园推荐施肥量，国外柑橘园氮磷钾肥推荐用量分别仅为150～250、100～150和150～200kg/hm^2。农户的传统施肥时间与施肥位置分别是在雨前或雨后在树冠

“滴水线”位置大量撒施化肥，一般不会进行覆土盖肥，使肥料暴露在空气中。在肥料品种选择上，农户重视施用氮、磷、钾，忽略施用中微量元素肥或盲目施用中微量元素肥，导致土壤与树体养分均出现缺乏和过量并存的现象。

由于果农长期不合理的化肥施用，也造成了果实品质下降、肥料利用率低和土壤酸化等问题，使果园生产力降低，甚至深层淋失和地表径流损失的大量养分将会对该地区的地表水和地下水资源产生污染，肥料的挥发会增加温室气体的排放，威胁环境质量与人类健康。过量施肥不仅不会带来更高的产量，反而会影响柑橘提质增效。过量施用氮肥会延迟幼龄果树的花芽分化，降低花芽的质量与坐果率，从而影响到果实的产量，过量施用氮肥会使成熟期的芒果果皮绿色加重，感染苦痘病的风险加大。过量施用磷肥会抑制纽荷尔脐橙幼树的生长，会使叶片中的磷、镁、铜和锰等元素过量累积，对氮、钾、锌、硼和铁等元素的吸收产生不利的影响。但是，过量施用化肥并未带来更高的柑橘产量。据 FAO（2020）统计，我国柑橘类水果平均产量仅为 14.88t/hm^2，尚未达到全球的平均水平 15.74t/hm^2，且远不及巴西、土耳其、美国等平均产量超过 25t/hm^2 的国家。因此，在农业生产中，合理的施肥量是提高作物产量与改善作物品质、提高肥料利用效率的重要措施之一。

五、其他热带果树产业发展与施肥现状

（一）槟榔

1. 国内外槟榔产业发展现状　槟榔为棕榈科槟榔属多年生常绿乔木，原产于马来半岛的热带雨林中，主要分布在东南亚、亚洲热带地区、东非及欧洲部分区域，目前主要生产国家有印度、印度尼西亚、中国、缅甸、泰国、斯里兰卡、菲律宾、越南、柬埔寨、孟加拉国等。印度是世界槟榔的主产国之一，其产量约占世界槟榔总产量的一半以上，居世界第一位，其次是印度尼西亚；东南亚地区和中国在世界槟榔生产中也占据十分重要的地位。从槟榔出口量来看，印度尼西亚是世界上最大的槟榔出口国，世界上最大的槟榔进口国则是巴基斯坦，世界槟榔消费主要集中在亚洲地区。

槟榔在我国种植历史悠久，我国已有 1 500 多年的引种栽培历史，历史上我国槟榔种植区主要分布于北回归线附近，以台湾和海南栽培较多，海南的槟榔多种植于沿海，台湾的槟榔大部分集中在岛西部海岸边上，广东、广西、云南、福建等省份有零星种植。如今，台湾槟榔产业状况处于下降趋势，原因是台湾地区植物种类多样化减少，水土流失严重，且槟榔在台湾受到管控，所以其种植面积在逐年下降。

中国槟榔主要产地为海南，槟榔在海南岛分布广泛，种植区多为山地丘陵，海南岛有槟榔得天独厚的生长环境，故海南槟榔产量高、品质好，为海南槟榔产业壮大提供先决条件。随着台湾槟榔产业的下滑，海南岛已经是我国槟榔主产区。海南岛槟榔的经济寿命较长，种植 6 年之后就陆续挂果，科学管理下挂果采摘期可长达 20～30 年，被广大农民视为脱贫致富的“发财树”。近年来槟榔产品销路好，经济效益高，而且比较稳定；相比其他经济作物，槟榔稳定的经济效益具有很强的吸引力，而且槟榔抗性强，适应性广，具有易种易管投资小的特点，更易被农户接受。如今槟榔是海南省热带作物中仅次于橡胶的第

二大支柱产业，也是海南省第二大经济作物。经国家批准，槟榔已经被列入海南省的生态经济林树种。槟榔很早就成为海南省东部、中部和南部山区农民增收的主导产业之一和主要经济来源之一（图 1 - 6）。

图 1 - 6　槟榔种植园

2. 海南槟榔产业发展基本情况　海南省槟榔种植面积广，但种植规模较小，大多为农户小片种植。因槟榔抗逆性较强，大多管理粗放，经营分散，很少形成大规模商品生产。很多槟榔园因水肥管理不当、农业生产水平较低，造成营养缺失、水肥失衡，严重影响了槟榔的正常生长发育。槟榔种植后一般 6～8 年开花结果，植地环境及抚育管理好的则只需 4～5 年。植后 15～30 年为盛果期，寿命一般可达 40～50 年。一般管理水平下亩产榔干 200kg（鲜果 800～1 000kg）以上，加强抚育管理的高产槟榔园亩产榔干可达 400kg 以上。正常管理的槟榔园，一般亩产鲜果 1 000kg，每千克 8～22 元，收益 8 000～22 000 元，生产成本 1 000～1 500 元，年亩利润6 500～20 500元。海南省1952年槟榔种植面积 1 047hm^2，产量 0.11 万 t，1982 年种植槟榔面积 1 186hm^2，产量 0.10 万 t。从 1983 年开始，随着市场需求的增加，海南槟榔种植面积有了较大的发展。2000 年种植槟榔面积 2.69 万 hm^2，产量 3.55 万 t；2010 年种植槟榔面积 6.92 万 hm^2，产量 15.21 万 t；2014 年种植槟榔面积 9.4 万 hm^2，产量 23 万 t；2019 年种植槟榔面积 11.5 万 hm^2，产量 28.7 万 t。

槟榔以种子繁殖，品种间无明显差异。在印度是以槟榔开花的早晚，果穗的疏密，果实的大小，种子的大小、形状、硬度及味道等来区分品种。在海南则以果形来区分品种，目前海南槟榔栽培品种主要是海南本地种，果形长椭圆形、椭圆形、卵形、心形、圆形等。长椭圆形和椭圆形品种是在海南生长和栽培年代较长且具有一定特色的品种，虽亩产量不太高，但味甘，品质较佳，加工商品榔干外观好，成为湖南大量收购加工嚼食槟榔的首选品种，价格高，经济效益好；卵形和心形品种单产较高，可加工成商品榔干，但品质比不上长椭圆形和椭圆形品种；圆形品种产量虽高，但加工成商品榔干外观和品质差，只适宜药用，经济效益差。过去种植槟榔主要供药用，不太重视品种选择，种植的槟榔不少是圆形品种。从 20 世纪 80 年代初至今，随着湖南嚼食槟榔加工业和消费市场的不断扩展，大多数槟榔种植者已较重视选择长椭圆形、椭圆形、卵形等适于嚼食的品种。目前，海南槟榔 99%以上是以鲜果或干果供应湖南槟榔加工企业加工槟榔嚼块，供药用及制造槟榔牙膏的不足 1%。

3. 槟榔生长习性　槟榔是一种典型的热带植物，长期生长在热带雨林环境下，形成了喜温、喜湿、好肥的习性，一般在低海拔地区和日温差变化不大的环境下生长较好，适宜在年平均气温 21℃以上冬季无霜的地区种植，最适生长温度 25～28℃，当气温降至 16℃时会发生落叶，5℃时出现落果，3℃以下时幼苗易受冻死亡，成年树则叶片枯黄，心叶萎缩。槟榔喜潮湿环境而忌积水，年降雨量1 200mm 以上的地区能生长，1 500～2 200mm 的地区生长较好，1 700～2 200mm 的地区对生长更有利。空气湿度高（80%左右）且长期稳定对生长有利。槟榔树具有较强的抗风能力，即使遭遇强台风也不易吹倒或吹断树干，但台风会吹裂槟榔叶片，影响翌年的花序形成，从而导致不开花。常遭台风侵袭的地区易出现大小年结果现象，产量不高。

（1）温度　槟榔喜高温，温度是我国槟榔分布和产量的限制因子。年平均温度以24～26℃最适宜。当气温 16℃时老叶提前脱落，5℃时植株开始出现寒害，3℃果实发黑死亡，1℃时植株死亡严重。

果实的发育受温度的影响也较明显，每年 3 月前是第一蓬果实成熟期，此时气温较低，果实发育不良，果小、种仁不饱满，到了 5～6 月，气温升高，此时成熟的果实饱满，品质较高，利用槟榔果加工成榔玉的就是用这时间成熟的果。

（2）水　槟榔需水量多，适于雨量分布均匀、空气潮湿、土壤湿润的环境。年降雨量以1 700～2 000mm 较适宜，槟榔需要水，但不耐水，如在降雨量 750～1 500mm 时需灌溉，雨量过多则需排水（图 1－7）。

图 1－7　槟榔园喷灌作业

（3）光照　槟榔属阳性植物，对光照强度的要求因生育阶段而异。幼苗期需适当的荫蔽，以保持 60%左右的透光度更有利于生长。成龄树则要求充足的光照，荫蔽会使植株徒长，结果迟，产量低。但往往又因为满足了光照的要求而土壤遭受干旱，因此需要加强土壤管理，可以间作矮秆作物或绿肥，以改良土壤环境（图 1－8）。

图 1-8　槟榔园遮阴处理和种植过密长势

4. 槟榔病虫害防治

（1）病害

①槟榔黄化症。

特点：海南槟榔严重性病害。

症状：初期中下层 2～3 叶开始变黄，黄化部分与绿色部分分界明显，后扩延至整个植株；心叶变小，呈束顶状。

发病规律：引起槟榔黄化的原因有四大类，分别为生理性黄化，如缺水、缺肥；除草剂滥用造成土壤退化与根系受害引起的黄化；病理性黄化；虫害。

防治：将病株去除处理。

②槟榔炭疽病。

特点：幼苗和成龄植株均可受害，主要危害叶片。

症状：受害植株叶片上呈不规则灰褐色椭圆形病斑，叶尖上呈云纹状病斑。

发病规律：在高温、高湿季节易发病。

防治：在发病初期，用 1%的波尔多液喷雾保护，每隔 15d 喷 1 次，连喷 2～3 次；或试用 70%甲基托布津1 000～1 500 倍液，或 80%代锌森可湿性粉剂 600～800 倍药喷雾防治，使用炭疽福美、苯来特等也有效（图 1-9）。

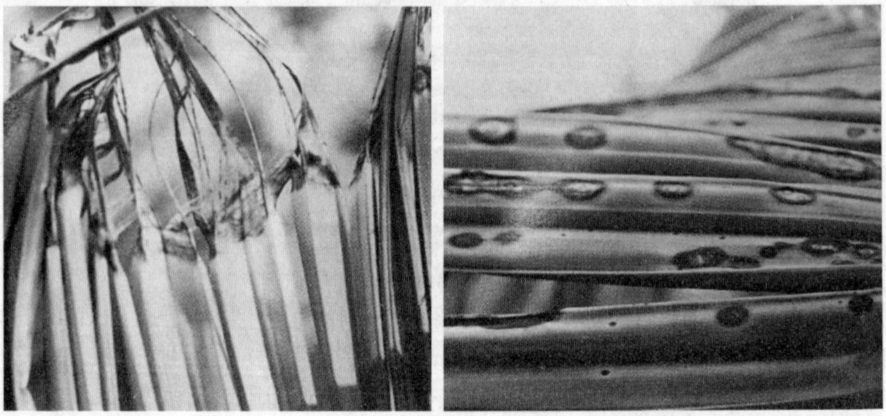

图 1-9　槟榔炭疽病

③细菌性条斑病。

特点：种苗及病株为主要侵染源。

症状：叶片初期症状为暗绿色至淡褐色、水渍状的椭圆形小斑点或短条斑，其周围黄晕明显，病斑穿透叶片两面，病斑后期呈深褐色。

发病规律：气温在15.5～17.5℃的多雨天气易染病，海南多在8～12月，1～2月后病情减轻。

防治：在发病初期，用1%的波尔多液喷雾保护或用500mg/kg链霉素或四环素，每隔两周喷1次（图1-10）。

图1-10　槟榔细菌性条斑病

④煤烟病。

特点：我国槟榔常见病害之一，主要侵染叶片。

症状：叶片表面布满一层黑色煤烟状物。

发病规律：黑刺粉虱、介壳虫等刺吸式口器昆虫发生较多，且通风透光不良易发生。

防治：通风透光，除杂草；依据害虫选择20%吡虫啉（康福多）3 000～4 000倍液，20%灭扫利乳油2 000倍液杀虫，并加多菌灵喷雾（图1-11）。

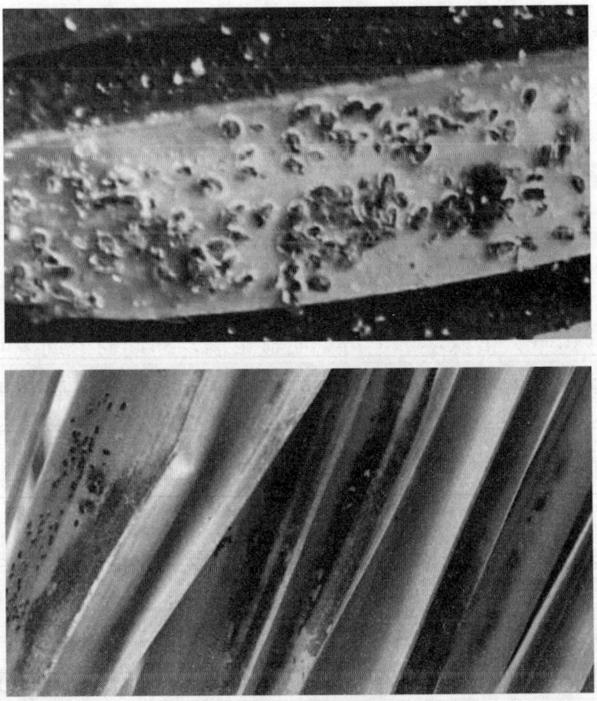

图1-11　槟榔煤烟病

(2) 虫害

①红脉穗螟。

特点：海南槟榔主要害虫。别名“钻心虫”，鳞翅目螟蛾科，主要以幼虫为害花与果。

形态特征与习性：幼虫 18～23mm，体圆筒形，灰褐色至黑褐色。海南一年 10 代，无明显越冬及越夏现象，幼虫以 6 月底至 7 月，9 月底至 10 月初两高峰，畏光。

症状：幼虫为害花穗，虫粪不易掉，果实及幼穗上可造成流胶，有些造成顶梢生长点组织坏死。

防治：同消除病枝叶，减少越冬虫源；在虫害发生高峰期轮换选用 90%敌百虫1 000倍液、25%敌杀死2 500～5 000倍液、20%速必杀2 000～4 000倍液、50%杀螟松乳油1 000～1 200倍液，可用姬蜂科来生物防治（图 1-12）。

图 1-12　槟榔红脉穗螟危害

②红棕象甲。

特点：海南槟榔主要害虫。别名“锈色棕榈象”，鞘翅目象甲科，主要以幼虫蛀食茎干内部及生长点，造成输送组织堵塞，并产生特殊气味。

形态特征与习性：成虫体色红色，体硬，头部延长成管状喙，咀嚼式口器，幼虫肥胖弯曲，长 50～60mm。幼虫期 14～28d，每年 4～10 月为虫害盛期，从伤口及生长点侵入。

症状：幼虫钻蛀树干，植株茎干上可见明显虫洞，初期树冠周围叶片黄萎。

防治：早晨或傍晚人工捕捉，利用其假死性，敲击茎干将其振落捕杀，或用沥青或用泥浆涂封受害伤口。化学防治为：受害较轻植株，先用长铁钩将受害植株虫道内的粪便或树屑钩出，注射乐果原液、氯氰菊酯 500 倍液，然后用泥密封。在 4～10 月定期喷药杀虫卵（图 1-13）。

③椰心叶甲。

特点：对海南的棕榈科植物可造成较大危害。受害椰树和槟榔的产量下降 60%～80%，严重者整株死亡。

形态特征与习性：成虫体扁平狭长，头部红黑色，前胸背板黄褐色。鞘翅两侧基部平行，有时全为红黄色，有时后面部分甚至整个全为蓝黑色。成虫惧光，具有一定的飞翔能

图 1-13　红棕象甲

力，可近距离扩散。

症状：受害初期叶尖下垂干枯，后期叶片枯萎，影响槟榔的正常生长，直至茎干变细后植株死亡。

防治：目前多采用毒死蜱防治。

④蚧壳虫。

特点：介壳虫危害叶片、枝条和果实，常见的有红圆蚧、褐圆蚧、康片蚧、矢尖蚧和吹绵蚧等。

形态特征与习性：雌虫无翅，足和独角均退化；雄虫有一对柔翅，足和触角发达，刺吸式口器。体外被有蜡质介壳。卵通常埋在蜡丝块中、雌体下或雌虫分泌的介壳下，低温及干旱易产生。

症状：蚧壳虫终生寄居在枝叶或果实上，造成叶片发黄、枝梢枯萎、树势衰退，且易诱发煤烟病。

防治：可用噻虫嗪加噻嗪酮防治。

5. **槟榔施肥现状及存在问题**　海南土壤都是由玄武岩、花岗岩发育而来，属于砖红壤地区，有机质缺乏。多数农民为了省工喜欢采用撒施的方法施肥，存在着肥料的严重浪费，肥料利用率低。海南槟榔大多是农户自发种植，农户重施化肥不重视施用有机肥，特别是偏施尿素，槟榔园施入的化肥主要是 N∶P∶K 以 15∶15∶15 比例的三元复合肥为主，不注意 P、K 肥和其他微肥配合使用。其结果使 N、P、K 比例失调，致使土壤结构恶化，再生及循环应用能力降低，养分运输缓慢。而槟榔对 N 与 K 元素的需求相对较大，这样将造成养分的不平衡。

海南槟榔园存在重种轻管、重收轻管、人种天管、规模化种植少的诸多问题。主要表现在：槟榔园园地建设缺乏科学的规划，缺乏科学的管理措施。一是选地不合理。部分槟榔园地下水位过高，而且没有起高垄和开有效的排水沟，槟榔园积水导致槟榔根系长期浸水，有些槟榔园选地地势高，槟榔园严重缺水，造成槟榔长势差，产量低。二是种植规格过密。单位面积的种植数量严重超标，槟榔植株徒长，花而不实，造成人力、物力的浪费。三是间作布局不合理。槟榔园中间作胡椒、番石榴等作物时，没有拉宽槟榔的种植间距，槟榔植株与间作物不能和谐生长，未能达到间作生态模式最佳的经济效益。四是种植坡度大。部分槟榔园种植坡度大，海拔高，种植时没有预先开垦环山行，造成槟榔园水土流失严重；长期光照不足，积温不够，槟榔植株节间变长，产量低，经济寿命短。五是肥水管理跟不上。多数农户自种槟榔，有的在非生产期施肥，结果后就不施肥了，有的几乎没有施过肥，导致槟榔植株得不到充分的养分，不仅严重影响了单位面积产量，而且也造成了槟榔植株容易感染病害。近年来由于人工成本提高，有机肥来源减少，槟榔园有机肥投入减少，导致槟榔园土壤肥力下降、土壤团粒结构破坏、土壤板结。随着化肥和除草剂的大量使用，土壤污染现象随之严重，不仅影响了槟榔的正常生长发育，还增加了管理成本，加重了病虫害的发生。六是园间植被管理不科学，不注重病虫害防治。槟榔园应保持良好的植被，杂草主要采取人工除草，尽量不要采用化学除草，减少化学药剂存留物对槟榔植株的影响。成龄槟榔园每公顷每年凋落的叶片、花苞、果穗及淘汰的果实等废弃物约有5～7t，将这些废弃物进行有效的利用，既可提高槟榔园的土壤肥力，又可减少槟榔园病虫害的发生和流行。海南槟榔由于种植技术落后、方法不当，许多农户缺乏对槟榔生长周期、如何科学施肥等理论知识的全面了解，采用传统的轻种轻管、重种轻管的思想进行种植，使海南省槟榔产量普遍偏低，抵御病害能力不强。

（二）椰子

椰子属于棕榈科椰子属，是热带地区主要的木本油料作物之一，综合利用经济效益高，故享有“热带水果之王”的美誉。椰子是热带喜光作物，在高温多雨阳光充足和海风吹拂的情况下生长发育良好。椰子要求气温年平均26～27℃左右，年温差小，年降水量1 300～2 300mm，年平均日照在2 000h以上。椰子是我国典型的热带经济作物，在我国海南文昌、台湾南部、广东雷州半岛，云南西双版纳、德宏、保山、河口等地多有种植。全球已经有近百个国家种植椰子，主产国为印度尼西亚、菲律宾、泰国等国家，在东盟国家中除了老挝之外均种植椰子。我国种植椰子已有2 000多年的历史，主要集中在海南岛。海南岛因广种，享有椰岛之称。长期以来，海南椰子栽培品种主要以海南本地高种为主，占全国产量的95%以上，仅占世界椰子总产量的0.3%。椰子的用途广泛，开发利用价值高。我国椰子产业主要以进口为主，国内市场供不应求，国内椰子70%靠进口。

我国椰子主要产区在海南岛，因此海南有“椰岛”之称。但海南椰子分布不均，主要分布在文昌、琼海、万宁、陵水、三亚等东部雨水较多的市县。其中文昌的椰子种植面积最大，占全省种植面积一半以上，因此有“海南椰子半文昌”之说，文昌也因此获“椰乡”美称。西部和中部的干旱和半干旱地区椰子种植面积相当少，椰子单株产量也相当低。降水量可能是限制椰子种植推广的一个重要因素。

1998年为了充分发挥海南热带资源优势，因地制宜解决椰果市场供需矛盾，海南省委、省政府发出“大种椰子、富民强省”的总动员令，在全省范围内实施“百万亩椰林工程”，海南椰子种植面积有所增加。到1999年为止，海南椰子种植面积约2 866.7hm^2，年产椰果1.76亿个。到2006年，我国椰子种植面积达4.67万hm^2，其中90%以上分布在海南省，年产椰果2.43亿个。椰子容易栽培和管理，这也使得长期以来对椰子种植业缺乏足够的重视，小规模种植，管理粗放，造成低产或不产出，海南椰子年均单株产量远远低于国外高产地区的产量水平。

海南椰子栽培品种较为单一，多为海南本地高种，约占种植面积的95%以上，这在一定程度上制约了海南椰子产业的发展。近年来，海南引进了矮种椰子，丰富了海南椰子的栽培品种。椰子是长期作物，虽然经济生产期可达数十年之久，但其非生产期一般需3～5年以上。因此，许多农业龙头企业不愿投资椰子种植业。长期以来，椰子种植以农民小规模种植为主，受资金、技术和科学知识等限制，这种小规模的种植很难形成大气候，往往造成管理不到位，产量上不去。随着矮种椰子的引进，其非生产期相对短，不少农业企业开始投资椰子种植业。但由于矮种椰子椰果作为水果产品消费的数量比重增加，种苗繁育方法传统，时间较长，种苗供需紧张，这在一定程度上限制了矮种椰子的推广。

椰子产业是海南的重要产业，也是农民脱贫致富的重要途径。椰子加工业的发展对椰果的需求将越来越大，海南椰子种植业的发展空间和潜力相当大。但同时，海南椰子种植业也面临着品种较少、管理不到位等方面的问题。一方面要培育更多的高产抗逆新品种，克服椰子种植推广中面临的产量低、病虫害严重、抗自然灾害和抗逆能力低的问题；另一方面还要加强椰子种植的科学管理，加快种苗繁育，加强非生产期和生产期栽培管理，使海南椰子种植业发展成规模，达到高产、优质和高效农业产业的目标。

（三）菠萝

1. 国内外种植及产业发展情况 菠萝属于凤梨科凤梨属多年生草本植物，别名凤梨、玉梨、番梨，广泛分布在南北回归线之间，与香蕉、芒果、椰子并列为四大热带水果。菠萝是热带和亚热带地区的著名热带水果，全球约有90多个国家和地区种植菠萝，主要分布在菲律宾、哥斯达黎加、中国、巴西、印度尼西亚、印度、泰国、尼日利亚等国家和地区。根据联合国粮农组织（FAO）统计结果显示，2020年世界菠萝收获面积是108.58万hm^2，中国的菠萝收获面积居第4位。菠萝在我国主要栽培地区有广东、海南、广西、台湾、福建、云南等省份。广东和海南省是我国菠萝的主要产区。据农业农村部发展南亚热带作物办公室统计，2020年中国菠萝年末实有面积98.7万亩，居世界第4位，收获面积75.4万亩，全年总产量184.7万t，居世界第5位，总产值约为47.0亿元。中国菠萝种植主要分布在广东省、海南省、云南省和广西壮族自治区。菠萝主产区广东省2020年种植面积58.4万亩，总产量121.0万t，平均亩产3 025.0kg，总产值24.5亿元；海南省2020年种植面积24.5万亩，总产量46.7万t，同比增长3.4%，总产值17.8亿元；云南省种植面积11.0万亩，总产量11.6万t，总产值3.5亿元，同比增长12.8%，广西壮族自治区2020年种植面积3.3万亩，总产量3.7万t，总产值0.44亿，同比减少0.4%。广东和海南两个主产省份，80%左右菠萝品种为“巴厘”，70%以上的菠萝在2～6月上市，大约60%以上是以新鲜水果发往全国各地。

2. 主要品种及分布 我国21世纪以来，在农业农村部的支持下，先后有计划、系统地开展菠萝品种引进、改良和选育种工作。目前，中国热带农业科学院南亚热带作物研究所建设的亚洲最大的菠萝种质资源圃，保存种质资源200份以上，包括主要的商业栽培品种、有开发价值的品种、杂交选育的品种和优良单株。目前我国主要的商业化栽培品种如下：

（1）巴厘 又称“菲律宾”，株高75～110cm。叶缘呈波浪形，有排列整齐、细密的硬刺。一般有吸芽2～3个，裔芽1～9个。果实中等大，圆筒形，平均单果重1.15kg。果眼较深，果肉黄至深黄色，肉质脆爽，果汁中等，适宜鲜食。以自然成熟的6～7月果实品质最佳，市场上集中供应在3～5月，可溶性固形物含量15.6%，可溶性糖含量22.4%，维生素C含量10.7mg/100g，可滴定酸含量0.42%。该品种抗性强，比较耐旱、耐瘠薄，高产和稳产性能好。巴厘品种是我国菠萝产业中占绝对优势的主栽品种。我国广东省和海南省80%左右菠萝品种为巴厘。

(2) 无刺卡因 又称千里花，株高80～120cm。叶缘无刺或叶尖有少许刺。每株有吸芽0～2个，裔芽3～10个。果实较大，单果重1.5～2.0kg。果眼浅，果肉颜色为淡黄色，酸甜可口，果汁多，纤维含量较高。果皮薄，易受烈日灼伤。是云南主要栽培品种，除鲜食外，为适宜加工制作菠萝罐头的优良品种。

(3) 金菠萝 又称MD-2，该品种株高70～90cm，叶缘无刺，叶片较宽，每株吸芽1～2个。果实圆筒形，单果重1.5～2.5kg，果眼扁平或微隆起，果肉颜色黄色至深黄色，风味芳香、清甜，果肉质地粗糙，口感爽脆。可溶性固形物含量高，维生素C含量47.3mg/100g，可滴定酸含量0.53%。品种特点是维生素C含量高，是其他品种的4～10倍，也是海南商业化栽培发展迅速的品种。金菠萝有鲜食和加工两种用途，目前以鲜食为主。栽培上主要问题是夏季果容易发生水心病，造成商品性下降。

(4) 台农系列品种 为我国台湾农业研究所选育，由台商引入福建、海南等地区种植，风味较适合大陆人口味，在市场上备受消费者喜爱。目前种植的品种有台农16（又称“甜蜜蜜”）、台农17（又称“金钻”）、台农21（又称“黄金菠萝”）。台农16植株平均高为90cm，叶缘无刺，单果重1.1～1.5kg。果眼浅，果肉黄或者浅黄色，硬度大，纤维含量少且细，可溶性固形物含量为15%～23%，具有浓郁香味，为鲜食品种。果实正常收获期为7～8月。其果柄细长，抗性差，容易发生倒伏或日灼。台农17是我国台湾地区主要种植的品种之一。果实圆柱形，平均单果重1.2kg。可溶性固形物含量16.4%，可溶性糖含量17.0%，维生素C含量13.7mg/100g，可滴定酸含量0.38%。栽培上主要问题是容易裂果（柄），造成商品性下降。台农21植株平均高为80cm，叶缘无刺，单果重1.1～1.3kg。可溶性固形物含量17.3%，可溶性糖含量18.5%，维生素C含量17.6mg/100g，可滴定酸含量0.71%，糖酸比为26.2，优于其他品种。台农系列品种主要在海南省种植，近年来雷州半岛的徐闻县有部分种植。

(5) 神湾 又称“新加坡”、金山种等。该品种植株矮小，叶片短而窄，叶缘有锋利且排列整齐的刺。植株分蘖能力强，吸芽多达9～24个。果实较小，冠芽较大，单果重0.50～0.75kg，一般6～7月成熟。果肉橙黄色，糖、酸含量较高，鲜食口感风味佳，果实耐储运。神湾主要在珠三角种植，在广州、深圳、港澳地区受消费者欢迎。

(6) 粤脆 由广东省农业科学院果树研究所选育，植株高大，叶狭长。抽蕾期一般为3月至4月下旬，花期为4月下旬至5月上旬，果实成熟期为8月中、下旬，一般亩产为2 500～4 000kg。可溶性固形物含量15.2%，可溶性糖含量12.8%，维生素C含量18.7mg/100g，可滴定酸含量0.44%，鲜食口感较佳，适于鲜食和加工。

(7) 热农系列 为中国热带农业科学院自主选育即将面世的热农8号、热农17、热农56等热农系列菠萝新品种。热农8号生长势强，果眼浅，较丰产、优质，经济性状优良，适宜在广东省菠萝主产区种植。热农17果实糖度和香味较台农17好，且抗水心病。

3. 菠萝生长习性、易感染的病虫害 菠萝性喜温暖，最适生长的年平均气温为24～

27℃，15℃以下生长比较缓慢，5℃是受冻害的临界温度，43℃高温时即停止生长。菠萝属于景天酸代谢途径植物，相对比较耐旱，年降雨量 1 000～1 500mm 且分布均匀，可以满足菠萝需求。菠萝生长喜疏松、排水良好、富含有机质、pH 为 4.5～5.5 的砂质壤土。

寒害和霜冻是我国华南菠萝生产上的主要极端天气灾害，会影响果实的生长，严重时会使菠萝植株死亡，造成菠萝大面积减产。对于极端天气的预防，主要是通过及时关注天气变化，在低温来临之前采用覆盖稻草及束叶法防冻；也可以在越冬前增施有机肥和钾肥，来增强菠萝的抗逆性。

菠萝园的杂草主要发生在菠萝封行前，一般采用化学除草剂和人工除草相结合的方法。生产上菠萝园常用的除草剂有 20%克无踪、80%秀灭净、20%二甲四氯钠和 50%阿灭津，稀释 200～300 倍使用。

4. 菠萝施肥状况，存在的主要问题　菠萝是典型的热带水果，生育周期较长，整个栽培周期一般为两年，对肥料的需要量很大。因此菠萝种植农户氮磷钾养分投入量很大。根据中国热带农业科学院南亚热带作物研究所植物营养研究室 2011 年对广东湛江菠萝主产区和海南龙滚的农户施肥现状调研结果，农户平均施肥量为 N 534kg/hm^2、P（P_2O_5）528kg/hm^2、K（K_2O）327kg/hm^2，比例为 1∶1∶0.61；2013 年广东徐闻县主要产区施肥现状调查结果，全县平均施肥量为 N 760kg/hm^2、P（P_2O_5）695kg/hm^2、K（K_2O）645kg/hm^2。海南省菠萝主要分布在琼海市和万宁市，主栽品种 95.6%是巴厘，菠萝全生育期农户常规施肥量为 N 837～955kg/hm^2、P_2O_5 712～842kg/hm^2、K_2O 1 088～1 427kg/hm^2，平均 N、P_2O_5、K_2O 施用量为 900kg/hm^2、750kg/hm^2 和 1 200kg/hm^2，N∶P_2O_5∶K_2O=1∶0.83∶1.33。调研菠萝园土壤 pH 范围在 3.67～5.76 之间，平均值为 4.30，pH<4.5 的强酸性土壤占比为 78.33%；55%的调研地块有机质含量缺乏，82%以上的菠萝园土壤碱解氮和速效钾缺乏，17.08%的土壤有效磷缺乏。

在菠萝合理施肥方面，国内外对皇后类巴厘菠萝研究报道较多，对其养分需求特征有明确的试验。在海南每生产 1 000kg 菠萝果实需要 7.22kg 的氮、1.55kg 的磷和 14.20kg 的钾；在广东菠萝产区每生产 1 000kg 菠萝果实，在传统施肥条件下带走 0.84kg 氮、0.11kg 磷和 2.39kg 钾，滴灌条件下带走 0.84kg 氮、0.13kg 磷和 2.41kg 钾；在广西菠萝产区每生产 1 000kg 菠萝果实需要 3.75kg 的氮、1.07kg 的磷和 7.36kg 的钾。喷施硫酸亚铁可以显著提高菠萝植株叶长、叶宽、叶片数量以及叶片中叶绿素成分含量，还可以提高单果重、商品果率和产量。金菠萝对养分的需求为 K>N>Ca>P>Mg，每生产 1 000kg菠萝果实，养分需要量在传统施肥条件下为 4.70kg 氮、1.36kg 磷、11.86kg 钾、2.56kg 钙和 0.55kg 镁；在优化覆膜滴灌施肥模式下为 4.66kg 氮、1.15kg 磷、10.10kg 钾、2.22kg 钙和 0.59kg 镁。

菠萝生长发育过程中，需要土壤作为植株养分的来源和支撑，更需要足够的养分来满足其不同阶段的生长发育并获得优质高产。尽管目前我国在菠萝营养与施肥方面取得了比较大的进展，促进了我国菠萝产业的发展，但是与国外菠萝种植先进国家相比，我国菠萝在营养和施肥方面还存在着一些问题。

首先，菠萝栽培中的水肥管理与需求不协调。我国雷州半岛菠萝优势产区，受海洋性季风气候的影响，季节性干旱严重，菠萝的旺盛生长期和果实发育期均处在季节性干旱期，而这个时期需要大量的营养元素和充足的水分供应，干旱限制了菠萝的生长发育和产量的提高。针对菠萝生产中水肥管理不协调的问题，通过采用水肥一体化技术，结合菠萝整个生育期对水分的需求和自然降雨情况制定菠萝水肥管理措施，达到菠萝高产高效的目的。

其次，菠萝生产中氮磷钾投入比例不协调，氮磷钾利用效率偏低。菠萝在整个生育期中氮、五氧化二磷和氧化钾的比例基本维持在1∶（0.17～0.32）∶（2～3）。而农户的肥料投入量为菠萝吸收量的几倍甚至是几十倍，造成了肥料资源的大量浪费，污染环境和土壤。根据广东和海南菠萝产区的施肥现状调查，发现菠萝生产中氮磷钾比例极其不协调，磷肥的投入量过多，而钾肥相对偏少。另外，当地农户对肥料品种和复合比例的选择随意性大，农户往往靠种植经验和经销商推荐来选择肥料，存在很大的盲目性。

最后，菠萝生产上肥料施入时期和施肥方式不合理。一般情况下菠萝在缓慢生长期、快速生长期、现红期和果实发育期对养分的吸收量相对较大。而由于后期施肥操作不便，农户对菠萝的施肥主要集中在前期，在果实发育期很少追肥，造成前期养分过剩供应而后期养分不足的现象。在施肥方式上，除底肥普遍采用机械沟施覆土外，追肥时撒施的现象较多。撒施到土壤表面的肥料，菠萝根系很难吸收，造成肥料的大量浪费。

（四）火龙果

1. 火龙果种植及产业发展情况 火龙果为仙人掌科三角柱属多年生攀援性热带植物，又被称为红龙果、青龙果、情人果、仙蜜果等，属于热带水果。火龙果因其外表像一团愤怒的红色火球而得名，内部果肉像香甜的奶油但又布满了黑色小籽，质地温和且口味清香。火龙果营养价值高、口感嫩滑，还具有降低血糖、血脂等保健功效，含有一般植物少有的植物蛋白、花青素及水溶性膳食纤维等；花和果茎可用来做药，具有抗癌和预防高血压的功效。具有美白皮肤、消炎润肠、降低胆固醇、抗氧化、抗衰老的功效，是高血压、糖尿病、高尿酸患者的首选水果。近年来，火龙果深受消费者的喜爱，市场需求越来越大，具有良好的市场前景。

火龙果常见的栽培品种类型有红皮白肉型和红皮红肉型。前者自花授粉坐果率高，果较大，产量较高，但品质较差；后者品质较好，市场售价较高，但自花授粉坐果率低，种植时要搭配10%左右的红皮白肉型作授粉品种，并需要进行人工授粉。火龙果原产地为中美洲地区的国家，如墨西哥等，目前自然分布在热带雨林等热带地区，人工栽培面积广泛，热带地区全年均可种植。我国宜在春季栽培，在我国台湾地区种植较为广泛。20世纪末21世纪初开始在我国大陆地区逐渐推广种植，主要分布在海南省和广东、广西南部。火龙果生长在温暖湿润的地方，表现出很强的抗病能力、耐热，果实的颜色有白色或者血红，口感佳，含有丰富的抗氧化物质、维生素、胡萝卜素、不饱和脂肪酸、矿物质、微量元素等，营养价值高，脂肪和热量都比较低。此外，火龙果相对于其他水果，其含有的花青素、水溶性膳食纤维等，对降血糖血脂、养颜、利尿、预防便秘等有很好的作用，非常适合作为绿色食品原材料栽培。目前火龙果在我国栽培主要采取的是扦插方式，随着我国火龙果种植面积的不断增加，火龙果种植户的收入水平及效益也不断得到提升，有必要对火龙果生长习性、需肥特性、主要缺素症状、高产施肥策略及栽培技术等进行有效的分析，以不断提升火龙果种植的专业化程度，保证火龙果的产量和质量。

2. 火龙果树生长习性

(1) 适宜生长的环境条件

温度：火龙果原产地为热带地区，因此耐热能力强，但是耐寒性差，不可长时间在低于5℃的环境下生长，以免叶片发生冻伤，因此火龙果适合在温暖的条件下生长，一般在20～35℃生长较好，以在25℃为最佳生长时间。

水分条件：火龙果为热带水果，耐炎热，忌水渍，因此栽培火龙果的过程中要确保土壤的湿度适宜，不可长期积水，以免火龙果植株的根系腐烂，造成死亡。虽然火龙果忌过湿环境，但是其生长过程中又要保证充足的水分，因此要维持土壤的透气、疏松、潮湿状态。

光照条件：火龙果由于其喜热喜光的生活习性，因此较适宜在我国南方种植。在温暖湿润、光照充足的环境下生长迅速。

土壤性质：火龙果的适应范围广泛，对土壤质地的要求不严，一般在水田、平地、山坡、旱地上均可生长，其中以在含有丰富有机养分、通透性好的砂壤土上长势最好。

(2) 种植地选择　火龙果耐热耐旱，对水肥要求不高，但耐寒性差，4～8℃即受冷害，因此要选择在年均温度22～25℃的海南，广东、广西南部及云南南部等地区种植。园地要光照充足、交通方便、远离污染源；土壤以有机质丰富的砂壤土和壤土为好，pH 5.5～7.5；地形以缓坡地为好，以方便排水，坡度大于20°的山坡不宜种植，平地种植要起高畦，修建好排水系统。火龙果对土壤的要求不高，但最好选择偏弱酸性、中性或腐殖质含量高的砂壤土。应在水利条件较好、阳光充足、地势平坦处建园。

(3) 火龙果种植方式　一般种植扦插苗或嫁接苗，种苗要品种纯正、无病虫害、生长健壮、根系发达，扦插或嫁接后新萌发的枝条长10cm左右。嫁接和扦插时间在每年夏季结束之后，扦插法要选择生长状态良好且长势健壮的茎叶培育插条，之后将插条分为若干15cm左右的小段。当每段插条的切口恢复正常之后，便可以插入土壤中，在合理培育的情况下，通常15～30d插条便会生根，等到根长达到3cm左右时便可进行移植。使用嫁接法育苗需要选择合适的砧木，砧木的品种会直接影响到后期植株生长时的病虫害发生情况。嫁接时应当将火龙果茎切成倾斜的平面，再与砧木固定。通常情况下4～5d嫁接部位便会完全结合。

火龙果为攀缘性植物，有附生习性。火龙果有很多种植方式，但以柱式栽培为主。苗木栽培前需立水泥柱支撑，供吸附根攀缘和支撑植株及果实，立柱栽培有生产成本低、土地利用率高、光照充足等优点。柱式栽培就是立一根方形柱子，在柱子的4面各种1株火龙果苗，让火龙果植株附着在立柱上生长的栽培方式。选择好园区地点后，把水泥柱当作支架，同时在水泥柱的上部打孔，用铁丝制作一个十字形支架，把一个直径在50cm左右的圆盘放在上面，以支撑火龙果枝条更好地攀爬，通常来说，每公顷可以放置110根水泥柱。火龙果一般在每年的3月前种完为宜，当年可以获得较高的产量。火龙果的产量、丰产期与种植密度关系很大，合理高密度种植可以提早获得高产，取得较好的经济效益。

火龙果的授粉通常是依靠风与昆虫来完成。正常情况下，火龙果是可以自然相互授粉的，但是如果天气状况不理想，就要进行人工授粉，建议在傍晚花开或者是清晨花尚未闭合的时候进行，可以使用消毒后的毛笔蘸取并收集花粉，再将花粉涂在雌蕊上进行人工授粉，提高火龙果的坐果率。此外，在火龙果生长期间可以对果实进行套袋处理，以有效提升果实的品质。套袋可以避免果实在生长、采摘和运输时期受到伤害，还能促使果实表皮着色更为均匀。在套袋时应当选择质地柔软的纸袋套住果实，并使用铁丝进行封口。套袋能够提升火龙果果实的甜度，缩短果实成熟时间。

火龙果种植当年就有一定的产量，但应以培育、整形为主，以形成合理株形，确保第二年有足够的结果枝，获得较高产量。三年及三年生以上的植株需要剪除老化枝、过密枝、伤残枝和感染病虫害的枝条，增加植株内部的通风性与透光性。要选留壮芽以便后期培养新枝，其余幼芽可清除，避免养分浪费，以此来确保新生枝条能够茁壮生长。当火龙果枝条长度达到1.3m左右时便需要及时摘心，促使早开花。

（4）火龙果病虫害 相对于其他果树来说，火龙果的病虫害较少，常见的虫害有红蜘蛛、蜗牛、果实蝇等，常见的病害有软腐病、溃疡病、炭疽病等。在对火龙果开展病虫害防治的过程中，应该采用预防为主的对策，合理利用灯光和粘虫色板等诱捕害虫，进行绿色防控；化学防治上应选择高效、低毒、低残留的农药，并注意轮换用药，以免产生抗药性。

3. 火龙果施肥现状及存在的主要问题

（1）火龙果施肥现状 火龙果根系对盐分含量较为敏感，当盐分浓度大于0.3%时，便会发生反渗透现象，从而影响根系的正常生长，因此施肥以少量多次、勤施薄施为原则。火龙果在定植前需撒施有机肥，将有机肥与土壤通过机械混匀，从而改善土壤结构，培肥地力，为火龙果的前期生长提供养料，秋末冬初时再施用1次有机肥，保证养分供给。一年生火龙果所需养分较少，施肥时以有机肥为主，化肥为辅，而定植1年后火龙果开始开花坐果，所需养分增加，因此第2年施肥量比第1年施肥量增加150%～200%，且在挂果期可适当增加钾肥用量。而对于成龄火龙果除施用有机肥外，还要增施化肥，每年施用纯N、P_2O_5、K_2O为900～1 260kg/hm^2，具体施用量可根据土壤测试进行适当调节。当磷肥和钾肥水平适中时，增施氮肥在一定程度上提高了火龙果品质，而氮肥和磷肥水平较低时，合理增施钾肥则能提高火龙果的可溶性固形物含量。火龙果在采收期适度增加氮肥，有利于火龙果的优质高产。当植株出现老熟过快、生长量不够的现象时，可适当增加氮肥。同时在补充大量元素之外还需要施用适当的微量元素。火龙果主要种植在我国华南一带，其土壤铁、锰含量较高，而缺乏硼、锌，一般会适当施用钙、硼、锌肥。

（2）火龙果施肥中存在的问题

①肥料投入比例不均衡，养分利用率低。火龙果产量的提升有赖于化肥养分的投入，大量施用有机肥虽然会提高作物产量，但同时也会导致农作物品质下降以及产生一系列环境问题。经过多年的化肥施用和土壤培肥，我国耕层土壤的养分含量已明显增加，然而种植户存在施肥越多产量越高的错误观念，以及在经济利益等外在条件的驱使下使用不合理、盲目施肥现象增加，肥料利用率降低。长期高量投入化肥导致土壤中积累了过多的氮、磷、钾养分。有研究表明，元江干热河谷地区火龙果全年氮、磷、钾养分利用效率仅为7.07%、7.35%、13.4%，其中，氮肥利用率相当于中国氮肥平均利用率30%～35%的1/5左右，磷肥利用率低于中国磷肥平均利用率10%～25%的最低水平。目前大部分

果农主要凭借经验施肥，果园大量施用氮肥、生理酸性肥料已经成为引起土壤酸化的重要原因，同时种植户对火龙果的适宜施肥种类、施肥时间、施肥用量缺乏认识，且施肥不及时，习惯性施肥等现象造成了肥料浪费、成本提高、环境污染，导致火龙果产业增肥不增产、增产不增收的现象突出，限制了火龙果产业的高产、优质、绿色发展。

②现代化施肥技术应用率低，自动化水平不足。火龙果属高投入高产出经济作物，目前国内火龙果种植主要以标准化大农场经营为主，多采用水肥一体化措施，但也有少部分小经营农户采用传统施肥措施。传统施肥主要是经验施肥，不仅不能与火龙果的正常生长发育相适应，而且会浪费资源、污染环境、增加农民负担。水肥一体化措施是农业生产节水节肥的有效措施之一，水肥一起施用比土施的养分利用率更高，肥料用量比土施少30%～50%。但水肥一体化措施必须与作物不同生长发育阶段所需要的养分相适应，满足各生长时期对养分的需求，按时按需浇水。而火龙果对营养元素的吸收受气候温度、土壤环境、栽培技术、肥料效应等因素的综合影响。目前多数火龙果种植户主观意识陈旧落后，技术基础不扎实，缺乏能动性和创造性，生产上也还没有针对不同地区土壤和不同品种提出的最佳施肥用量和施肥配比，技术落地率低。总体来看，火龙果产业种植水平和质量参差不齐，技术到位率较低，现代化及自动化水平不足，限制了火龙果产业的规模化发展。

第二章

热带果树养分需求特性及施肥决策

一、香蕉养分需求特性及施肥决策

（一）香蕉生长习性

香蕉全生育期可分为初期的营养生长期、中期的花芽分化期至孕蕾期和后期的抽蕾至果实发育期。我国香蕉产区多以吸芽作为定植种苗，蕉株从吸芽阶段开始，需抽生一定的叶片数，才能由营养生长转入花芽分化，通常叶片数达 20～24 片开始花芽分化，抽生 29～38 片大叶则可开花。从吸芽出土到花芽形成约需 8～10 个月，从花芽开始分化到抽蕾需 3～6 个月，从开花到果实采收需 2～5 个月。

气候要求：香蕉喜高温，不耐寒霜，以热带气候为主，生长适宜温度为 20～35℃，低于 15℃不利于生长，年平均气温需在 21℃以上。

水分要求：香蕉多喜湿，种植过程中必须保持充足的水分，年降水量在 1 800～2 500mm为宜，需要根据降雨情况制订合理的浇水方案，确保土壤湿润。

土壤要求：香蕉适宜在酸性土壤中生长，土壤 pH 为 6～7，主要以砂壤土、冲积土或腐殖土为主。如果土壤为碱性，通常使用硫混合物降低 pH，从而确保产出的香蕉拥有丰富的钾。一般上层要厚 60cm 以上，能达到 100～150cm 更好。土壤要疏松透气，最好是砂壤土至轻黏壤土，结构为团粒结构。蕉园地下水位要在 80cm 以下，高于 40cm 就难于获得优质高产。有机质和其他养分含量要高。

养分要求：据报道，平均一株香蕉（北蕉）含 N 85g、P_2O 323g、K_2O 317g、CaO 89g、MgO 56g，钾在植株各部位中含量最高，约超过氮的 2 倍。按总量计算，各元素排列顺序为 K>N>Ca>Mg>P>Fe>Mn>B>Cu>Zn。平均每 1000kg 的香蕉果实约含 N 1.75～2kg、P_2O 0.2～0.5kg、K_2O 4.8～6kg、CaO 0.18～0.3kg、MgO 0.21～0.4kg。香蕉并不特别嗜好某种形态氮源，硝态氮、氨态氮和尿素均同等有效。香蕉施磷肥一般以过磷酸钙、钙镁磷肥最为普遍。有报道，硫酸钾肥效要高于氯化钾，但由于价格因素，生产上仍以氯化钾为主。叶面肥主要包括磷酸二氢钾、氨基酸叶面肥、植保素及微量元素等。

（二）香蕉营养诊断

1. 土壤肥力诊断标准　土壤肥力诊断标准如表 2－1 所示。

表 2-1 土壤肥力诊断标准

项目	极低	低	中等	高	极高
pH	<5.0	5.0~6.5	6.5~7.5	7.5~8.5	>8.5
有机质（mg/kg）	<10	10~20	20~30	30~40	>40
碱解氮（N mg/kg）	<50	50~100	100~150	150~200	>200
有效磷（Olsen-P mg/kg）	<5	5~10	10~20	20~40	>40
有效钾（K mg/kg）	<50	50~100	100~150	150~250	>250
交换性钙（Ca mg/kg）	<100	100~250	250~1 000	1 000~2 000	>2 000
交换性镁（Mg mg/kg）	<25	25~50	50~100	100~200	>200
有效硫（S mg/kg）	<10	10~16	16~30	30~50	>50
有效硼（B mg/kg）	<0.25	0.25~0.5	0.5~1.0	1.0~2.0	>2.0
有效铁（Fe mg/kg）	<2.5	2.5~4.5	4.5~10	10~20	>20
有效锰（Mn mg/kg）	<5	5~10	10~20	20~30	>30
有效铜（Cu mg/kg）	<0.1	0.1~0.2	0.2~1.0	1.0~2.0	>2.0
有效锌（Zn mg/kg）	<0.5	0.5~1.0	1.0~2.0	2.0~4.0	>4.0

2. 香蕉叶片营养诊断标准 不同学者对香蕉叶片营养诊断标准有所不同，如表 2-2 和表 2-3 所示。

表 2-2 牙买加香蕉植株叶片营养诊断标准（干重）

营养状况	N（%）	P（%）	K（%）
适量	≥2.50	≥0.20	≥2.74
低量	<2.60	<0.20	<2.74
严重缺乏	<1.50	<0.09	<2.08

注：品种：DwangCavendish；采样期：抽穗期（株龄 6 个月）；采样部位：顶部第三叶。

表 2-3 澳大利亚香蕉叶片营养诊断标准

元素	缺乏值	准缺乏值	适宜值
N（%）	<2.60	2.60~2.8	2.80~4.00
P（%）	<0.13	0.13~0.19	0.20~0.25
K（%）	<2.50	2.50~3.00	3.10~4.00
Ca（%）	<0.50	0.50~0.70	0.80~1.20
Mg（%）	<0.20	0.20~0.30	0.30~0.46
S（%）	<0.10	0.10~0.20	0.23~0.27
Na（%）	—	—	0.01~0.10
Cl（%）	—	—	0.80~0.90
Cu（mg/kg）		3~7	7~20
Zn（mg/kg）	<14	14~20	21~35

（续）

元素	缺乏值	准缺乏值	适宜值
Mn（mg/kg）	＜10	—	1 000～2 200
Fe（mg/kg）	—	—	70～2 200
Al（mg/kg）	—	—	50～240
B（mg/kg）	＜10	10～20	20～80

注：植株处于旺盛生长期。采自第三叶主脉两侧，每侧取15～20cm宽的叶切片。

（三）营养元素的生理功能与缺素症状

香蕉体内大量元素、中量元素、微量元素的缺素症状与治理措施如下：

1. 香蕉大量元素缺素症状与治理措施

氮：在香蕉生长中需求量仅次于钾，位居第二位的营养元素。在生产中特别是植株根系生长不好或满地是杂草作物，与杂草生长竞争情况下常有氮素缺乏的表现。叶片变成淡绿色，中脉、叶柄和叶鞘带红色，叶距缩短出现“莲座状”簇顶。通常施用尿素、硝酸铵或硫酸铵等补充氮肥的不足，大约每亩一年施用17kg，分3～4次施入。有条件时结合下雨或灌溉浇水每月施一次更为理想。在干旱情况下不要施用尿素，但5%浓度的尿素可作叶面喷肥，重点喷于蕉叶的背面。

磷：香蕉对磷的需求不多，而对磷的吸收最快阶段也是植株营养生长时期，抽蕾后吸收减少，常为营养生长期的20%。磷供应不足常阻碍植株生长和根系发育，出现较老的叶片边缘失绿，有紫褐色的斑点汇集成“锯齿状”的枯斑。受影响的叶片卷曲，叶柄折断，幼叶呈深蓝绿色。通常施用过磷酸钙或磷矿石来补充植株磷的不足。最好在种植前每亩用6.6kg作底肥，与土壤混合施入20cm以下的定植穴内。以后生长期如果再出现缺磷症状，再施入易被植株吸收的磷酸。

钾：果实发育早期施钾，可增加果穗重，且促进抽穗，缩短果实成熟期。在一般情况下香蕉对氮磷钾的需求为4∶1∶14，因此钾是香蕉营养的一个关键元素。如果缺钾，最普遍的症状是最老叶出现橙黄色失绿，接着很快枯死，叶的寿命显著缩短，中脉弯曲以至于叶尖指向植株的基部，从而生长受到抑制。叶片变小，抽蕾延迟，每穗的果数和梳数减少。植株生长时钾素供应不足，形成“瘦果”和脆弱的果穗在蕉园中经常能看见。通常使用硫酸钾和氯化钾来补充植株钾肥的不足，硫酸钾要比氯化钾好一些。在贫瘠的土壤里，如云南第一代蕉一年每亩可施入超过130kg钾肥；同样在云南省坡地蕉园的同一块土壤里当收获2～3代果后，埋入遗留下的假茎及其他废弃物待腐烂后，再种蕉苗第一代果，就很难发生缺钾及其他缺素症的现象。

2. 香蕉中量元素缺素症状与治理措施

钙：香蕉钙的缺乏最初多表现在幼叶上，如侧脉变粗，尤其是接近中脉的侧脉，其次是接近叶尖的叶缘脉间开始失绿。在pH较低的强酸性土壤中多通过施用过磷酸钙或石灰和白云石来补充土壤中的钙，每亩每年可施用200kg左右。

镁：镁的缺乏常出现在种植多年的老蕉园，叶缘间中脉逐渐变黄，叶序改变，叶柄出现紫色斑点，叶鞘边缘坏死、散把等。镁的补充最有效的方法是叶面喷施硫酸镁，其次把镁与氮磷钾配成混合肥料施入土壤中。

硫：香蕉吸收硫最快的阶段是营养生长阶段，抽蕾后吸收逐渐减慢。果实生长所需的硫主要由叶片和假茎供给，如果硫缺乏就会导致果穗变小，穗轴难以抽出，同时幼叶呈现黄白色。如果缺硫进一步加剧，叶缘便会出现坏死斑点，侧脉也微微变粗，类似硼和钙的缺乏症状。通常以硫酸铵、硫酸钾和过磷酸钙来补充土壤硫的缺乏，一般每亩每年能定期施用 3.3kg，就会避免硫缺乏症的出现。

3. 香蕉微量元素缺素症状与治理措施

铁：铁的缺乏主要出现在石灰质土壤中。常表现为整个叶片失绿，变成黄白色，且春、秋季比夏季严重，干旱时更明显。缺铁时新抽叶片颜色从浅绿逐渐变为黄色、淡黄色，严重时叶片局部发白，呈黄白色，最后新叶抽生后出现局部或者整叶焦枯。消除这种症状，主要是采用叶面喷施 0.5%的硫酸亚铁溶液。

锰：锰的缺乏多出现在第二或第三片幼叶的边缘失绿，有时在叶缘还留下一条狭窄的绿边，接着沿主脉向中脉伸展，但脉间仍保持绿色，呈现出“梳齿状”的失绿。缺锰首先是新叶叶片边缘失绿，逐渐变成新抽叶整叶失绿，进而整叶呈浅黄色且伴有横跨主叶脉到叶片边缘密度不一的褐色条纹，叶片薄脆，易破损，顶部叶片出现大小不一的杂斑，最后新抽叶片局部或整叶萎蔫枯黄。缺锰还会引发黑纹病，每年每亩给植株喷施硫酸锰 46～73g，就能有效地减少锰的缺乏症。

铜：缺铜时叶片边缘失绿，新叶与假茎间的夹角变大，对向两片新叶夹角近平角。缺铜香蕉叶片的丙二醛含量为正常的 1.8 倍，根系活力下降了 51.2%。

锌：蕉园中锌的缺乏，多发生在 pH 较高或施石灰过多的土壤。常出现植株幼叶显著变小，变为披针形，叶片背面中下部呈淡红色，随着幼叶展开而逐渐消失，叶片展开后出现交错性的失绿。有时果实扭曲，呈浅绿色。要消除缺锌症状，通常实行根外追肥，在叶片上喷施 0.5%的硫酸锌，见效最快。

硼：土壤中缺乏硼，常导致香蕉植株叶面积变小，叶片变形、卷曲，叶背出现特有的垂直于叶脉的条纹。开始缺硼时，幼叶周身出现垂直于侧叶脉的失绿条纹，随着缺硼程度加重或缺硼时间延长，失绿条纹逐渐木栓化和坏死，进而整叶失绿、叶缘缺刻、叶片畸形，新抽叶片仅剩主叶脉，最后生长点坏死，新叶难以抽生。缺硼胁迫能显著减少香蕉整株氮磷钾的累积量。种植蕉苗时每亩施 80g 硼砂，就能减少缺硼症状的出现。

二、荔枝养分需求特性及施肥决策

荔枝一年中新梢抽生的次数，因树龄、树势、品种和外界条件而定，分春梢、夏梢、秋梢、冬梢，未结果的幼龄树一年可抽生 5～7 次梢，中年树在肥水充足条件下可抽新梢 3～5 次，老年树一般在采果后抽 1～2 次新梢。开花前后、果实采收之后是壮花、促秋梢的关键时期，此时应注意肥水管理。而南方荔枝园多分布在丘陵坡地，单位面积的种植株数常不确定，因此，在推荐施肥时常以单株施肥量为基础。良好的水肥管理是实现荔枝高产优质的关键技术措施。

（一）荔枝养分需求特点

一般认为荔枝对养分的吸收有两个高峰期：一是2～3月抽发花穗和春梢期，气温逐渐回升，树体生长加快，对氮、磷等主要养分的需求比较迫切；二是5～6月果实迅速生长期，对氮的吸收达到最高峰，对钾的需求也逐渐加剧，如果养分供应不足，易造成落花落果。开花期、果实生长期及果实采收后的养分回流期是土壤养分管理与施肥的关键期，而施肥不足或过量都会带来产量和品质的问题，因此对氮、磷、钾养分的需求量和比例，因生长阶段和产量水平的不同而存在较大差别。

1. 荔枝植株的生物量 不同品种荔枝均以树干占地上部生物量比例最大，约为50.4%～72.7%，果实次之，约为18.0%～38.1%，叶片仅占8.1%～16.9%，比例最低。不同荔枝品种的总生物量大小也有一定差异，具体表现为：黑叶＞白蜡＞淮枝＞双肩玉荷包＞兰竹＞白糖罂＞紫娘喜＞妃子笑＞桂味＞大丁香。

2. 地上部分养分分配与积累 大量研究表明，对于大中量营养元素，荔枝叶片通常以N含量最高，K或Ca含量次之，P含量最低；树干则以Ca或N含量最高，S含量最低；外果皮和内果皮一般均以N或K含量最高，Si或S含量最低；果肉和种子以N或K含量最高，但均以Ca或Si含量最低；根系大部分为Ca含量最高，少数为N含量最高，最低的为P或S含量。以生产50kg果实计，荔枝主栽品种地上部树体N、P、K累积量分别为811.9、86.4和586.0g，Ca、Mg、S和Si分别为792.5、112.8、66.0和117.6g，Cu、Zn、Fe、Mn和B分别为0.98、1.44、11.58、4.79和1.02g，Mo则为24.41mg，养分累积比例N∶P∶K∶Ca∶Mg∶S∶Si为1.00∶0.11∶0.72∶0.98∶0.14∶0.08∶0.14。收获50kg果实带走养分量为N 114.5g、P 14.4g、K 105.1g、Ca 21.6g、Mg 12.5g、S 7.7g、Si 10.4g、Cu 0.16g、Zn 0.27g、Fe 0.55g、Mn 0.33g、B 0.14g和Mo 0.63mg。随果实收获带走的大中量元素养分比例N∶P∶K∶Ca∶Mg∶S∶Si为1.00∶0.13∶0.92∶0.19∶0.11∶0.07∶0.09。与地上部养分累积比例相比，果实收获带走的K相对较多。荔枝树干是树体养分最主要的累积部位。树干中积累的N、P、K、Ca、Mg、S和Si分别占地上部树体养分总累积量的54.1%、63.4%、54.3%、78.7%、56.3%、59.4%和42.1%，Cu、Zn、Fe、Mn和B分别占68.5%、45.0%、48.0%、53.5%和60.5%，而Mo是在树干中分配比例最低的养分，仅占21.0%。随果实收获带走的各种养分占地上部树体养分总量的比例分别为N 15.8%、P 18.9%、K 20.2%、Ca 3.4%、Mg 12.6%、S 11.1%、Si 10.3%、Cu 8.6%、Zn 8.2%、Fe 23.8%、Mn 20.3%、B 15.1%和Mo 23.8%。对于耐修剪或生产中修剪较重的品种，如妃子笑等，随果实收获和修剪带走的各种养分约占地上部树体养分的50%，因此，采果前后及时施肥以保证新梢的萌发十分必要。

3. 根系矿质营养的分布 在荔枝的生命周期中，根系不断吸收土壤养分和水分，但是相比荔枝其他部位，根系积累的矿质养分含量却相对较低。研究表明，根的矿质含量最低，根系矿质营养含量高低顺序为N＞K＞Mg＞Fe＞P＞Mn＞Zn＞Cu。姚丽贤等（2020）对荔枝主栽品种树体的营养累积特点进行了研究（表2-2），结果表明，在荔枝不同部位的营养积累中，根系的矿质元素含量较低，同时发现在大中量元素中，根系大部分积累 Ca 含量最高（含量达 2.7～5.1g/kg），少数为 N 含量最高（含量达3.1～4.3g/kg），最低的是 P 含量、S 含量或者 Mg 含量；在微量元素中，根系累积的 Fe 含量最高（含量达 67.0～367.0mg/kg），其次为 Mn 含量（含量达 6.7～22.3mg/kg），最低是 Mo 含量。

（二）荔枝营养诊断

1. 叶片营养诊断　荔枝是我国在国际上极具竞争力的热带亚热带水果之一，然而它的产量和品质常常表现出参差不齐的特点，主要原因除了气候和栽培管理技术落后的因素外，矿质营养不均衡也是一个重要的因素，因此，对荔枝营养状况进行诊断分析极其重要。目前，叶片营养诊断是荔枝营养诊断的重要手段，它能及时反映荔枝的营养状况，为果园科学施肥提供理论依据。

荔枝叶片营养诊断是通过测定分析荔枝叶片大中微量营养元素的含量水平，对照荔枝营养标准，对荔枝营养状况进行判断。叶片营养分析的基本原理是叶片中营养元素的含量及各元素之间的平衡关系，与荔枝生长发育、果实产量及品质存在相关性。而影响着这些相关性的因素很多，如叶片叶龄、叶片部位、荔枝品种、土壤状况、栽培管理等，因此，目前各地建立的荔枝叶片营养诊断指标也不尽相同。研究表明，充足范围法（SRA）具有年份变异小、诊断指标全面且易于推广应用等优点，可用于华南妃子笑荔枝叶片营养诊断。一般认为，荔枝 4 个关键生育时期叶片矿质养分的适宜水平范围为：①秋梢老熟期 N 15.08～20.31g/kg、P 1.84～2.71g/kg、K 4.33～6.08g/kg、Ca 2.12～4.58g/kg、Mg 1.22～1.93g/kg、Zn 12.8～22.9mg/kg、B 16.6～19.7mg/kg；②花芽形态分化期 N 16.48～20.65g/kg、P 1.82～2.26g/kg、K 8.80～11.88g/kg、Ca 1.87～3.20g/kg、Mg 1.05～1.60g/kg、Zn 15.4～31.2mg/kg、B 9.5～13.3mg/kg；③谢花期 N 15.84～19.18g/kg、P 1.04～1.58g/kg、K 6.57～10.44g/kg、Ca 2.81～4.99g/kg、Mg 1.14～2.00g/kg、Zn 15.7～27.4mg/kg、B 9.8～14.0mg/kg；④果实成熟期 N 14.79～16.47g/kg、P 1.06～1.49g/kg、K 8.14～12.84g/kg、Ca 1.33～2.75g/kg、Mg 0.53～1.04g/kg、Zn 12.1～20.6mg/kg、B 13.1～18.5mg/kg。

2. 土壤营养诊断　土壤是荔枝养分的主要来源，土壤肥力是荔枝高产稳产的重要基础。土壤营养诊断可作为荔枝营养诊断的重要辅助手段，通过对荔枝果园土壤养分进行分析，了解荔枝的营养状况，为果园科学施肥提供依据。荔枝果园土壤养分分析的基本原理是模拟根系养分吸收机制，通过不同的土壤浸提液提取土壤中荔枝根系所能吸收利用的各种形态的营养元素，并测定其含量。

荔枝叶片 K、Ca、Mg 含量与土壤有效 K、Ca、Mg 含量呈显著正相关；树干 Ca 含量与土壤有效 Ca 含量呈显著正相关；根系 Cu 含量与土壤有效 Cu 含量呈显著正相关；外果皮和内果皮 Fe 含量均与土壤有效 Fe 含量呈显著和极显著正相关；果肉 P 和 Cu 含量与土壤有效 P 和 Cu 含量呈显著负相关；种子 P 含量与土壤有效 P 含量呈显著负相关，Fe 含量则与土壤有效 Fe 含量呈显著正相关；其他部位其他养分含量与土壤有效养分含量未表现出密切关系。

(三)荔枝科学施肥与决策

荔枝施肥量的多少受土壤条件、品种、树龄、产量水平等因素的限制，在对荔枝施肥时，既可按树龄来确定施肥量，也可按产量水平来确定施肥量，施肥数量的多少因荔枝园土壤养分状况和叶片分析结果进行综合调控，特别是对于中微量元素来说，叶分析的标准值用于“因缺补缺”，见表2-4。

在荔枝种植时，将肥料直接施于种植穴；在荔枝追肥时，可采用沿树冠滴水线开20cm深的条状沟或环状沟施用，或穴施覆土。

荔枝是多年生木本果树，具有显著储藏营养的特点。多年的研究结果表明，荔枝产量与施肥量之间没有密切的相关性，但荔枝枝梢的生长又离不开合理的养分供应。由于上述特点，制定一个荔枝园施肥计划比较困难。总体上掌握一些施肥原则，如有机和无机肥配合施用，养分平衡供应，叶面喷施微量元素肥进行补充。如有土壤分析条件，可按土壤有机质含量划分土壤肥力水平，可将土壤肥力分成3个等级，有机质小于1称为低肥力土壤；1%～2.5%称为中肥力土壤；2.5%～4%称为高肥力土壤。

表2-4　荔枝叶片营养元素的适宜标准

氮(%)	磷(%)	钾(%)	钙(%)	镁(%)	锌(mg/kg)	硼(mg/kg)
1.67～1.70	0.15～0.25	0.85～0.95	1.50～2.55	0.35～0.45	15～20	25～30

1. 有机肥的施用　有机肥是一种完全营养肥料，施用有机肥可改善荔枝园的土壤条件，使土壤疏松透气，有利于排水和保湿，有利于扩大荔枝树盘根系。通常在定植时每个定植坑施有机肥3～10kg，数量和有机肥种类有关。以后每年扩穴改土，再施有机肥，每穴5～20kg，连续3～4年进行，最后使整个树冠下的土壤都得到改良。现在有些果园建立沤肥池，将易于沤腐的有机肥沤成液体态，然后在梢生长期和果实发育期淋施到树冠下(表2-5)。

表2-5　荔枝全年有机肥推荐用量(t/hm²)

树龄(年)	土壤肥力水平		
	低	中	高
1～3	30	25	20
4～8	45	40	30
8年以上	55	45	35

2. 氮肥推荐技术　氮肥的施用以追肥为主，幼树施用氮肥以勤施薄施为原则，成年树根据不同的生长时期适量施用。在抽梢期一般“一梢三肥”，即抽梢前、抽梢进行中和接近老熟施3次肥。在没有灌溉设施的情况下，通常是撒施在树冠滴水线处，然后淋水或等待降雨。最普遍施用的氮肥是尿素。在果实发育期一般施3～4次氮肥，大部分是施用氮磷钾复合肥(表2-6)。

表 2-6　荔枝氮肥追肥推荐用量（kg/hm^2）

树龄（年）	土壤肥力水平		
	低	中	高
1～3	120	90	60
4～8	250	220	200
8 年以上	330	300	260

3. 荔枝磷肥施用量　磷肥主要是作基肥施用。种植时在定植坑与有机肥混合施 2～3kg 过磷酸钙，以后连续 3～4 年扩穴改土，每次施过磷酸钙 1.5～2.0kg。在开花前喷 0.2%～0.3%的磷酸二氢钾，果实发育期施用含磷复合肥（表 2-7）。

表 2-7　荔枝磷肥推荐用量（P_2O_5，kg/hm^2）

树龄（年）	土壤肥力水平		
	低	中	高
1～3	80	60	40
4～8	120	100	80
8 年以上	160	140	120

4. 荔枝钾肥施用量　钾肥以追肥为主，通常都是撒施于土表，然后淋水或等待降雨。钾肥主要有氯化钾、硫酸钾、硝酸钾或含钾复合肥。抽梢期的用量约为氮肥的 1/4，果实生长期是施钾的主要时期，一般施钾肥 3～4 次，根据挂果数量每株施 0.5～1.5kg（表 2-8）。

表 2-8　荔枝钾肥推荐用量（K_2O，kg/hm^2）

树龄（年）	土壤肥力水平		
	低	中	高
1～3	450	400	350
4～8	600	550	500
8 年以上	800	700	650

5. 中微量元素肥料

①钙镁肥：钙主要是通过撒施石灰来补充，一般每株施石灰 3～5kg，在采果后清园时施用；镁主要是通过施硫酸镁来补充的，一般每株施硫酸镁 0.5～1.0kg，与氮、磷、钾肥同时施用。

②微量元素肥料：在南方果园中易出现缺硼、缺锌等症状，可通过喷施含有相应微量元素的叶面肥加以补充。

叶面施肥经常使用的肥源有尿素、磷酸二氢钾、氨基酸类叶面肥、腐殖酸类叶面肥等。施肥时间主要安排在花前期、果实生长膨大期、秋梢期，可在每次喷农药时进行。

6. 荔枝施肥决策

（1）施肥原则　针对热带亚热带地区土壤、气候条件，以及广大种植户习惯施用单一比例复合肥而有机肥施用量不足的特点，提出以下施肥原则：

①依据土壤肥力条件，适当调整氮磷钾化肥的用量和比例。

②增施有机肥，提倡有机无机配合。

③针对荔枝生长过程中易出现缺硼、缺镁、缺锌等现象，注意硼、镁、锌等中微量元素的配合施用，适当增加叶面肥的施用量。

④对于长期施用铵态氮肥的果园，容易使土壤变酸，使养分的有效性降低。增施石灰可调节土壤的酸碱度，同时起到补充土壤钙营养及杀灭有害菌的作用。

⑤对于具备灌溉条件的荔枝果园，应尽量利用灌溉系统施肥。

(2) 施肥用量 荔枝不同树龄推荐施肥量和比例如表 2-9。

表 2-9 荔枝不同树龄施肥参考用量

树龄（年）	全年株施肥量（kg）			$N:P_2O_5:K_2O$
	N	P_2O_5	K_2O	
4～5	0.20	0.08	0.30	1.00∶0.40∶1.50
6～7	0.30	0.10	0.45	1.00∶0.33∶0.50
8～9	0.40	0.13	0.55	1.00∶0.33∶1.38
10～11	0.50	0.17	0.70	1.00∶0.34∶1.10
12～13	0.60	0.20	0.80	1.00∶0.33∶1.33
14～15	0.80	0.25	1.20	1.00∶0.31∶1.50
>15	1.00	0.30	1.40	1.00∶0.30∶1.40

三、芒果养分需求特性及施肥决策

(一) 芒果生长发育特性

1. 根系生长 芒果根系生长活动可周年进行，在热带地区，只要土壤不是过分干旱，根系可周年生长。在亚热带地区，由于低温、干旱的影响，根系的生长活动会出现短暂停滞，出现叶片卷叶、叶色变淡，显现缺素等现象，根系恢复生长后，上述情况会消失。幼龄树根系 1 年内有 3 次生长高峰，分别位于春梢老熟至夏梢萌发前、夏梢老熟至秋梢萌发前、冬季枝梢休眠期，其中春梢老熟至夏梢萌发前为生产高峰。结果树 1 年内只有 2 次生长高峰，分别是果实采收后秋梢抽发前、秋梢停止生长后至花芽分化前。

2. 枝梢生长 芒果枝梢多在 2～3 月开始生长，直至 11～12 月停止，一个单枝每年可抽生枝梢 1～6 次。幼龄树周年可抽生枝梢 4～6 次，结果树周年可抽生枝梢 1～2 次。每次枝梢的长度因品种、季节、水肥等条件而不同，一般长 12～40cm，夏梢较长，冬梢较短。新梢萌发至老熟需时 20～80d，其中春梢一般需时约 30d，夏梢一般需时约 20d，冬梢一般需时 40～80d。

3. 开花结果

(1) 花芽分化 芒果枝梢生长发育形成的叶芽和花芽原本是由同一分裂组织分化出来，部分芽由于内外因素变化的影响才表现出与叶芽在生理、形态上的不同，此变化过程称为花芽分化。花芽分化的时间因品种、地区、气候、栽培管理等因素的不同而变化，有部分可早到头年 8～9 月，有部分可晚到翌年 1～3 月，更晚可到翌年 4～5 月。

(2) 花序抽生 芒果结果母枝一般都是当年生的夏、秋梢和早冬梢，只要停止生长，均有可能成为结果母枝。结果母枝上主要是顶芽抽生花序，根据花的分化程度可分为纯花序和混合花序，正常情况下，芒果花序抽生一般为纯花序。从第一个花序开花至最后1个花序开花结束，一般在1个月以上，部分品种历时长达半年以上。

(3) 开花 芒果开花期多在每年12月至翌年3～4月，一般早熟品种开花早，随着纬度增加，花期推迟。1个花序从初花至末花，一般需要15d至1个半月以上，花期长短与气温有密切关系，气温高，花期短；反之则长。

(4) 结果 芒果从受精后的子房迅速转绿并开始膨大，从开始坐果至快速生长期结束均可能不断落果，落果数达初期坐果数的98%以上，果实生长减缓后坐果也基本稳定。大部分品种在果实生长后期，如无病虫害，不再落果，少数品种在采收前2～3周还会出现采前落果现象，主要原因是养分不足。异常高温也会引起落果。

(二) 芒果的需肥特性

芒果生长发育所必需16种营养元素，基本都是从土壤中吸收，其中氮、磷、钾、钙、镁的量较大。每生产1 000kg鲜果需要氮（N）5.5～6.5kg、磷（P_2O_5）1.3～2.0kg、钾（K_2O）5.5～7.5kg、钙（CaO）2.5～3.0kg、镁（MgO）0.4～0.8kg，吸收量最高的是钾，氮次之。果实养分带走量因土壤、品种、栽培管理措施等不同存在差异。芒果主要分为营养生长和生殖生长两个发育期，两个发育期对各种养分的吸收量也不相同。采果后以营养生长为主，大量吸收养分，积累营养物质，迅速恢复树势。生殖生长的养分吸收规律分为3个阶段：第一阶段为花后0～20d，果实生长较为缓慢，氮（N）、磷（P）、钾（K）、钙（Ca）、镁（Mg）的吸收量分别占整个生殖生长养分总吸收量的25%、14%、1%、15%、14%。第二阶段为花后20～60d，果实迅速膨大，N、P、K、Ca、Mg的吸收量分别占68%、66%、63%、85%、65%。第三阶段为花后60d至果实成熟，果实生长缓慢，N、P、K、Ca、Mg的吸收量分别占7%、20%、36%、0%、21%。综上所述，果实生长前期应重点补充N和Ca，后期重点补充K，对P和Mg的需求量较平稳。

在芒果生殖生长中，大量元素含量变化为：花后0～7d，果实中N、P、K的养分含量由高到低分别是N>K>P；花后7～35d，果实进入膨大期，果实中N、P、K的养分含量由高到低分别是K>N>P；花后35d至发育成熟，果实中N、P、K的养分含量由高到低分别是K>N>P。果实的整个发育成熟过程中，在花后7～63d，果实中N、K的养分含量下降幅度较大，花后63d至果实成熟采摘时，果实中N、K的养分含量变化不大；果实中P的养分含量在整个发育期均呈现出下降趋势，且较为平缓。整个果实的生长发育成熟期，果实的N、P、K积累量逐步增加。幼果期，果实的N、P、K积累量分别占果实总积累量的3%、3%、3%；快速膨大期，果实的N、P、K积累量分别占果实总积累量的64%、65%、75%；果实采摘时，果实的N、P、K积累量分别占果实干物质总量的0.8%、0.1%、0.9%。

在芒果生殖生长中，中量元素含量变化为：幼果期，果实中Ca的养分含量呈增加趋势；快速膨大期，果实中Ca的养分含量呈下降趋势。果实中Mg的养分含量在整个发育成熟过程中均表现出下降趋势。幼果期，果实中Ca、Mg积累量分别占果实总积累量的

3%、3%；快速膨大期，果实中Ca、Mg积累量分别占果实总积累量的66%、69%；果实采摘时，果实中Ca、Mg积累量分别占果实干物质总量的0.12%和0.10%。

（三）主要缺素症状

芒果是一种生长速度快、产量高的果树，需要充足的养分以满足快速生长、结果的需要，对大量元素和中微量元素都十分敏感。芒果园一般在丘陵地或山坡地上，土壤有机质含量较低，土壤养分易受淋溶冲刷，加上长期使用化肥，使土壤容易出现酸化，降低多种养分元素的溶解度及有效性，养分在未能满足芒果生长发育的情况下，会出现各种缺素症状。

1. **缺氮症状表现** 叶片颜色变成黄绿色，接着新枝老叶逐渐变成橘红色或紫色，最后变黄，继续发展到顶部，使绿叶的新芽也变黄，新叶变小；茎短而细，分枝或分蘖少，花蕾、花和果实很小，出现早衰现象。

2. **缺磷症状表现** 植株生长矮小、纤细，下部老叶的叶脉间先出现坏死的褐色斑点、花青素沉积斑块，叶变黄，最后变为紫褐色干枯脱落。严重缺磷时，树体生长迟缓，花芽分化不良，果实成熟晚，产量下降。

3. **缺钾症状表现** 下部老叶的叶缘先出现黄斑，叶片逐渐变黄，叶片伸展后叶缘出现水渍状坏死、不规则的黄色斑点。严重缺钾时，整个叶片都会枯萎，挂在枝条上，不易脱落，枝条生长不良，果实往往不成熟。

4. **缺钙症状表现** 顶部叶片先开始黄化，叶片变为黄绿色。严重时，老叶的叶缘部分呈现褐色，叶片卷曲，出现顶芽干枯、花朵萎缩、果实裂果、果实腐烂等现象。

5. **缺镁症状表现** 新叶的表现不明显，老叶从叶缘开始黄化，中脉缺绿；树枝上部的叶呈深棕色，可以在叶子上产生死角。

6. **缺硫症状表现** 老叶叶缘出现坏死，叶片变褐灰色；末次梢出现黄化，叶片较厚，落叶。

7. **缺铁症状表现** 叶肉黄化，叶脉两侧保持绿色，叶片呈绿色网状，比正常叶小；接着造成黄白色，叶片边缘开始产生褐色烧斑，严重的叶焦枯脱落，顶端芽死亡。

8. **缺硼症状表现** 枝梢短缩，树形不开展，叶片变形，叶脉肿胀，顶部叶脉间叶肉黄化；影响花粉管伸长而不能受精，只开花不结果，造成坐果率低。幼果果肉内都有水渍状褐色斑硬块，种子发育不全，变成黑褐色。果实外表会出现裂果或有不规则龟裂、畸形，因而导致落果；果实尾部硬块或木质化，局部坏死。

9. **缺锰症状表现** 叶脉间黄化，侧脉及网状小脉仍保持绿色，现肋骨状的绿色脱落。

10. **缺锌症状表现** 叶片狭窄，边缘向上或不伸长，叶片黄绿，节间缩短，小叶丛生。花蕾减少，果实不易凝结或发育不良。

（四）推荐施肥原则

针对热带亚热带地区土壤、气候条件，以及农户习惯施用单一比例复合肥，有机肥施用量不足等特点，提出以下施肥原则：

①依据土壤肥力、芒果需肥特性等条件，适当调整复合肥氮磷钾的比例及施用量。

②增施商品有机肥，提倡有机无机相结合。如秋季施用有机肥数量比较多，化肥可酌情减少10%～20%。

③肥料施用应与高产优质栽培技术相结合，幼树果园可以适当减少化肥施用量。

④结果太多的大年树应加强花芽分化期和秋季的追肥，结果很少的树应注重前期和秋季的追肥。

⑤针对果农施用农家肥习惯，建议以畜禽粪便为原料的农家肥应按照《畜禽粪便堆肥技术规范》（NY3442）要求，应经55℃以上高温发酵5～15d，充分腐熟后才能使用。不应使用含重金属和有害物质的城市生活垃圾、污泥、医院垃圾和工业垃圾。

⑥针对芒果生长过程中容易出现缺镁、缺硼、缺锌等现象，在施用基肥时配合镁、硼、锌等中微量元素。增加叶面肥的施用，以满足果树对中微量元素的需求。

⑦针对热带亚热带地区土壤普遍酸化，增施石灰、土壤调理剂等调节土壤酸碱度，起到补充钙元素及杀灭有害菌的作用；少施或不施铵态氮肥，可以防止土壤酸化加重，降低养分的有效性。

⑧夏、秋季果树发根高峰前，深翻土壤并扩宽原有栽培沟或穴，结合翻压绿肥、有机肥或酸性土壤配施调理剂，此时断根后发根快、数量多。

⑨对于有灌溉条件的芒果园，应尽量利用水肥一体化灌溉施肥设备，提高养分利用率。

（五）推荐施肥技术

芒果施肥量受土壤养分、品种、树龄、产量、地形地貌等因素的影响，在对芒果施肥时，既要看树龄来确定施肥量，也可按产量水平来确定施肥量。施肥量因芒果园土壤养分状况和叶片诊断进行调整，特别是中微量元素，根据土壤养分含量以及叶片诊断来进行“因缺补缺”。

在芒果种植时，将肥料直接施用于种植穴；幼树追肥时，采用沿树冠滴水线开条状沟、环状沟或穴施并覆土；结果树追肥时，采用离树主茎20～80cm开条状沟、环状沟或穴施并覆土。

芒果是多年生木本果树，具有显著贮藏营养的特点。芒果产量与施肥量之间没有显著的相关性，但芒果枝梢的生长又离不开合理的养分供应。由于上述特点，芒果施肥总体要求为有机无机配合施用，养分平衡供应，叶面喷施中微量元素肥进行补充。

1. 氮肥推荐　氮肥施用主要以追肥为主，幼树施用氮肥以勤施少施为原则，结果树根据不同生长时期适量施用，在抽梢期一般“一梢三肥”，即抽梢前、抽梢中和老熟期施3次肥；果实发育期一般施4次肥，大部分是施用复合肥；在没有灌溉设备条件下，通常是采用撒施，然后淋水或等待降雨。

2. 磷肥推荐　磷肥施用主要以基施为主，种植时在穴中与有机肥混合施用，然后连续4～5年扩穴改土，增施磷肥；果实发育期一般施4次肥，大部分是施用复合肥，在没有灌溉设备条件下，通常是采用撒施，然后淋水或等待降雨；开花前喷施磷酸二氢钾。

3. 钾肥推荐　钾肥施用主要以追肥为主，在抽梢期一般“一梢三肥”，即抽梢前、抽梢中和老熟期施3次肥，与氮肥一起施用；果实发育期一般施4次肥，大部分是施用复合肥；在没有灌溉设备条件下，通常是采用撒施，然后淋水或等待降雨。

4. **中微量元素推荐**

①钙镁肥：芒果园土壤普遍呈酸性，钙主要是通过撒施石灰来补充，一般在采果后清园时施用；镁肥一般与氮、磷、钾肥同时施用。

②微量元素：在芒果园中容易出现缺硼、锌，通过喷施微量元素叶面肥进行补充。

5. **有机肥推荐** 有机肥是一种完全营养肥料，施用有机肥可改善芒果园的土壤条件，使土壤疏松透气，有利于排水和保湿，从而扩大芒果树盘根系。定植时穴施有机肥，然后在每年扩穴改土时增施有机肥。现在部分果园建立沼液池，沼液在沼液池内发酵，然后在长梢期和果实发育期拖管兑水淋到树冠下。

（六）施肥数量、时间和方法

1. **幼树** 芒果幼树施肥主要目的是促进营养生长，增加枝条和叶子，为早结果早丰产创造条件。芒果种植分春植3～4月和秋植9～10月两个时期，春植较秋植好，主要是因为3～4月气温已明显回升，雨量增多，栽植后成活率高。施肥以氮、磷肥为主，适当配合钾肥。

（1）基肥 一般每亩芒果种植密度为40株、60株、80株3种，现以亩种植60株为例，定植前2～3个月挖穴，常规穴一般按长80cm、宽70cm、高60cm，每穴施入绿肥25～30kg、腐熟好的有机肥25～30kg、磷肥（P_2O_5）1～1.5kg、土壤调理剂0.5～1kg。第2～3年的7～9月，结合土壤改良施用有机肥，施肥量与上述相同。

（2）追肥 树龄2～3年，以沙土等保水保肥较差的土壤，每抽梢一次施肥1次，每次每株施尿素0.1～0.2kg、硫酸钾0.05～0.2kg，春梢、夏梢、秋梢萌动前各施一次有机肥，每次每株施有机肥10～20kg、钙镁磷肥0.5～1kg。树龄2～3年，以壤土等保水保肥较好的土壤，3、5、7、9月各施肥1次，每次每株施尿素0.2～0.25kg、硫酸钾0.1～0.15kg，春梢、夏梢、秋梢萌动前各施一次有机肥，每次每株施有机肥15～20kg、钙镁磷肥0.5～1kg、含牡蛎壳土壤调理剂1～2kg。

2. **结果树** 结果树施肥主要以促进结果、增加产量、提高品质为目标。施肥主要偏重氮、钾肥，磷肥施用量较少，推荐施肥量以每生产1 000kg芒果，施用氮肥（N）25～30kg、磷肥（P_2O_5）8～10kg、钾肥（K_2O）30～35kg、钙（CaO）10～15kg、镁（MgO）5～10kg。根据芒果树的需肥特点，对结果树一般采用4次施肥。

（1）采果肥 芒果产量大，消耗养分多，如果不及时供肥补充，将会影响树势恢复，影响秋梢的萌发，可能会降低翌年产量。因此采果肥非常关键，分两次施功效更好。第一次在采果前后7～10d，推荐每株施用腐熟有机肥20～30kg、氮肥（N）0.08～0.1kg、磷肥（P_2O_5）0.08～0.1kg、钾肥（K_2O）0.08～0.1kg、土壤调理剂0.5～1kg、镁（MgO）0.1～0.2kg。第二次在11月中旬至12月，推荐每株施用氮肥（N）0.08～0.1kg、磷肥（P_2O_5）0.08～0.1kg、钾肥（K_2O）0.08～0.1kg。在离主茎20～80cm挖环状沟或条状沟施入，施肥后要灌水。

（2）催花肥 开花前1个月为芒果花芽分化期，施入催花肥，促进花芽分化，保证花的发育。推荐每株施用氮肥（N）0.08～0.1kg、磷肥（P_2O_5）0.01～0.02kg、钾肥（K_2O）

0.05～0.07kg。在离主茎20～80cm挖环状沟或条状沟施入，施肥后要灌水。

（3）壮花肥　杧果树开花量大，养分消耗多，应在花期追施1次。一般在1～3月花蕾发育与开花期，推荐每株施用氮肥（N）0.02～0.03kg、钾肥（K_2O）0.015～0.025kg。在离主茎20～80cm挖环状沟或条状沟施入，施肥后要灌水。

（4）壮果肥　幼果迅速增大期间，要追施壮果肥才能满足果实发育对养分的需要。在谢花后30d左右，推荐每株施用氮肥（N）0.1～0.16kg、磷肥（P_2O_5）0.03～0.06kg、钾肥（K_2O）0.15～0.23kg。在离主茎20～80cm挖环状沟或条状沟施入，施肥后要灌水。

（5）叶面喷施　一是可以迅速补充营养，满足作物生长发育的需要。在作物表现出某些营养元素缺乏症时，能使养分迅速通过叶片进入植物体，解决缺素的问题；如磷、铁、锰、铜、锌、硼等肥料，通过根施效果慢，采取叶面喷施效果好。二是补充相应激素，满足作物生长发育的需要。叶面喷施内源性激素，将结果母枝内原先贮存的营养调解出来供应给幼果；喷施保花膨果素，可提高授粉率，有效雌花增多，增加坐果率3～5倍，能加速细胞有丝分裂，促进细胞增大和分化，对作物落花、落果、落叶起到预防和根治的作用。

（七）注意事项

1. 忌施大量硝酸铵　杧果树生长期间极易吸收硝态氮，如施用硝酸铵后，果树吸收的硝酸根离子被转运到果实中，过量食用易造成积蓄性中毒。

2. 忌干旱施碳酸氢铵　碳酸氢铵极不稳定，易挥发。在果树施用碳酸氢铵时，无论基施还是追施，都应该在果园湿润的情况下施用，如果土壤特别干旱，可在浇水后施用碳酸氢铵较妥，施后应立即覆土。

3. 忌反复施用硫酸铵　在酸性土壤的果园，如果连续施用硫酸铵，会使土壤的酸性加大，容易造成土壤板结，影响根系活动，从而使果树生长不良，导致产量和品质严重下降。

4. 忌施尿素后浇水　尿素中所含的氮素在土壤微生物的作用下，转化为碳酸铵后才能被果树根系吸收利用。如施尿素后马上浇水，容易使氮素大量流失。尿素无论作基肥或作追肥，都应在施用5～7d后再浇水，以免造成损失。

四、柑橘类果树养分需求特性及施肥决策

（一）柑橘营养特性

与其他植物一样，柑橘所需的必需营养元素共16种：碳（C）、氢（H）、氧（O）、氮（N）、磷（P）、钾（K）、钙（Ga）、镁（Mg）、硫（S）、铁（Fe）、铜（Cu）、硼（B）、锰（Mn）、锌（Zn）、钼（Mo）、氯（C）。其中C、H、O可以从空气中CO_2和H_{2O}中获取，而其他元素则需从土壤中获取。对于柑橘来说，除N、P、K为肥料的三要素外，Ca、Mg为中量元素，在柑橘的生长与构成中起着重要作用。微量元素中的Fe、B、Mn、Zn等对果树的作用也十分突出，较其他元素更易出现缺素症。

氮素作为作物生长发育的“生命元素”，对器官构成、物质代谢、树体结构、果实产量与品质形成有重要作用。氮肥可以显著促进柑橘叶片与枝梢生长，对开花坐果具有重要影响，在柑橘早春萌芽期到新梢加速生长期均为大量需氮期。氮素对果树从营养生长向生

殖生长转化具有重要影响，在柑橘花芽分化期需要较多含氮物质，如蛋白质与氨基酸。氮素可以促进坐果与果实膨大，增加柑橘的挂果量与产量，适宜施用氮肥可以适时协调柑橘的营养生长与生殖生长。氮素是影响作物产量的首要养分因素，足够的氮养分可促进柑橘成花、坐果与果实膨大等生长发育过程，从而提高柑橘产量。柑橘缺氮时幼叶小，叶色淡绿转为黄绿，果皮色淡；枝梢生长不良，易枯死，叶易脱落，梢叶稀疏；果实挂果量少，果小且回青加重，果皮变薄，提早着色成熟，贮藏期易脱水腐烂。氮过多时则叶片浓绿、肥厚，果皮增厚，着色延迟，风味变淡。Ram 等研究氮肥用量对柑橘果实产量、品质的影响，发现只有适宜的氮用量柑橘才能既高产又优质。因此，适宜氮肥用量可以协调柑橘果实产量与品质的关系，氮过量会降糖、提酸、促旺长。

磷素是生命物质核酸、蛋白质、酶和卵磷脂的重要组成成分，同时以多种形式和途径参与到植物生长发育的许多代谢过程，在植物光合作用与呼吸作用中扮演着重要角色，对作物增产提质具有重要作用。在柑橘的全生育期内需磷阶段主要集中在花芽分化、新梢抽发、新根生长、果实发育与品质形成期。柑橘对磷的需求量低于氮和钾，生产 1t 柑橘果实需 0.17～0.27kg 磷、1.18～1.90kg 氮、1.48～2.61kg 钾。柑橘缺磷时叶片失绿呈淡绿色，后转橙黄色，严重时叶尖呈现焦枯状斑块；磷过多时则抑制根系生长，果皮增厚，果实品质低劣，味酸。合适的磷用量既有利于柑橘生长发育，也有利于物质代谢、提高产量及改善品质。

钾素是植物正常生理活动的必需元素，有“品质元素”与“抗逆元素”之称。柑橘对钾素的需求量较大，钾以离子态存在于细胞中，参与物质转运、调节水分代谢，钾是多种酶的活化剂，是树体进行正常生理活动的必要条件。钾能促进光合作用，提高二氧化碳的同化率，促进光合产物的运输。柑橘缺钾时叶片失绿从叶尖尖端和边缘开始，呈现淡黄色斑块，后扩展合并呈古铜色，再转为褐色；植株呈受旱状，果小。生产中一般不会出现钾过剩，万一出现钾过剩，则停施钾肥，合理增施氮、磷肥。

钙是植物细胞偶联胞外信号与胞内生理生化反应的第二信使，能维持细胞壁、细胞膜及膜结合蛋白稳定性，参与调控植物生长发育过程。柑橘叶片缺钙主要表现在新叶上，先叶尖发黄，向叶缘扩展，再逐步向内扩展，叶肉部分泛黄，易落；缺钙使根系生长瘦弱且细根少，植株矮化，严重者变黑而易腐烂；缺钙使前期果小、畸形，后期裂果、浮皮严重，尤其是薄皮柑橘，果实变软，影响果实贮藏期。南方柑橘园易出现缺钙的现象，在酸性土壤的柑橘园及时施用钙肥，可以提高柑橘的产量与品质。

镁是植物生长的必需营养元素，占据叶绿素分子的中心位置，参与叶绿素的合成、光合作用和酶活化等生理生化过程。植物叶片中约 35%的镁参与叶绿素合成，一旦缺镁，植物叶绿体结构即受到破坏，叶绿素含量减少，尤其下部老叶的下降幅度高于上部叶。缺镁抑制植物光合作用等生化过程，影响植物生长发育和产量品质。柑橘树体中镁含量为干物质的 0.3%～0.7%，生育期内对养分需求主要有两个高峰期，一个是花期，能提高花质，增加坐果率，并且为春梢抽发提供养分；另一个是果实膨大期，为果实膨大提供养分，同时为抽发秋梢和花芽分化提供养分，因此在柑橘果实发育期内对镁素吸收较多。柑橘叶片缺镁时，叶片的失绿从基部的中脉开始，先向外呈倒 V 形失绿区，后波及全叶呈金黄色或古铜色，老叶会提前脱落。

（二）需肥特性与施肥决策

柑橘为多年生果树，长期生长在稳定场所，不断消耗大量养分；果实是产品器官，果实的养分带走量可以表征柑橘的肥料需要量。武松伟等研究结果表明，尽管柑橘存在品种差异与时空差异，但是分析文献中关于生产1t柑橘果实养分平均带走量的数据发现具有一致性，生产1t柑橘鲜果平均养分带走量为N 1.89kg、P_2O_5 0.50kg、K_2O 2.76kg、CaO 1.07kg、MgO 0.31kg；柑橘果实氮、磷、钾分别约占整株氮、磷、钾的40%、50%、60%，因此，每生产1t柑橘果实需要消耗N 4.73kg、P_2O_5 1.00kg、K_2O 4.60kg，总养分量为10.33kg。

柑橘的施肥量受多种因素影响，常见方法有测土配方施肥、叶片营养诊断施肥、以果定肥等。梁珊珊综合分析国内外文献资料得出柑橘氮、磷、钾肥适宜用量，其中，我国成年柑橘树建议施肥量为N 200～450kg/hm^2、P_2O_5 100～250kg/hm^2、K_2O 150～400kg/hm^2，取中间值则为N 325kg/hm^2、P_2O_5 175kg/hm^2、K_2O 275kg/hm^2，N∶P_2O_5∶K_2O平均为1.00∶0.50∶0.80，总量为775kg/hm^2。

（三）根系分布特征

粗根的作用是锚定和支撑树木，并输送已经吸收的水分，而细根则是从土壤中吸收水分和养分。直径小于2mm的细根被认为是根系最活跃的部分，是植物吸收营养物质和水分的主要器官。据Huang等人的研究表明，在水平方向上，蜜柚树的细根集中分布在距离树干20～80cm的范围内，在垂直方向上，蜜柚树的细根集中分布在距离地表0～40cm的范围内。0～20cm深度下的根表面积显著高于20～40cm和40～60cm深度下的根表面积密度。随着距树干距离的增加，3个直径的根系根表面积密度在不同土壤深度中均呈下降的趋势（图2-1）。在距树干120～160cm的范围内，3个土壤深度的根表面积密度无明显差异，在距树干80～120cm时根表面积密度显著降低。因此Huang等人、罗自威等人的研究，均将水平施肥位置定为距离树干20～80cm的环状范围。

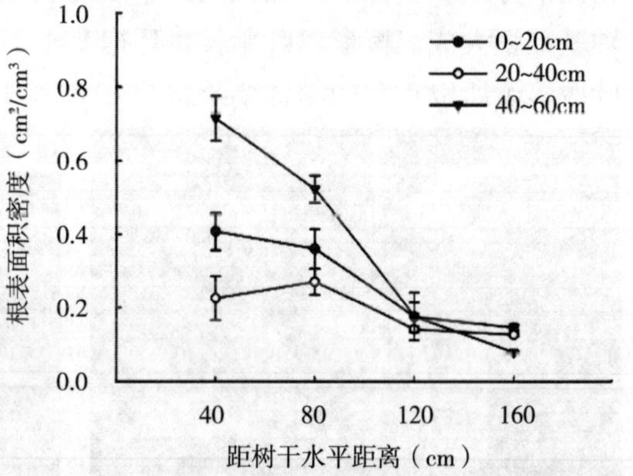

图2-1　不同水平距离下的根表面积密度

五、其他热带果树养分需求特性及施肥决策

（一）槟榔

1. 槟榔生物学特性

（1）根　槟榔属须根系，为不定根、无主根。地上茎干的最下节生长出新的红色的不

定根，称次生根，约400多条，次生根又长出支根，扎入地下形成营养根，地下根系向外扩展，从而形成强大的根系。大部分根在表土层，根系浅（0～30cm），无深根，对水分与养分敏感（图2-2）。

图2-2　槟榔的根

（2）茎　槟榔的茎是植株的主轴，呈圆柱形，茎干笔直无分枝，高10～20m，胸径粗10～20cm，是叶片和花序着生的地方。茎为各节间组成，节间长一般5～10cm，节间疏密与品种和生势有关。叶脱落后节上留下明显的环状叶痕，但营养供给状况与生长环境不同，节间长度不一（图2-3）。

（3）叶　槟榔叶片为羽状全裂单叶，聚生于茎干的顶端。叶长1.5～2m，由叶片和叶鞘两部分组成。叶片的叶轴上分布多对裂片，裂片线形或线状披针形，长0.3～0.7m。叶轴基部膨大成三棱形。叶鞘长，环抱茎干。成龄植株一年抽叶5～6片，但是会有3～4片叶脱落，所以正常的植株茎干顶端有7～9片叶（图2-4）。

图2-3　槟榔的茎

图2-4　槟榔的叶

(4) 花　槟榔花为大型穗状花序，着生在叶鞘束之下的茎上，呈肉穗状花序，发育前期由苞片裹着，花苞称“佛焰苞”，苞片开裂后出现花序，黄绿色，气味芳香，花序蜿蜒分枝，每一分枝上又分小枝。

槟榔雌雄同株异花，雄花小，呈白绿色的稻米粒形，数量较多，无柄着生于花枝上部，雌花较大且数量少，略呈卵圆形，着生在花序轴或分枝的基部。雌雄花期不一致，重叠时间过短，雄花完全脱落，雌花才开放，所以槟榔都为风媒或虫媒的异株授粉，授粉成功率低，杂交严重。槟榔的营养生长与生殖生长重叠严重，花期也是植株生长的重要时期，所以对养分需求较高（图 2-5）。

图 2-5　槟榔的花

(5) 果　雌花受精后子房开始发育膨大成果实。花序从开花至果实成熟约 12～13 个月。第一穗花序的果实第二年 3～4 月成熟，此穗果由于气候干旱、气温较低，果实发育较差，果小，种仁不够饱满。第二至第四穗果第二年 5～6 月成熟，由于气候条件较好，果实品质优良。果实产量的高低随树龄而出现阶段性的变化。

槟榔果是核果，由外、中、内的果皮和胚构成；外果皮有厚角质，中果皮较厚，小果期为肉质，到次年成熟后成大量纤维，内果皮木质化，胚白色，未成熟时果成绿色，成熟后果变为橙黄色；槟榔也有很多种分类，根据果的形状可以划分为圆形、卵形、倒卵形、长椭圆形等（图 2-6）。

图 2-6　槟榔的果

2. 槟榔对养分吸收特性　前人对槟榔的养分吸收情况作了大量研究。对海南槟榔园土壤进行研究，发现海南槟榔种植土壤 pH 的范围为 4.33～7.85，土壤有机质含量偏低，全氮非常贫乏，碱解氮较丰富，有效磷含量偏低，有效钾中等水平 Na 和 Cl 含量丰富。土壤氮磷钾等含量高的槟榔园，其产量显著高于氮磷钾含量低的槟榔园。可见海南槟榔产值与土壤肥力有很大相关性，而且海南各个地区的槟榔树营养状况没有明显的地域性差异，营养诊断指标在海南不同地区是通用的，结果可以表示海南所有地区的状况。对槟榔植株进行研究，早期发现海南槟榔叶片常量元素的比值中 N/K、K/Ca 和 K/Mg 的平衡非常关键，植株中 K/Ca 和 K/Mg 的比值都不正常时就会出现黄化现象；当植株 K 含量低，Ca、Mg 含量就会高于正常水平，当缺 Ca 时，K 就会高于正常水平，可见元素含量平衡非常重要。经测定，发现果实中 K、Ca、Mg、P 4 种元素含量大小与土壤中含量分布规律相似，且 K 主要富集在根须部位，Ca、Mg、P 主要富集在槟榔的叶片中，所以生产中施用足量的钾肥对槟榔果产量有显著地提高。针对海南槟榔挂果期植株的叶片养分研究得知，N 含量最多，说明花果期槟榔植株施用足够的氮肥可以促进其叶片的生长，对植株营养生长有显著效果。槟榔根系集中在 0～40cm，扩展性不高，水平分布范围在 30～100cm，根型如团网状，为典型的浅根性树种；槟榔根部氮含量平均为 0.053 2%，其中 20～30cm 处根氮含量最高，故在土壤施用肥料时浅层施肥效果最佳。

3. 氮磷钾配施对槟榔产量、品质的影响　氮、磷、钾是作物生长必需的大量元素，在作物生产中不可短缺，且在植株生长的不同时期需求量不同，否则就会对作物造成不可逆的损害，造成经济损失。如今，大多数作物在生产中施大量元素肥，一般使用性价比最高的土施肥方式。槟榔作为海南重要的经济作物，施大量元素肥使用的是土施肥法，此方法对海南在坡地上种植的槟榔具有可操作性和高效性。现如今有关研究发现，我国农作物对氮肥利用水平远远低于国际水平，大量肥料被浪费，而对海南槟榔更为明显。海南槟榔生长环境多为坡地，海南特殊气候造成降雨量大，对肥料淋失尤为严重，故在海南适当的半月沟增施大量元素肥，对槟榔产量与品质有利。

各种肥料的增产效果与槟榔养分的需求和常规施肥量有较大关系，不同配比氮磷钾土壤施肥，在槟榔果生长初期使果形较饱满，随着果长大，施用平衡肥和高氮肥的槟榔果逐渐伸长，果形呈长椭圆形。高氮肥处理可以提高槟榔果含水量，高钾肥处理可以提高果总酚含量，平衡肥和高氮肥处理可以提高果维生素C含量，平衡肥和高钾肥处理可以提高果纤维素含量。据研究，不同配比氮磷钾施肥，对盛产初期槟榔树的果品质都有提高，施用平衡肥对其效果相对最好。

4. 中微量元素对槟榔产量、品质的影响　作物生长需要16种必需的营养元素，中微量元素占有很大比重。虽然中微量元素在作物中需求量不大，但元素种类必不可少。不同中微量元素在植物生长过程中起到不同的效果。据研究，喷施中量元素镁和微量元素铜对槟榔果的坐果、产量及可溶性糖含量等都有显著的效果，能有效地提高槟榔的产量。硼肥对花期槟榔坐果有很好的作用，对单梭果的数量也有显著作用。铁肥处理使果形圆且饱满，但是不符合市场需求，经济价值低。在作物实际生产中，因为中微量元素肥的成本高，价格贵，使农户投入高，故使用少。很多海南槟榔种植农户因为投入成本高与喷施难度大等原因，不施用中微量元素肥，只在土壤中施用氮磷钾肥和有机肥。不同种类的中微量元素对作物生长起到不同的作用，合理地施用中微量元素，不但可降低投入的生产成本，而且可提高经济效益，达到效益最大化。

5. 槟榔施肥策略

（1）有机无机肥混合施用　槟榔为棕榈科热带作物，每年冬春季是其孕育花序及花的重要时期，加强有机肥可以培肥土壤，起到一定的根部保温效果，又可补充槟榔所需要的各种微量元素，而此期花发育需要大量营养，无机肥（尤其是可溶性无机肥）可提供槟榔所需养分。有机与无机肥混合施用有利于保树及提产。

（2）营养均衡与树势相结合　槟榔园施肥需要根据槟榔长势及土壤状况进行施肥量及养分配比调节，并结合槟榔生育期需肥特点进行调配肥，春季槟榔孕育花同时花开放，属于花期，也是槟榔N、P等元素的养分临界期，更是K肥需要最关键的时期，加强肥水的供应，对槟榔长势及产量提升具有十分重要的意义。

（3）采用水肥一体化设施　农户在槟榔园中施肥多采用撒施，少数为埋施肥，肥料利用率低，既浪费资源又污染水体。在海南春季为旱季，槟榔既需要水分又需要营养，采用水肥一体化设施，即可节约水分又可提高肥料利用率。

（二）菠萝

1. 菠萝的生长发育特点　一般而言，菠萝从定植到收获第一造果，一般需要15～18个月，根据菠萝养分吸收规律和生长发育阶段，可以划分为营养生长期、花芽分化期、果实发育期和芽苗生长期4个时期，每个阶段都有其本身的形态特征和对外环境条件的适应性。从定植到花芽分化前称为营养生长期；催花至现红为花芽分化期；现红到果实收获期为果实发育期；果实收获后至菠萝苗采摘前为芽苗生长期。营养生长期，菠萝植株体的各个器官体积迅速增加，地上部和地下部积累营养物质，为果实生长创造一个良好的物质条件。根据4个阶段菠萝植株的生长发育特点进一步细分为：定植期、恢复期、缓慢生长期、旺盛生长期、催花期、现红期、果实发育前期、果实发育中期、果实发育后期、收获期和芽苗生长期。以广东粤西菠萝主产区“巴厘”种菠萝为例，巴厘菠萝从定植期到收获期一般需要18～19个月，菠萝采摘后芽苗生长期为5～6个月，整个生育期为24个月左右。一般是每年的7～9月定植，20～30d后菠萝恢复生长，进入缓慢生长期，定植后200d左右进入旺盛生长期，定植后370～400d用乙烯利等化学药剂催花，催花后30d左右进入现红期，现红期结束后进入开花期（果实发育期），一般距离催花60d左右，开花一般持续15～20d，然后进入果实膨大期，直到菠萝果实膨大期、果实收获。

菠萝的结果植株包括根、茎、叶、果实、冠芽、裔芽、吸芽等器官，了解菠萝各个器官的生长发育特性，是菠萝合理施肥的重要依据。

菠萝的根系是从土壤中吸收水分和养分的重要器官。菠萝根系具有明显的浅生性和好气性，属于须根作物。菠萝的根系一般集中在0～40cm的土层中，其中有90%的根系集中在距离地表20cm以内的土壤中，但只要条件适宜，自茎基部长出来的根系可以下扎至100cm深的土壤中。菠萝根系的生长受温度、水分、养分、土壤质地等因素的影响。菠萝根系适宜生长温度是29～31℃，在43℃以上和5℃以下，菠萝根系停止生长。在年周期内，秋冬季节根系生长缓慢，春夏季节根系生长迅速。通常在海南—雷州半岛菠萝优势区每年3月，菠萝根系开始萌发，随着温度升高，4～5月开始生长，5月下旬至7月根系生长达到高峰，9～11月生长缓慢，12月以后基本停止生长。根系生长最适宜的pH是4.5～5.5。水分和养分是影响菠萝根系生长的关键因素，养分充足，水分适宜，菠萝根系生长健壮。

菠萝的茎是存储养分的重要器官，也是支撑植株输导养分和水分，繁殖后代的主要部位。菠萝的茎被叶片包被，茎的最顶端中央是生长点，在营养生长阶段不断分生叶片，使植株的茎不断伸长。菠萝的茎分为地上茎和地下茎，埋在土壤中的茎称为地下茎，成熟的地下茎上长有很多休眠芽和根点。菠萝茎的粗细是衡量植株强弱的重要标志之一。

叶片是菠萝进行光合作用的主要器官，叶片数的多少直接影响光合作用的强弱。菠萝叶片的生长受温度影响最大。叶片在温度为28～31℃、空气相对湿度为80%时，生长最快；在温度低于14℃和高于40℃时，则生长放缓甚至停止。当气温继续下降，菠萝容易出现寒害，叶片表现出褪绿，变成深褐色而干枯，引起植物生理机能出现不同程度的障碍。菠萝的叶片数、30cm以上叶片数和D（中上部最长叶，下同）叶长、宽是衡量菠萝生长状况的重要指标。30cm以上叶片数是判断菠萝催花的重要标准，一般情况下巴厘种菠萝30cm以上叶片数达到35片以上就可以催花；无刺卡因品种植株应有长40cm以上的叶片35片以上就可以催花。D叶常用于菠萝植株养分的诊断。菠萝叶片的鲜重与菠萝产量关系密切，催花期叶片鲜重与菠萝的产量呈正相关，叶片鲜重越重，菠萝的产量越高。

菠萝的果实为聚花果，由花序的肉质中轴、小花的肉质子房、萼片和苞片发育而成。菠萝的每朵小花形成一个小果，即所谓的“果眼”。一般菠萝的果眼数为100个左右。菠萝果实的形状、大小和色泽因品种而异。果实发育所需的时间，依品种及温度不同而有所差异，一般需要120～180d。广东湛江地区一般8～9月催花，翌年3～4月收获；广西地区的巴厘菠萝一般2～3月现红抽蕾，6月下旬到8月上旬成熟。

菠萝的芽根据着生部位不同，可以分为冠芽、裔芽和吸芽等。冠芽又称顶芽，着生于果实顶部，由茎顶端分生组织在形成果柄和果实之后继续生长而成。冠芽随着菠萝抽蕾和果实发育而生长，冠芽的叶多而密集，根点多，发根快，结果整齐。果实成熟时，冠芽停止生长。蘖芽是从果柄叶腋长出，近果实基部处长得较多，一般每株生2～6个。蘖芽量的多少因品种而异。吸芽着生于母株地上茎的叶腋间，一般在母株抽蕾后才抽生，开花结束后为吸芽盛发期。吸芽抽生的数目，因品种和植株长势强弱不同而异。吸芽是较好的繁殖材料，在采摘后作为种苗，吸芽已经有根系，在基部叶腋间出现褐色小根点，是芽成熟的标志。

2. 菠萝必需营养元素的生理功能及缺素症状　氮（N）是蛋白质、叶绿素、核酸、酶、生物激素等重要生命物质的组成部分，是菠萝的结构组分元素。菠萝根系可以吸收铵态氮和硝态氮，但以吸收硝态氮为主。在温度过高过低、土壤湿度过大过小、通气不良、使用硝化抑制剂阻断铵态氮转化为硝态氮的情况下，菠萝被迫吸收利用铵态氮。硝态氮进入菠萝植株体后形成氨基酸，氨基酸构成蛋白质，而蛋白质是构成细胞原生质的重要成分。氮除了合成菠萝蛋白质的作用外，也是构成光合作用中光能主要吸收体——叶绿素的必需组分。菠萝植株生长旺盛和叶片深绿色表征供氮充足。氮供应过量会延长菠萝生育期，推迟成熟，且使菠萝易感染病害或虫害。

菠萝对磷（P）的吸收量远远小于钾和氮。菠萝主要以一价和二价正磷酸根阴离子形式吸收磷。磷一个重要的功能是在菠萝各种代谢过程中储存和传递能量。在菠萝植株体内，磷酸盐化合物扮演着“能量流通载体”的角色，从光合作用和碳水化合物代谢中获得的能量储存在磷酸盐化合物中以备生长和繁殖利用。磷对菠萝根系的生长发育也非常重要。

钾（K）与氮是菠萝所需养分元素中最重要的两种。钾是菠萝生理活动中重要的元素之一。现已明确，有60多种酶需要钾来激活。另外，钾离子是重要的渗透调节物质，对渗透压的调节起特别重要的作用。缺钾时菠萝耐受缺水的能力较差。菠萝的光合作用和代谢过程必须保持一定的膨压。钾离子流入气孔的保卫细胞使膨压增大时气孔张开。钾能通过调节气孔开张影响植物蒸腾速率及水分的吸收。菠萝需要钾参与高能磷酸盐分子ATP的合成。供钾不足时，叶片光合作用同化二氧化碳为糖的量急剧下降，而且菠萝光合产物转运能力下降，缺钾植株比不缺钾植株的运输速率降低50%以上。

钙（Ca）是菠萝的结构组分元素。菠萝以钙离子的形式吸收钙，吸收部位主要是幼嫩的根尖。钙在菠萝植株体内的移动主要依靠蒸腾作用。菠萝缺钙表现出的典型症状为植株矮小、叶片容易折断，生长点死亡，随着生长发育的进行，外层的老叶出现皱缩，生长出现停滞现象。

菠萝对镁（Mg）的需要量不多，叶片镁含量为0.43%～0.56%，能获得高产。镁是叶绿素分子的中心原子，在叶绿素合成和光合作用中起重要的作用。镁同时也参与CO_2的同化，对叶绿素的光合磷酸化和羧化反应有影响。镁在植株体内移动性较强，因此菠萝缺镁时老叶变黄，叶片上黄色斑点会变成棕色，老叶干枯。菠萝缺镁时果实品质变差，没有酸味和芳香味，含糖量很低。在土壤镁含量很低的情况下，缺镁症状很普遍，尤其在高光照下大量地使用钾肥会出现缺镁现象。

铁（Fe）是菠萝生长发育必不可少的微量元素，虽然铁不是叶绿素的组成部分，但却是叶绿素形成所必需的。铁是植物体内铁氧还蛋白的重要组成部分，在光合作用电子传递系统中起电子传递作用，因此菠萝缺铁时光合作用受到影响。铁参与叶绿体中光合作用和线粒体中呼吸作用两个代谢过程中的氧化还原反应。呼吸作用中铁化合物将氧化还原为水。菠萝中大部分铁是以铁磷蛋白的形式储存的，称为菠萝铁蛋白。菠萝根系主要吸收二价铁离子（Fe^{2+}），也吸收螯合态铁。菠萝为了提高对铁的吸收和利用，当螯合态铁补充到根系时，在根系表面螯合物中的三价铁先被还原，使其与有机配位体分离，分离出来的二价铁被菠萝吸收。根系分泌的氢离子和有机螯合物是菠萝吸收土壤中无机铁的重要机制。菠萝吸收铁主要靠不断生长出的根尖来完成。

菠萝体内锰的含量很高，菠萝主要吸收二价锰离子，在植株体内移动性不大，一般幼小到中等叶龄的叶片易出现缺素症状。菠萝中缺锰的主要症状为：缺锰使损坏的叶片出现斑驳的浅绿色，导管和其周围的区域出现深绿色。缺锰很少表现出来，但是在高 pH 和高钙的土壤上易出现缺素症状。在酸性土壤上，当土壤中活性锰含量过高时，菠萝吸收了土壤中大量的锰，导致植物体内锰、铁比例失调，过量的锰能抑制菠萝根系对铁的吸收，从而表现出明显的缺铁失绿症状。主要表现为失绿最早发生在幼嫩叶片，随时间推移，黄化症状逐渐向下层叶片扩展。早期黄化症状表现为叶片不均匀失绿，失绿的叶片黄绿相间，黄化斑呈扎染状，有时叶尖叶缘有少许紫红色花青素，发展到中期，多数叶片整个失绿，到后期整株黄化。整个黄化过程伴有下层叶逐渐干枯，有些植株也有生长点腐烂的现象。

3. 菠萝对氮磷钾养分的需求　菠萝是典型的热带作物，生育周期较长，整个生长周期一般为两年，对肥料的需要量很大。菠萝的生育期可以分为营养生长期、花芽分化期、果实发育期和芽苗生长期等几个不同的阶段。各个阶段经历时间的长短，所遇到的气候环境及对养分的需求各不相同。了解和掌握菠萝养分吸收规律及施肥对菠萝产量和品质的影响等是菠萝进行合理施肥的关键。科学的水肥管理是菠萝高产稳产优质的重要保证。

（1）不同生育期菠萝养分吸收的变化　菠萝不同生育阶段对养分元素吸收的比例变化反映出菠萝对各养分需求的敏感时期，这是菠萝合理施肥的重要依据，在菠萝养分累积吸收的高峰期前重施肥料，就能基本满足菠萝对养分的需求，从而促进菠萝生长，这是菠萝获得高产优质的重要前提。

我国主要开展了对卡因、巴厘和菲律宾品种菠萝养分吸收规律的研究。根据研究结果，常规管理下卡因菠萝定植后 0～201d 植株生长缓慢，对肥料吸收量较少，定植后 202～488d 开始大量吸收肥料，定植后 489～564d 养分吸收累积减少，果实发育期（565～685d）又有一个吸收累积高峰（表 2－10）。

表 2－10　卡因菠萝不同生长阶段氮、磷、钾养分吸收比例

生长阶段		各生育期养分吸收比例（%）			N：P：K
生长天数（d）	生育期	N	P	K	
0～201	缓慢生长期	9.8	9.2	12.6	1：0.9：1.3
202～488	快速生长期	46.3	46	51.5	1：1.0：1.1
489～564	催花期—谢花期	20.5	12.7	10.5	1：0.6：0.5
565～685	果实发育期	23.4	32.1	25.4	1：1.4：1.1

在常规管理下，巴厘菠萝植株干物质和氮、磷、钾累积分为4个阶段：第一阶段，种植后0～201d，为缓慢累积阶段；第二个阶段，种植后202～352d，为快速累积阶段，此阶段干物质和氮磷钾累积量分别占收获时累积量的39.6%、50.8%、45.8%和54.6%；第三阶段，种植后353～393d，为累积最快阶段，此阶段干物质和氮、磷、钾累积量分别占收获时累积量的19.5%、20.2%、17.8%和12.3%；第四阶段，种植后394～493d，为缓慢累积阶段，此阶段干物质和磷具有显著累积，但氮、钾累积量已很少。

由以上研究结果可以看出，不同菠萝品种的氮、磷、钾养分累积也存在一定的差异。从定植后至花芽分化初期，巴厘菠萝植株氮、磷、钾养分累积量占收获期植株氮、磷、钾养分累积量百分比要大于卡因菠萝；在花芽分化初期（或催花期）至见红期（或谢花期），巴厘菠萝植株氮、磷、钾养分累积量占收获期植株氮、磷、钾养分累积量百分比远大于卡因菠萝；在果实发育期，巴厘菠萝植株氮、钾基本上不再累积，磷仍然有16%的累积，但此阶段卡因菠萝植株氮、磷、钾养分累积量分别占收获期植株氮、磷、钾养分累积量的27.7%、36.3%、24.8%；在收获期，卡因菠萝植株氮、磷、钾累积量比巴厘菠萝植株分别高33%、54%、31%。

在哥斯达黎加开展的金菠萝（MD-2）养分吸收规律研究结果表明（表2-11），在热带高温高湿气候条件下，金菠萝植株养分吸收规律分为4个阶段：第一阶段，种植后0～98d，为缓慢累积阶段；第二阶段，种植后98～287d，为累积最快阶段，此阶段植株氮、磷、钾、钙、镁的吸收累积量均最大，植株生长迅速，养分需要量大；第三阶段（催花期—现红期），种植后287～336d，此阶段植株氮、钾、钙和镁元素仍有吸收；第四阶段（果实发育期），种植后336～434d，为缓慢累积阶段，此阶段氮、磷和镁还有累积，但钾和钙累积量已减少，随着叶片生物量的减少，阶段累积量为负值。

表2-11　金菠萝（MD-2）不同生育期养分吸收累积量

生长天数（d）	生育期	每亩养分累积量（kg）				
		N	P	K	Ca	Mg
0～98	缓慢生长期	5.84	0.64	12.05	2.21	1.05
98～287	快速生长期	31.93	1.63	34.95	14.49	6.36
287～336	催花期—谢花期	18.42	1.29	3.01	8.89	5.46
336～434	果实发育期	11.00	1.47	−18.68	−0.03	2.39

管理方式对菠萝养分元素的吸收也存在影响。巴厘菠萝在常规管理和滴灌施肥条件下，各生长期吸收养分比例情况见表2-12。在巴厘菠萝的整个生长周期中，对钾的吸收量最大，对磷的吸收量最小，氮居中。且滴灌水肥耦合条件下，各生育期植株吸收钾所占比例大于常规管理。常规管理条件下，氮磷吸收累积量之比为1：（0.06～0.09），旺盛生长期比例最大，开花期比例最小；氮钾吸收累积量之比为1：（2.32～2.44），旺盛生长期比例最大，开花期比例最小；滴灌条件下，氮磷吸收累积量之比整个生长期基本维持在1：（0.06～0.11），以果实发育期比例最大，氮钾吸收累积量之比整个生长期基本维持在1：（2～3）的范围内，以旺盛生长期比例最大，说明在旺盛生长初期，磷、钾的施肥比例要适当增加，而在小果期，则要适当加重氮肥的比例（表2-12）。

表 2-12　巴厘菠萝不同生育期氮、磷、钾养分吸收比例

生育期	N∶P∶K（常规管理）	N∶P∶K（滴灌施肥）
旺盛生长期	1∶0.09∶2.44	1∶0.08∶3.21
催花期	1∶0.08∶2.42	1∶0.08∶2.40
开花期	1∶0.06∶2.32	1∶0.08∶2.66
果实发育期	1∶0.08∶2.33	1∶0.11∶2.65
收获期	1∶0.08∶2.38	1∶0.10∶2.40

综上所述，菠萝植株生长的不同阶段，对养分的需求有所不同。从定植到催花前属于营养生长期，需肥应以氮肥为主，磷、钾肥为辅，目的是促进菠萝叶片抽生，增加叶片数和叶面积，为生殖生长打下基础。抽蕾后至果实成熟是生殖生长期，需肥以钾肥为主，氮、磷肥为辅。

（2）不同菠萝品种植株养分吸收量　根据已有的研究结果，将收获期整株菠萝的营养吸收量列于表 2-13。可以看出，在不同栽培条件下不同品种菠萝的养分吸收累积量存在差异。卡因菠萝单株养分吸收量明显高于巴厘、台农和金菠萝。在每亩分别种植3 400株卡因菠萝和4 000株巴厘菠萝的种植密度下，每亩养分吸收量也是前者大于后者。同一菠萝品种卡因，水肥耦合栽培条件下养分吸收累积量高于传统的管理，种植密度和水肥管理水平对植株养分吸收也存在影响。广东省湛江市南亚热带作物研究所植物营养课题组在基地开展的不同灌溉施肥模式试验研究结果显示，每亩金菠萝的养分吸收量为 N 15.97～36.92kg、P_2O_5 5.47～8.09kg、K_2O 87.69～166.86kg。综合比较得出，每亩菠萝养分吸收量为 N 14.16～67.19kg、P_2O_5 1.31～5.31kg、K_2O 29.25～166.86kg。其中以钾的吸收量最多，氮次之，磷最少。因此，菠萝既要注重氮肥的施用，更要注意增施钾肥（表 2-13）。

表 2-13　不同品种菠萝的养分吸收量

项目	品种	氮（N）	磷（P_2O_5）	钾（K_2O）	钙（CaO）	镁（MgO）	备注（每亩株数）
单株养分吸收量（g）	卡因 1	5.54	0.60	11.24			3 400
	巴厘	3.54	0.33	7.31			4 000
	卡因 2	6.53	1.77	15.07	6.20	0.64	3 000
	金菠萝 1	5.01	0.99	11.25	4.49	0.44	3 000
	台农 11	4.35	0.73	11.02	3.30	0.34	3 000
	台农 17	5.01	0.99	11.25	4.49	0.44	3 000
	金菠萝 2	15.51	1.16	7.23	5.90	3.52	4 333
每公顷养分吸收量（kg）	卡因 1	18.83	2.03	38.21			3 400
	巴厘	14.16	1.31	29.25			4 000
	“菲律宾”	17.54	3.79	34.53	8.47	0.92	3 500
	卡因 2	19.58	5.31	45.21	18.61	1.93	3 000

（续）

项目	品种	氮 (N)	磷 (P_2O_5)	钾 (K_2O)	钙 (CaO)	镁 (MgO)	备注 (每亩株数)
每公顷养分吸收量 (kg)	金菠萝	19.57	3.59	49.28	14.54	1.67	3 000
	台农 11	13.05	2.19	33.06	9.91	1.02	3 000
	台农 17	15.01	2.98	33.75	13.47	1.31	3 000
	金菠萝 2	67.19	5.04	31.34	25.56	15.26	4 333

（三）火龙果

1. 火龙果树生长发育特点　火龙果根系较发达，植株无主根，侧根大量分布在浅表土层，同时有很多气生根，可攀援生长。火龙果植株根系具有非常强的吸水能力，入土深度也相对较深，能够有效吸收土壤中的各种营养成分。火龙果的主茎和分茎上面还有较多的气生根，其茎非常肥厚，截面为三角形，茎的颜色会随着生长而不断加深，火龙果的茎部也可以进行光合作用。火龙果芽内有数量较多的复芽和混合芽原基，可以抽生为叶芽、花芽。花芽发育期，在适宜环境条件下可向叶芽转化。而旺盛生长的顶端组织，也可以在适当条件下抽生花芽。火龙果的花通常在日落之前 1h 开放，花通常会呈现出漏斗状，形状和羽毛非常类似，花朵非常美丽，花的直径可以达到 20cm 以上。火龙果的花朵也可以食用，具有清热解毒的作用。在火龙果花完成授粉 3～4d 后，子房会慢慢膨大。花脱落之后，果实就会停止生长，果皮慢慢转变成鲜艳的红色，果实平均直径在 10cm 左右，在果肉当中具有较多的黑色种子，其果肉和种子都有非常大的食用价值。

2. 火龙果树需肥特性　火龙果养分含量丰富，不同器官中的养分含量以磷（1～3.6g/kg）、钾（8.7～36.1g/kg）、钙（1～22.6g/kg）含量较高，火龙果植株地上部养分元素含量呈现钾＞氮＞磷的趋势，且钾含量是氮含量的 3 倍多，是磷含量的 12 倍多。相比其他热带作物，火龙果植物体内的磷、钾、钙含量较高，其中火龙果茎内磷的含量在所有热带作物中处于较高水平（大部分热带作物纯磷含量在 8～15mg/kg），其钙含量与剑麻相当，钾含量与菠萝、剑麻相当，是一种喜磷、钾、钙植物，在养分管理中应注意磷、钾、钙肥的施用。

火龙果在不同生长时期对养分需求差别较大，在现蕾前期根系中的铁、锰、硼元素积累较多，枝条中的磷、钾、钙、镁、铜、锌含量较多，在盛花盛果期根系中的镁、钾元素积累较多，果实采收末期根系中的钾元素积累，镁元素降低。在幼果期，果实中的多种矿质元素均处于较高水平，随后逐渐降低，最终在果实成熟期趋于稳定。花蕾的含氮量最高，茎的磷、钙、镁、硫、锌含量最高，果皮的钾、硼含量最高，根系的铁含量最高，果实中氮：磷：钾＝4.86：1.00：10.12，茎中氮：磷：钾＝1.46：1.00：1.81。果肉中镁含量为 2 091.20mg/kg、钙含量为 386mg/kg、锌含量为 28.06mg/kg、铜含量为 4.53mg/kg、锰含量为 43.20mg/kg、钴含量为 4.01mg/kg。火龙果成熟器官中钙含量较高，但果肉含钙量较低，钙不易进入果肉，果肉钙含量较高易影响其品质。火龙果较耐热、耐水，喜温暖潮湿、富含有机质的沙质土。火龙果一年四季均可种植，对土质要求不高，平地、山坡地和沙石地等均可种植，生长特别旺盛。冬季温度长时间低于5℃的地区一般不宜露地种植。在火龙果种植期间最重要的就是合理施肥，为火龙果的生长提供足够的养分。由于火龙果采收期长，要重施有机质肥料，氮磷钾复合肥要均衡长期施用。完全施用猪、鸡粪等含氮量过高的肥料，会导致火龙果树枝条肥厚，深绿色且很脆，大风时易折断，所结果实较大且重，品质不佳，甜度较低甚至伴有酸味与咸味。因此，开花结果期间要增施钾肥、镁肥和骨粉，以促进果实糖分累积和品质提升。

通常情况下，每667m^2施用鸡粪、牛粪等腐熟有机肥3t左右。新植时施在种植沟内，与泥土拌匀后再种植火龙果，以后每年的年头或年尾开浅沟施一次。在每年年初用复合肥（17-17-17）追肥1次，每667m^2施50kg左右，开浅沟施。平时以施水肥为主，开花盛果期每7～10d施用水肥1次，以水溶性有机质肥料为主，合理配施氮、磷、钾、镁肥，注重钾肥、镁肥的施用量。冬季修剪清园后重施一次有机肥，每公顷施腐熟猪牛粪2万～3万kg、钙镁磷肥500～750kg，均匀撒施于树盘或畦面，施后培土；每次收获间种作物或绿肥时，先撒施腐熟有机肥1万～1.5万kg/hm^2、复合肥300～500kg/hm^2，再覆盖作物或绿肥茎秆；5～10月花果生长季节每月撒施复合肥300～500kg/hm^2，有条件的每月淋施1～2次腐熟粪水或沼液。

火龙果需肥量较大，种植前一定要施足基肥，果实生长后，每月施肥2～3次，氮、磷、钾协同施用，根据果树的不同生育期，改变氮磷钾的配比及增减肥料用量，适当补施微量元素，每月再增施有机肥1～2次。充足的水肥条件是火龙果种植稳定高产的关键。火龙果茎上架后又往下弯垂1m左右，即开始开花结果。有高投入才能获得高产出，火龙果花期和果期每个时段都需要充足的肥料和水分才能满足火龙果的高质高产要求。判断火龙果是否具有良好的长势，最重要的是观察其三棱茎长得是否饱满，饱满的三棱茎才能提供充足的养分满足花果生长。如果三棱茎扁平，即使能开花，所生长的果实也较小，商用率较低。此外，火龙果花期持续时间长，营养消耗巨大，对肥料的需求量较大，特别是进入盛产期，更应加强肥水管理。火龙果与其他仙人掌类植物一样，树体生长量与常规果树相比较小，所以施肥应以充足、少量、多次为原则。

3. 缺素症状及防治措施

缺氮：火龙果植株缺氮，生长不良，蔓茎黄瘦，根系不发达，植株生长缓慢，甚至可能停止生长。可能出现落花、落果现象，果实品质较低。

缺磷：火龙果植株缺磷时，花芽分化质量差，火龙果的果实较小且品质低下。

缺钾：钾素供应不足会导致火龙果植株的新梢长势不好，植株抗逆性较差，也同样导致果实较小、品相不佳。

缺钙：火龙果植株缺钙会影响火龙果抗病虫害的能力，对新生长点、根尖断点也会产生不利影响。

缺镁：火龙果植株缺镁条件下，蔓茎变黄，果实小、甜度低、品质下降，同时会阻碍植株对氮和磷的吸收。

防治和补救措施：火龙果施肥以有机肥为主，配以少量化肥。另外，还要根据需要追施氮肥和磷酸二氢钾，缺素时还要适量添加微量元素肥。每年7月、10月及翌年3月施肥3次，各施有机肥0.5kg/株，以及专用肥200g/株或复合肥200g/株。喷施叶面肥的营养成分应以补充中微量元素为主，同时与大量营养元素相结合，在结果前期以供应镁、硼、氮为主，结果中后期更加注意钾、氮、镁、钙、铁和硼等元素的陆续补充与施用。

4. 火龙果科学施肥决策

（1）推荐施肥方法

①水肥一体化施肥技术：根据作物需求规律，对土壤水分和养分进行综合调控和一体化管理，以水促肥，以肥调水，实现水肥耦合，全面提升土壤水肥利用效率。火龙果水肥一体化系统由水源、首部枢纽、田间管网和灌水器等部分组成，可利用河流、水库、集雨池、地下水等作为水源，水质应符合 GB 5084—2021 的要求。首部枢纽包括水泵、过滤器组件、肥液注入装置等。田间管网是将首部枢纽处理过的水按照要求输送、分配到每个灌水单元和灌水器，包含主管、支管、毛管以及管道控制阀门等，管道全部采用灌溉专用 PE 管材。灌水器是给作物灌水用的设备，山区火龙果水肥一体化灌水器须使用压力补偿式滴头与紊流型滴箭。火龙果水肥一体化的系统设计、设备选择、安装调试、工程验收等应符合 GB/T 50485 和 NY/T 2623 要求。系统分区内灌水器落差大于 40m 时，要在主管上安装相应的减压持压阀。

②定植穴（沟）施肥：建园定植果苗前，按栽植密度挖好定植穴（或定植沟）。栽植果苗前应施底肥，底肥以施用农家肥为主，施用数量一般为每穴或折合每株（指定植沟栽）15～20kg 为宜。先将肥料填入穴底（或沟底），填入部分土壤，土肥混匀后即可定植果苗。如果条件好，同时备有上述粗肥、饼肥和磷肥，将粗肥施入穴或沟底部，其上覆 10～20cm 厚土壤，再将饼肥和磷肥施于其上，并随即渗混均匀并覆盖一层薄土层，其上即可定植果树苗。若在保水保肥差的沙地果园，可采用穴施法，具体方法为：在树干 1m 以外的树冠下，均匀挖 10～20 个深 40cm 左右的锥形穴（上口约 30cm 左右，下口约 10cm 左右），穴内填枯草烂叶，用塑料布盖口，追肥、浇水均在穴内进行。

③环状施肥：也称轮状施肥，主要是在火龙果树冠外围 0.8～1.0m 处挖一条环状沟进行施肥。环状施肥适用于火龙果树的有机或无机肥料施用。具体方法为：在火龙果植株外围挖 30～40cm 宽、15～45cm 深的环形沟，将表土与肥料混匀后施入。应注意每次施肥时，将土、肥混匀，然后覆土。

④半环状施肥：与环状施肥相似，主要是将环状中分为 3～4 个“猪槽式”的施肥沟进行施肥的方式。

（2）化肥用量确定　幼龄火龙果植株第一年累积 N∶P∶K＝1.00∶0.17∶1.95，折合成化肥形态氮磷钾比例为 N∶P_2O_5∶K_2O＝1.00∶0.38∶2.35，以氮肥利用率为 30%，磷肥利用率为 18%，钾肥利用率为 50%计算，需要复合肥配方为 N∶P_2O_5∶K_2O＝1.00∶0.64∶1.41，即未结果幼龄火龙果需要中磷高钾配方。火龙果花氮、磷、钾含量比茎高，而果氮、磷含量与茎相差不大，钾比茎低，可见进入开花结果期火龙果仍需要较多磷钾，中磷高钾复合肥配方仍然适合成龄火龙果。以氮肥利用率为 30%，磷肥利用率为 18%，钾肥利用率为 50%，火龙果生长需要养分全部由肥料供应计算，一年生火龙果需要施用 46%尿素 51.4kg/hm^2、16%过磷酸钙 41.3kg/hm^2、50%硫酸钾 55.3kg/hm^2。如以复合肥氮肥利用率为 35%计算，一年生火龙果需要施用复合肥（N∶P_2O_5∶K_2O＝15∶10∶21）135.0kg/hm^2。

一年生火龙果养分管理：一年生火龙果施肥可以全部施用化肥，但一年生火龙果需要养分较少，适宜采用以施用有机肥为主，化肥为辅的施肥方针。有机肥不但能提供养分，还可促进根系生长，给火龙果根系生长提供疏松介质。有机肥施用方法是与土壤稍微混合后，在离火龙果柱约15cm处开浅沟，施于火龙果柱四周或挖浅穴（长×宽×深为40cm×30cm×30cm）施用，每桩施有机肥15～30kg。化肥分3次施用，其中磷肥与有机肥混匀后一次性作基肥施用，每桩约施用过磷酸钙或钙镁磷肥1.50kg，氮肥和钾肥则分别在3月、6月、9月进行施用，每桩每次约施用尿素22g、硫酸钾36g，在离火龙果柱约20cm处开约5cm浅沟施用。氮钾也可淋施或滴灌施用，由于水肥一起施用比土施养分利用率高，因而淋施或滴灌施用的肥料用量应比土施的减少30%～50%，淋施或滴灌具体施用方法为：淋施或滴灌氮钾肥总浓度为0.15%～0.20%，每次每桩淋肥液15～25kg，淋施肥液浓度和肥液量根据天气决定，天气干旱时，淋施低浓度高量肥液，天气湿润时，淋施高浓度低量肥液。

二年生火龙果养分管理：火龙果种植后1年左右即可开花坐果，由于火龙果生长迅速，第二年施肥量应比第一年施肥量增加150%～200%，即每桩施用有机肥22.5～60.0kg，磷肥可与有机肥一起施用，每桩可施用过磷酸钙或钙镁磷肥1.50kg，氮肥和钾肥则分别在3月、6月、9月施用，进入结果期，可稍增加钾肥用量，则每桩每次施用尿素0.056～0.067kg、硫酸钾0.092～0.111kg。采用淋施或滴灌施用的，施用肥料浓度和用量基本保持不变，但增加施用次数，由一年生火龙果每年施用3次改为二年生火龙果每年施用5～6次，则3月、5月、6月、7月、8月、9月分别施用1次。此外缺硼和缺锌土壤，每桩每年施用硼砂60～90g、硫酸锌30～60g，与有机肥混匀后施用。

成龄火龙果养分管理：一般情况下，成龄火龙果除了施用有机肥外，其化学肥料每年施用纯N、P_2O_5、K_2O为900～1 260kg/hm^2，取其平均值即为1 080kg/hm^2，施用氮磷钾比例为$N:P_2O_5:K_2O=1.0:(0.5\sim1.0):(1.0\sim1.8)$，取其平均值为$N:P_2O_5:K_2O=1.00:0.75:1.40$，则施用化学肥料为纯N 342.9kg/hm^2、P_2O_5 257.1kg/hm^2、K_2O 480kg/hm^2，折合46%尿素745.4kg/hm^2、16%过磷酸钙1 606.9kg/hm^2（或12%钙镁磷肥2 142.5kg/hm^2）、50%硫酸钾960.0kg/hm^2。具体施用量根据火龙果果园土壤测试进行适当调节，当土壤有效磷、钾肥含量达到丰富水平时，可适当降低磷、钾用量，如当土壤氮磷钾养分较为亏缺时，可适当增加其用量。施用方法与施用时间同幼龄火龙果树。如采用淋施或滴灌施用，施用肥液浓度为0.20%～0.25%，3月、4月、10月每个月施用1次，6～9月每个月施用2次，每桩每次施用肥液20～30kg。在配方上，3～5月，氮的比例适当提高，施用$N:P_2O_5:K_2O=1.0:0.6:1.1$，6～10月，磷、钾的比例稍微提高，施用$N:P_2O_5:K_2O=1.0:0.8:1.6$。我国火龙果主要种植在华南一带，其土壤铁、锰含量较为丰富，但硼、锌较为缺乏，因此要适当施用一些硼、锌肥，施用量同幼龄树。除了化学肥料外，有机肥施用对于促进火龙果生长，提高火龙果产量和品质具有重要作用。马来西亚试验结果表明，与不施有机肥相比，施用有机肥3t/hm^{2}的火龙果产量可达40.8t/hm^2，比不施有机肥的增产20%，因此即使在火龙果成龄阶段，也应施用有机肥，每桩宜施用15～25kg。有机肥施用时间宜在采果后施用，在果实生长期间，淋施腐熟花生麸水可提高火龙果甜度。

(3) 施肥时期及方法 火龙果一年四季均可定植，但3～11月最佳，每亩施用充分腐熟的有机肥2 000kg和专用复混肥50kg。土壤深翻30cm，耙平，起垄后定植。每穴植入一株苗木，用表土覆盖即可。定植后不要立即浇水，3～5d之后再进行浇水，否则容易腐烂死苗。

幼龄火龙果树（1～2年生）以施入氮肥为主，薄施勤施，促进树体生长。成龄火龙果树（3年生及以上）以施磷、钾肥为主，控制氮肥的施用量。施肥应在春季新梢萌发期和果实膨大期进行，每株施牛粪堆肥1.2kg和专用复混肥0.2kg。此外每批幼果形成后，根外喷施氨基酸复合微肥600～800倍水溶液，加入0.3%硫酸镁+0.2%硼砂+0.3%磷酸二氢钾，有助于提高果实品质。

通常情况下，根据火龙果品种、树龄、树势、结果量、土壤理化性质等确定施肥量。以本区域耕地质量占比最大的中等肥力土壤为基准。火龙果幼树或结果较少树，每株每年施用腐熟农家肥或商品有机肥10～15kg、纯N 0.05～0.08kg、纯P_2O_5 0.03～0.06kg、纯K_2O 0.03～0.06kg。结果树，每株每年施用腐熟农家肥或商品有机肥40～50kg、纯N 0.13～0.16kg、纯P_2O_5 0.06～0.10kg、纯K_2O 0.13～0.16kg。如出现缺素症状，应及时补充相应元素肥料。

定植当年以施用氮肥为主，磷肥为辅，适当增施钾肥。于定植苗发芽后，追施一次促根海藻肥，每株施用约10ml，之后每隔20d左右追施一次海藻酸肥料，一年追施6～8次，以促进幼树生长。进入结果期，每年每株施有机肥10kg+专用复混肥1kg+尿素0.5kg；初春火龙果植株开始恢复生长，追施一次专用复混肥，每株施0.5kg；结果期以施用有机肥为主，使用饼肥与细米糠各50%，再加入生物菌剂，充分发酵腐熟后稀释成有机液肥施用，根据开花结果的批次分多次施入，重点是花蕾生长期和幼果膨大期，每次每株施1～2kg。经常喷施氨基酸复合微肥600～800倍液，加入0.3%尿素或0.5%磷酸二氢钾，以提高果实品质。

以下为火龙果树不同生长期的施肥用量方法。

春梢抽发期：每年1～2月，采用水肥一体化方式施用，施用2～3次。火龙果幼树或结果较少树，补充全年用量10%～20%的氮肥、磷肥、钾肥等；结果树，补充全年用量5%～10%的氮肥、全年用量5%～10%的磷肥、全年用量5%～10%的钾肥等。

开花前：每年3～4月，采用水肥一体化方式施用，施用2～3次。火龙果幼树或结果较少树，补充全年用量10%～20%的氮肥、磷肥、钾肥等；结果树，补充全年用量5%～10%的氮肥、全年用量20%～30%的磷肥、全年用量10%～20%的钾肥等，并适量补充硼肥等微量元素。

壮果期：每年5～10月，采用水肥一体化方式施用，采1次果施1次，施用8～10次。火龙果幼树或结果较少树，补充全年用量30%～40%的氮肥、磷肥、钾肥等；结果树，补充全年用量30%～40%的氮肥、全年用量30%～40%的磷肥、全年用量40%～50%的钾肥等，并适量补充镁、钙、锌、硼等元素。

采果后（基肥）：每年11～12月，施用方式为环状施肥或半环状施肥， 次性全部做基肥施用。火龙果幼树或结果较少树，每桩施用腐熟农家肥或商品有机肥10～15kg，补充全年用量30%～40%的氮肥、磷肥、钾肥等，并适量补充腐殖酸、氨基酸、硼锌等微量元素；结果树，每桩施用腐熟农家肥或商品有机肥40～50kg，补充全年用量40%～50%的氮肥、全年用量30%～40%的磷肥、全年用量30%～40%的钾肥等，并适量补充腐殖酸、氨基酸、钙、镁、硼、锌等元素。

第三章

热带果树科学施肥理论

果树是多年生木本植物，其营养特性与大田作物不同，在其生命过程中需要多种营养元素，每一种元素都有其特定的生理功能，且不可互相替代。在果树生命周期中如碳、氢、氧、氮、磷、钾、钙、镁、硫等大量、中量营养元素以及如铁、锰、锌、铜、硼、钼、氯等微量营养元素的含量，对果树都存在着或大或小的影响。果树高产、果品优质主要取决于土壤和树体养分的合理供应，果树最佳养分管理技术可有效解决高产优质果园生产中的突出问题，促使果树连年高产优质。但是果农养分管理缺乏科学依据，盲目性大，肥料品种不适宜、施肥比例不协调，肥料结构不合理；施肥不足和超量并存，未充分考虑土壤养分，肥料利用率低；施肥时期不合理，贮藏营养不足，后期脱肥。种种问题都说明果树需要科学施肥，需要对养分进行科学管理。

一、果树氮素养分管理策略

氮是树体内蛋白质、核酸、叶绿素、酶和多种维生素的组成成分。氮不仅能促进营养生长，提高光合性能，延迟树体衰老，提高果实产量，也能与光合产物起着相互促进的作用。树体中氮较多时，叶面积加大，能更有效地利用光能，生产较多的碳水化合物，又可使根系更有效地吸收水分和养分。如果氮素供应不足，老叶中的蛋白质可以水解成氨基酸，运送到新叶中去供新叶生长之需，则会出现老叶提早变黄，甚至脱落；而氮肥使用过量时不仅会造成果树叶片细胞增大，细胞壁薄，鲜嫩多汁，体内过多的氮可增加细胞内氨基酸的积累，促进细胞分裂素形成，作物长期保持嫩绿，延迟成熟，还会影响其他元素的吸收，比如磷钾的含量都会降低，养分不均衡造成果树品质的下降。

氮素是把“双刃剑”，无论是过多还是过少都会产生利弊双面，同时由于氮素资源具有来源的多样性、去向的多向性及其环境危害性、产量和品质的敏感性等特征，对氮素养分应进行精确控制，科学管理。结合多方面因素后认为应对氮素实行“总量控制，以果定量，重视基肥，增加贮藏，氮肥前移，少量多次”的管理策略。

（一）总量控制，以果定量

氮素具有强烈的时空变异特征，其来源广、转化复杂、损失途径多、环境影响大，施用总量应进行控制，以果定施氮量。施氮肥最忌过量和单一化。按照果树的覆盖面积或树冠的体积确定施肥量较为适宜，结果多的树适当多施。氮肥，应以有机肥料中的氮素为主，如果补充无机氮肥，也应与有机肥混合后施入。优质圈肥、堆肥中有机氮含量丰富，加入无机氮肥，能减少氮素在土壤中的损失，根系吸收和利用效率高。

氮肥用量的确定可依据目标产量（近 3 年平均产量的 1.2 倍）、养分管理学说、养分补偿学说等多方面来确定。目标产量法的基本原理是以实现作物的目标产量所需养分量与土壤供应养分量的差额作为确定施肥量的依据，以得到养分的收支平衡。就果树作物而言，一般在全氮含量偏低时，采用需氮量的 50%～60%作为基肥；在全氮含量居中时，采用需氮量的 40%～50%作为基肥；在全氮含量偏高时，采用需氮量的 30%～40%作为基肥。若要真正做到准确施氮肥，同样必须掌握目标产量、果树需肥量、土壤供肥量、肥料利用率和肥料中有效养分含量五大参数，这是平衡法配方施肥的基础。

一般条件的施肥量公式如下：

$$\text{施肥量}=\frac{[\text{目标产量}\times\text{单位产量的养分吸收量}]-\text{土壤养分供应量}}{\text{所施肥料的养分含量}\times\text{肥料当季利用率}}$$

目标产量：是根据温室条件、栽培品种、管理水平及栽培者预期目标而定。

土壤养分供应量=土壤养分测定值×0.15（每 667m^2 的换算系数）×土壤养分利用系数

（二）重视基肥，增加贮藏

果树入秋后，随气温降低，树体内营养物质的积累大于消耗，这时落叶果树地上部已停止生长，常绿果树的生长也大为减弱，进入养分贮备时期，这是多年生果树不同于一年生果树的重要营养特性。贮备营养是果树安全越冬、翌年前期生长发育的物质基础，直接影响叶、花原基分化、萌芽抽梢、开花坐果及果实生长。周学伍等通过甜橙树体贮藏营养与翌年新生器官形成关系的研究结果表明，10～12 月为养分的贮备时期，增施秋肥可明显提高植株的氮、碳营养水平，促进翌年新生器官形成的数量与质量，对花器官发育和坐果率的影响大于春梢的生长，叶、花、枝比例高于对照 24.10%～39.4%，坐果率较对照高 59.7%～184.5%。国内许多研究资料表明，幼树秋季的碳素营养物质运向枝、干、根，贮藏营养对翌年新生器官形成的影响以旺盛生长的前期为主，秋施基肥（9～10 月）贮藏的养分明显高于 2 月施肥。

果树所具有的贮藏营养的特性和贮藏营养水平的高低，直接影响着翌年果树的生长和结果。秋季的基肥对树体贮藏营养也是十分重要的，秋季基肥具有许多优点：秋季土温适宜，利于肥料熟化，易于根系吸收，肥效提高显著。同时能在较长时间提供多种养分，利于协调营养生长与生殖生长，增强秋叶功能，增加养分积累，促使枝芽充实饱满，提高树体抗性。秋季基肥还能够使伤根易愈合，并能促发大量新根，增强吸收功能。

然而，目前秋季基肥的实施存在许多问题：有机肥源严重不足，施肥随意性很大，肥量大、部位深、未搅匀，造成肥效后移，打破了果树正常的“生物钟”，大大降低了肥效，施肥不科学、不规范。许多果园不分有机肥和无机肥，不是施得过深过远，肥料比较分散，就是施得过浅过近，肥料过于集中，肥料浪费，肥害时有发生。

因此，在果树生长上，应当重视秋肥的施加，维持健壮树势，提高树体贮藏营养的总体水平，为保证果树持续丰产奠定丰富的物质基础。早秋施基肥，应以有机肥为主，如堆肥、圈肥、绿肥及作物秸秆等。9 月中旬按每生产 1kg 果施 1～2kg 土杂肥或 0.5kg 鸡粪、羊粪肥的标准，施入 30～40cm 深的放射沟中。施基肥时，最好混入适量的速效氮、磷、钾肥和硼、铁、锌等微肥，以提高肥料利用率和综合营养水平。

（三）氮肥前移，少量多次

养分临界期和最大养分效率期是作物施肥的关键时期，根据果树的养分吸收规律，分次施用能明显减少氮素损失，提高果实产量和氮肥利用率。在中国果园土壤瘠薄、保水保肥能力弱的情况下，进行氮肥前移，维持果实膨大后期土壤养分的充足供应是实现丰产稳产的保证，同时还能够降低后期氮过高对品质的负效应。

目前不少研究都能说明氮肥前移对果树或其他作物的产量具有一定的促进作用。如丛日环等 2014 年通过大田试验的研究，在不增加水稻全生育期氮肥投入的情况下，将作为穗肥的氮素提前用于基肥，可以维持较高稻谷产量，提高氮肥利用效率。在其他研究中也有类似的说明，氮肥前移使果树开花现蕾晚，初花和吐絮提前，生育期缩短，氮肥前期比例增加使果实干物质和氮素积累快，光照和氮素是作物生长的两个重要因子，只有维持平衡、协调供应时，才能发挥两者最佳的互作效应，保证其理想生长。少量多次施氮肥能够避免一次性施氮肥过量引起的毒害作用，同时能够在果树即将把氮肥消耗完全时及时补充，更好地适应果树的生长规律，有利于提高果树的产量与品质。由此认为，氮肥前移，少量多次是氮元素管理的必然选择。

二、果树磷钾素养分管理策略

（一）磷、钾恒量监控

1. 磷素管理　磷是植物生长发育必需的重要生命元素，也是植物合成磷脂、核酸、ATP 和某些辅酶等重要生命物质的主要原料，能促进作物光合作用，有利于碳水化合物的合成运转，有助于果树抗旱、抗寒、抗病等能力的提高。在磷的作用下，细胞结构的水化度和胶体束缚水的能力能得到明显改善，从而减少植物细胞的水分损失，同时增加原生质的黏性和弹性，使之适应各种不良的环境条件。在低温条件下，磷的存在可使植株仍能保持较高的化合物合成水平，增加体内可溶性糖类、磷脂等物质的浓度水平，以提高其抗寒能力，还能促进果树对硅元素的吸收，使果树抗病能力增强。因为有无机磷的存在，植物细胞液的缓冲性能得到了明显改善，细胞原生质 pH 可以保持在相对稳定的状态，有效保证了细胞生命活动正常进行。同时，有机磷对于果树花芽分化也起着十分重要的作用，它能通过影响花芽分化的数量和质量进而影响果树的果实产量。

当磷素缺乏时，植株首先表现为新陈代谢迟缓、物质合成减少、植株矮小、生长不力、分枝稀少、成熟延迟等症状，还会造成根系发育不良、落叶提前、落果落花、果皮着色差，糖与维生素 C 等物质含量减少、果品质量降低等问题。而磷过量导致作物呼吸作用增强，消耗大量糖分和能量，植株矮小、节间过短，生长受到抑制；地上部生长受到抑制的同时，根系却十分发达，数量多但短而粗。施用磷肥过多还会导致植株缺锌、缺铁、缺镁等，妨碍锌、铜、铁等其他微量元素的吸收转运，造成营养失衡，影响产量和品质。

磷和钾在果园土壤中移动性相对较小，更容易在土壤中保持和固定，损失也较少，在土壤中可以维持较长时间的有效性，且在适量施用范围内增加或减少一定用量，不会对果树生长和产量造成很大的波动。而且果树对磷的需要量比氮、钾、钙、镁都少，仅为氮的1/3左右，果树根系可主动吸收土壤中的正磷酸盐和柠檬酸溶性磷，此外根系分泌的有机酸也可使土壤中部分难吸收的磷溶解而被利用，所以树体一般不缺磷。

在不同类型土壤上研究发现，耕层（0～20cm）土壤全磷含量每累积 $100kg/hm^2$，土壤有效磷仅增加1.44～5.74mg/kg。因此，磷、钾肥的管理可采取“恒量监控”的方法，根据土壤测试值和养分平衡计算法，将土壤有效磷和速效钾含量持续控制在既能够获得高产又不造成环境风险的适宜范围内。

对磷元素采用恒量监控、科学施肥的营养策略，主要体现在以下两个方面。

（1）科学选肥 一般认为，土壤对磷的固定是磷肥利用率低的主要原因。即在施入大量磷肥的同时，就有相当部分的磷被土壤固定。而这些被固定的磷因为失去了生物活性，基本上不能为作物生长发育提供养分，于是造成了作物生长缺磷和土壤累积大量无效磷的不良现象。研究表明，磷肥的有效性不仅与磷肥本身的物质组成和形态有关，而且也取决于其与土壤反应产物的形态和有效性。因此，依据土壤条件选择适当的磷肥，对于提高磷肥利用率至关重要。

在石灰性土壤环境中，水溶性磷肥施入土壤后，会很快与土壤固、液相发生一系列物理化学反应，转化为另一种形态的磷酸盐。刘世亮等研究不同磷源对石灰性土壤供磷能力影响的结果表明，磷肥在石灰性土壤中的有效性顺序为磷酸二铵＞重过磷酸钙＞钙镁磷肥＞氟磷灰石。因此，在石灰性土壤条件下，应该优先选择有效性更高、排序更靠前的磷肥。在酸性土壤中，水溶性磷肥施入土壤后，因土壤的固定吸附不易被植物吸收，肥效受到限制。而枸溶性磷肥能在酸性环境中缓慢溶解释放，其实就是一种缓释型肥料，尤其是钙镁磷肥，作为一种碱性肥料，在酸性土壤上施用效果优于过磷酸钙和重过磷酸钙，在生产中依照土壤条件合理选择。因此，对于不同的土壤需求选用不同的磷肥，才能达到最佳的效果。

（2）适当施肥 磷肥的施用应遵循适时适量的原则。在果树生产中，磷肥既能够作为基肥施用，为作物生长发育提供长效营养，也可以作为追肥施用，在关键生理时期为作物生长提供速效营养。由于果树树体中贮存的养分可长时间重复利用，将影响树体当年和近年的生长发育，所以施足基肥对于果树生命周期内的磷素持续利用十分重要。当磷肥作为追肥施用时，对于幼年果树，以4月和7月施用为好，利于营养生长，以促进植株树形和树冠的形成，为丰产奠定树势基础。对结果期的成年果树，则应以产量和品质为主要目的，磷肥在2月施用为好。生产实际中的磷肥多是与其他元素肥料配合，作基肥和追肥施入根际土壤或作根外追肥施用。

肥料喷施作为生产上常用的一种根外施肥方法，是土壤施肥的补充或辅助手段。在果树生产中，磷肥既可作为基肥施用，也可作为追肥施于作物的特定生育期。一般而言，花期喷施磷肥不仅有利于提高果树产量和果品质量，也能减少土壤对磷的固定吸附，有助于提高肥料利用效率，是增收节支的有效途径。秋施基肥有助于树体贮藏营养，为果树安全越冬、次年前期生长发育提供物质基础，它直接影响果树叶、花原基分化、萌芽抽梢、开花坐果及果实生长，对下年树体的生长发育起着决定性作用。而在花期和果实膨大期进行追肥，则有助于果树产量和品质的形成。因此，为了提高产量、改善果品品质，宜在花期追施适量磷肥。

2. 钾素管理　钾不参与树体内的有机物组成，但对碳水化合物的合成、运输、转化等方面起着重要作用。钾还是铁元素和某些酶的活化剂，有助于叶绿素的合成。钾具有能促进果实膨大、着色和成熟，促进果树机构组织发达，从而提高抗寒、抗旱、耐高温的能力。钾在树体内以无机离子形式存在，在韧皮部汁液里含有高浓度的钾，可以经常进行再分配，从老叶流入新叶，又可以向上和向下做长距离运输。缺钾情况下会妨碍硝酸盐的利用，使新代谢水平降低，叶片中糖类不能顺利外运而限制光合作用继续进行，抗性下降，形成层活动受阻，新梢纤细，叶小呈蓝绿，缺钾严重时先端枯死。钾肥过多时呼吸作用加强，可使果实增大而组织松绵，早熟而储性下降，并造成生理落果、落叶等问题。

根据土壤有效钾含量水平，以土壤有效钾养分含量不成为实现目标产量的限制因子为前提，通过土壤测试和养分平衡监控，使土壤有效钾含量保持在一定范围内。对于钾肥，首先需要确定施用钾肥是否有效，然后根据土壤有效钾测试结果和养分丰缺指标进行分级，当有效钾水平处在中等偏上时，可以将目标产量需要量（只包括带出田块的收获物）的100%～110%作为当季钾肥用量；随着有效钾含量的增加，需要减少钾肥用量，直至不施；随着有效钾含量的降低，需要适当增加钾肥用量，在极缺钾的土壤上，可以施到需要量的150%～200%。在2～3年后再次测土时，根据土壤有效钾和产量的变化再对钾肥用量进行调整。一般大田作物钾肥全部做基肥。

在对钾肥管理采取“恒量监控”的同时，合理施肥能够使果园获得良好的增产效果。在现阶段果园施用钾肥应特别关注氮、磷、钾营养元素的协调平衡。果树对钾的吸收，生长初期较少，以后逐渐增多。因此，果园钾肥的施用要以底肥为辅，追肥为主，重施中期肥；而且钾肥的施用效果和需要程度主要取决于土壤钾素的供应情况，应该根据土壤成分配比决定钾肥的投放量。同时还要注重有机肥的投放，有机肥中含有丰富的钾素，而且含有大量可以促进果树生长的微量元素和矿物质，对提高果树的产量有很大的帮助。充分地做好这些准备，才能提高钾肥的利用率，更大程度地提高产量和果实品质。

三、果树中微量元素养分管理策略

（一）中微量元素

中微量元素，顾名思义就是需求量中等或较少的元素，虽然量少但对于果树来说也是必不可少的部分，拥有足够的微量元素，在很大程度上影响着果实品质。作物生长不仅需要氮、磷、钾三要素，还需要钙、镁、硼、锌、锰、铁、钼、铜等中微量元素。虽然作物对它们的需求量不大，但却必不可少，往往施用少量微肥，能够达到施大量氮磷钾所起的效果，微量元素具有“量小作用大”之称。微量元素在果树生长的许多代谢过程中起着重要的作用，特别是对生化过程中酶的激活以及作为多种酶的组成是不可缺少的，且元素之间存在相互协同或者拮抗作用，如图3-1，因此要了解并协调好各个元素间的关系至关重要。

钙是植物生长必需的营养元素，具有多种生理功能，作为细胞内的第二信使参与作物生长代谢的多种生理过程，对维持细胞正常的生命活动具有重要作用，并从多方面影响作物的生长发育和果实的品质形成。对于树体而言，缺钙容易造成树体根系和枝条生长点坏死，幼叶边缘或近中脉处出现退绿斑点，2～3d 后变棕褐色或绿褐色，呈焦枯状，叶缘卷曲、皱缩或破裂，严重时梢尖幼叶萎缩并很快枯死，花朵萎缩、根短而又有许多分根，是根系缺钙的典型症状。对于果实而言，容易导致硬度降低、发绵、不耐贮藏，常会发生苦痘病、痘斑病、水心病、轮纹病、栓化黑点病等病害，并出现裂果现象。钙肥施用过多会降低硼、锌等微量营养元素的有效性和造成土壤板结。

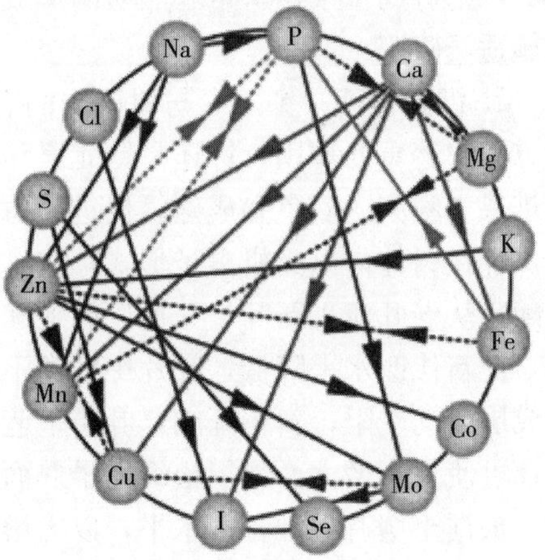

图 3-1　元素拮抗作用

镁是叶绿素的组成部分，缺镁时果树不能形成叶绿素，首先是在老叶中表现出叶变黄而早落。镁离子过量就会影响作物对于钙离子和钾离子的吸收，容易增加土壤溶液浓度，从而导致植物根系难以吸收水分，最终使得植物地上部分蔫萎，甚至枯死。同时会使得农产品的糖分含量降低，降低农产品的品质，并且会大大降低农产品的贮藏时间。

锌是一系列酶的组成成分，锌还参与生长素的形成，缺少锌元素会导致果实小、皮厚、畸形，影响果肉口感，使得维生素 C 流失，让果肉失去食用价值；而过量的锌可致使植物锌中毒，并会直接影响植物对其他矿质营养元素的吸收，造成植物失绿和生长障碍，甚至导致死亡，同时会伤害植物根系，阻碍植物根系生长，地上部分有褐色斑点和坏死。

硼在果树生长发育和组织分化过程中是必需的，硼能促进生殖器官发育和体内碳水化合物的合成和运输，防止脱落。缺少硼元素会延缓果树花芽发育，阻碍授精受粉，导致果实个头小，甚至出现果木坏死问题；硼过量主要危害果实发育后期（着色期），从外观上看靠近果柄处能发现外观病变，形成大小不等的深褐色凹陷斑，削开凹陷斑表皮，可发现果肉内部发生褐色病变，发病严重的果实，从外到内的果肉均为褐色，无法食用。新梢发生硼毒害，其长度及粗度与正常树无明显差别，叶片也无明显症状，但剥掉新梢顶芽，可以发现顶芽有坏死现象。

钼也是非常重要的微量元素之一，是植物体内固氮酶和硝酸还原酶的重要组成成分。植物缺少钼元素则会造成植株矮小，易受病虫危害，幼叶黄绿，叶脉间显出缺绿或老叶变厚呈蜡质，叶脉间肿大并向下弯曲。钼过量则会引起中毒现象。相对而言，钼元素对豆科类的影响较大，对果树的影响较少。如番茄叶片的边缘向上卷曲形成白色斑点而枯落；豆科作物根瘤不发育；豆科作物有效分枝数和结荚数减少，百粒重下降；小麦灌浆很差，成熟延迟，籽粒不饱满。

缺乏铜元素，会导致果实出现流胶或者龟裂问题；铜过量主要表现为根系生长受阻，须根少，侧根变短而色暗，新叶失绿，老叶坏死，还会出现大量落叶，小枝枯死，甚至产量下降。锰元素主要参与氧化还原反应、水的光解和氧的释放等，对果树光合作用和体内氮代谢有着十分重要的作用。

不同的微量元素对果树有不同的作用，不同的作物对微量元素敏感程度也不一致，不同土壤供给作物微量元素的能力也不相同，不同的微肥性质各有差异，肥效期有长有短，肥料利用率有高有低。微肥施用过少肥效表现不出来，过多会对作物产生毒害，因此对微量元素的施用，也是十分值得探究的，应根据实际情况进行施用。

（二）养分管理实施“因缺补缺”

针对以上中微量元素的作用与特点，有必要高度重视中微量元素养分的科学管理。历年来的研究发现，果树不同的生长时期对微量元素的需求量，与果树在某一时期的生物学产量有密切的关系。如成年果树，春梢营养枝形成期、盛花期和果实膨大期对养分需求量骤增，这些阶段如能充足供应养分，果树叶片中矿物质元素含量会迅速增加，以满足果树正常生长发育对养分的需求。

一般情况，土壤中所含微量元素完全可满足植物的需要，不需要施用微量元素肥料，但在高产和有土壤障碍发生或土壤中微量元素含量低以及大量元素肥料施用不合理的地区，往往会产生中微量元素缺乏问题，这时就需要补充微量元素。由于需求量少，是否需要施用中微量元素肥料主要取决于土壤特性、果树品种和产量水平，因此对微量元素的管理应采取“因缺补缺、矫正施肥”的技术模式，以土壤、植株监测为主要手段，对于缺素土壤或作物，通过施用适量肥料进行矫正。即施肥应根据某种果树对养分的丰缺指标以及实际的树体表现来确定施用量，按照“缺什么，补什么，缺多少，补多少，不缺不补”的原则，有针对性地进行施肥。

中微量元素的施肥方法主要包括土壤施肥和叶面施肥。

土壤施肥：只有在土壤严重缺乏微量元素时，才向土壤施用微肥，如施用不匀，局部土壤微肥浓度过高，易造成肥害。一般用作基肥和种肥，在播种前结合整地施入土中，或者与氮、磷、钾等化肥混合在一起均匀施入，施用量要根据作物和微肥种类而定，一般不宜过量。土壤施用微肥有后效，一般可每隔 3～4 年施用 1 次。微量元素的缺乏，往往不是因为土壤中微量元素含量低，而是其有效性低，通过调节土壤条件，如土壤酸碱度、氧化还原性、土壤质地、有机质含量、土壤含水量等，可以有效地改善土壤的微量元素营养条件。作物对微量元素的需要量很少，而且从适量到过量的范围很窄，因此要防止微肥用量过大。土壤施用时还必须施得均匀，浓度要保证适宜，否则会引起植物中毒，污染土壤与环境，甚至进入食物链，有碍人畜健康。

叶面喷施：将可溶性微肥配成一定浓度的水溶液，对果树进行喷施，同时也可以在作物的不同发育阶段，根据具体的需要进行多次喷施，以提高肥效。一般因果树对中、微量元素肥料需求量少或很少，土壤施用量常不易掌握：用量过少，效果不佳；用量过多，又会引起中毒而产生肥害。例如，对于硼、钼等营养元素的施用通常采用叶面喷施的方法，此法易于掌握，还可以避免各种微量元素肥料施用过多造成中毒的问题，同时可直接供应地上部分养分，利用速度快，避免肥料中有效养分在土壤里发生固定而退化。叶面施肥养分的利用效率高于土壤施肥，可以直接、有效地解决微量元素缺乏的问题。它的缺点是肥效短暂有限，仅是一种辅助施肥方式。对于严重缺乏某种微量元素的土壤，还要依靠土壤施肥的方式才有明显效果。

四、常用推荐施肥方法

元素失衡通常是由于施肥数量、施肥时期、施肥方法等不合理造成的。常见的现象有：①施肥过量。即过多地使用含某种营养元素的肥料，这样不仅会对果树产生毒害，还会妨碍作物对其他营养元素的吸收，引起缺素症。同时一次性施用化肥过多可能造成肥害，发生烧苗、植株萎蔫，甚至枯死。②施肥时期不当。农作物施肥时期不当不仅会影响农作物的生长发育，还会造成肥料的浪费。③表面式浅施。表面式浅施是在果树根部表面施入相应的肥料，但是氮肥易挥发、磷肥易流失或难以到达作物根部，表面式浅施不利于作物吸收，造成肥料利用率低。肥料应施于种子或植株侧下方 15cm 以下。要想合理施肥且达到更好的效果，首先要了解果树吸收养料的方式，主要包含根系吸收和叶面吸收。

（一）根系吸收养分的方式

根系对矿物质的吸收有主动吸收和被动吸收两种。主动吸收又称代谢吸收，是一个需要消耗能量的过程，而且有选择性。被动吸收又称非代谢吸收，不需要消耗能量，属物理或物理化学作用。树体吸收养料常常是以上两者结合进行，具体到矿物质是通过下列几种途径被植物吸收的（图 3－2）。

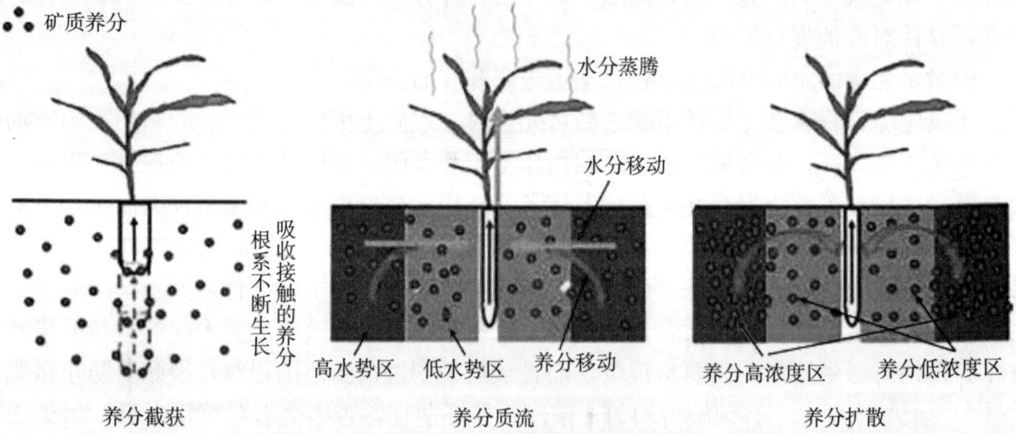

图 3－2　土壤养分向根表迁移示意

1. 截获　是指被根系占据的土壤部分的养分，它可以不经运输而被根系直接吸收。截获吸收的养分主要通过离子交换完成，根系表面附着离子以 H^+ 为主，当根系与土壤矿物表面接触时，发生阳离子交换而吸收部分矿物养分。

2. 扩散　养分通过扩散作用运送到根表。植物根系从土壤中吸收养料，使一定区域土壤中的养分含量相对减少，在土体与根表土壤之间造成养分的浓度梯度，这种浓度梯度引起化学位（势）差异，致使离子由化学势较高处向较低处移动，结果便产生离子的扩散作用。

3. 质流　借蒸腾作用把养分运送到根际。截获所得营养元素主要是磷、钙和镁，质流主要是氮、镁、钙，而扩散主要是磷和钾。

（二）叶片对养分的吸收

琯溪蜜柚叶片吸收养分可分为3个阶段：吸附、进入叶组织内部、转移到植株其他部位。叶面喷施是补充和调节琯溪蜜柚营养的有效措施，起调节琯溪蜜柚生长、补充所缺元素、防早衰和增产提质的作用。特别是在逆境条件下，根部吸收机能受到障碍，叶面施肥常能发挥特殊的效果，特别适合于微肥的施用。

（三）常见施肥方式

结合果树吸收养料的方式以及现实发展状况和农业发展需求，推荐以下几种常见的施肥方式。

1. **条沟施肥法** 所谓条沟施肥法（图3-3），就是在果树行间、株间进行开沟施肥，一般施在树冠垂直投影的外缘，保持和树行同向，挖条状沟，沟深30～50cm、沟宽20～40cm、沟长小于树冠直径大小。把肥料施入沟内后回填土壤，如果是肥料和土壤掺混均匀后回填，地表10cm内的土壤不可施肥。

条沟施肥法的优点：肥料能够深施到土壤中去，能够提高果树对肥料的吸收利用率，并且肥效持久性长；同时通过挖沟的方式，能够起到疏松园内土壤、改善根系土壤环境的效果，比较适合果树秋施基肥时使用，较适用于密植园。虽然工作量较大，但能够拥有较好的改土效果，还可以应用机械提高工效，黏重、盐碱土壤同样可以施用有机物进行改良。

条沟施肥法的缺点：施肥量大，人工投入比较大。

2. **环状施肥法** 环状施肥法也经常被叫作轮状施肥法（图3-4），一般是在果树树冠外围稍远的地方，挖一条环状或半环状沟进行施肥，沟深30～50cm、沟宽20～40cm，把肥料施入沟内后回填土壤。此方法比较适合树龄在4年以内的幼树或者在坡地果园秋施基肥时使用。

环状施肥法的优点：操作简单，肥料深施入土壤，肥料利用率高。

环状施肥法的缺点：此法容易挖断果树的水平根系。

图3-3 条沟施肥法

图3-4 环状施肥法

3. 放射沟施肥法 所谓放射沟施肥法（图 3-5），是指以果树的树干为中心轴，以树冠垂直投影外缘为沟长，在距离树干 1m 远处挖 5～8 条不同方向的放射状条形沟施肥，施肥沟里窄外宽（里 30～40cm、外 40～50cm）、里浅外深（里 20～30cm、外 40～50cm），沟长 60～80cm（树冠内外的沟长各占 50%），把肥料施入沟内后进行土壤回填。此法多用于 5 年以上的成年果树，可在春季追肥时使用。

放射沟施肥法的优点：能够疏松改良土壤状况，扩大果树施肥面积，有利于果树对肥料的吸收，而且不容易伤及果树根系。

放射沟施肥法的缺点：此方法的施肥穴位不能长期连年使用，需要隔年更换施肥穴位置。

4. 穴位施肥法 所谓穴位施肥法（图 3-6），是指在果树树冠垂直投影边缘的树盘里进行挖穴施肥，每棵果树挖施肥穴 8～12 个，穴深 30～40cm，穴直径 30cm 左右，施肥后进行土壤回填。此法比较适合于种植密度大的果园、果树幼果期和果实膨大期的果园，在适用期上常在春、夏施肥季节使用，以及在使用磷肥、钾肥和液体肥料时使用。注意，挖施肥穴时要注意在树冠四周均匀分布挖穴，这样能够实现更均匀地施肥。

穴位施肥法的优点：不容易伤害果树根系，肥料使用后具有比较好的效果，能够减少肥料在土壤中的固定损失，也有利于微生物更好地分解。

穴位施肥法的缺点：如果施肥穴挖得不够多或不均匀，容易造成果树出现“无根区”现象。

图 3-5 放射沟施肥法

图 3-6 穴位施肥法

5. 全园施肥法 全园施肥法也被叫作全园撒施法，果农使用的比较多，在施肥操作上，一般是把肥料均匀撒施到果园内全部土壤上进行施肥，然后进行全园旋耕或者翻土 20cm 左右。此法比较适合于果树密度较大、园内根系稠密以及成年果树园内使用。

全园施肥法的优点：操作简单，和放射沟施肥法隔年使用，能够互补劣势，用肥效果比较好。

全园施肥法的缺点：肥料利用率比较低，用肥量比较大，而容易造成果树根系上浮，会降低果树根系的抗旱和抗冻害能力。

6. 叶面喷肥法 果树叶面喷肥，也就是大家常说的打叶面肥，把肥料溶解在水中后，进行叶面喷施。但要注意的是，叶面喷肥不能替代土施肥料，只能作为土施肥料后为果树快速补充养分的辅助法使用，一般常用来应急使用或者在果树生育期的关键期使用。

氮肥一般结合磷钾肥在生长前期和后期喷施，喷施浓度为0.3%～0.5%；磷肥一般用磷酸二氢钾（浓度0.3%）或过磷酸钙滤液（浓度1%）喷施，多在果树中后期使用；钾肥一般用草木灰滤液（浓度0.3%）或磷酸二氢钾（浓度0.3%），也多在果树中后期使用；微量元素肥一般用硼砂溶液（开花前后使用，浓度0.3%）、硫酸亚铁（生长期补铁使用，浓度0.3%）。

叶面喷肥法的优点：肥料用量少、利用效率高、供肥更均匀，能够快速为果树补充养分，既可单独使用，也可以和其他相适合的肥料、药物一起使用，比较节省人工成本。

叶面喷肥法的缺点：一般每隔10～15d喷施1次，连喷2～3次，使用次数过多会影响根系生长或使果树发生肥害，高温时不可使用，容易发生肥害，配施肥料或药物不当，容易发生肥害或药害。

7. 灌溉施肥法　灌溉施肥法是一种比较新的水肥一体化施肥方法，在施肥时把肥料溶解在水中，随灌水施肥，一般结合果树喷灌或滴灌时使用，在种植密度大或树冠相连的成年树果园使用比较多。

灌溉施肥法的优点：施肥和灌水同步进行，省时省力，肥料利用率比较高，对果树根系没有不良伤害（不会发生烧根问题）。

灌溉施肥法的缺点：如果用水过大容易导致施肥不均匀和肥料养分流失问题，滴灌施肥前期投入成本比较大。

8. 吊瓶输肥法　吊瓶输液法也叫注射施肥法，是指把装有肥料溶液或者病虫害防治药物的瓶子吊挂在树上，利用注射剂通过树干为枝叶输入肥料或农药的方法，此法一般是用来应急使用，主要用来解决作物缺素症或者防治果树病虫害时使用，在春季树液流动到冬季果树休眠间都可以使用，但最佳使用期在4～9月，在收果前40d便不可再使用。在使用范围上，比较适合在主干直径10cm以上的果树和根系腐烂病害的果树上使用。如果是输药液，每棵树用量在50～200ml之间，不可用量过大。

吊瓶输肥法的优点：不受果树根系影响，肥效十分高（比叶面喷施高数十倍）、速效性强（短期见效）、肥效长（1～2年）、省肥省药省水、人力投入少。

吊瓶输肥法的缺点：会造成果树机械损伤，容易被有害病菌侵袭（可以在用药后，使用波尔多液、蒜泥、黄泥、棉团封闭针口，针口可以多次使用）；使用范围窄，只适合在导管中传输肥料上使用，不适合在幼树和树干较细的果树上使用。

第四章

热带果树科学施肥技术

一、测土配方施肥技术

测土配方施肥是以土壤测试和肥料田间试验为基础，根据作物对土壤养分的需求规律、土壤养分的供应能力和肥料效应，在合理施用有机肥料的基础上，提出氮、磷、钾及中、微量元素肥料的施用数量、施用时期和施用方法的一套施肥技术体系，重点强调以测定土壤有效养分含量为依据，在播前确定施用肥料的种类和一个与产量相适应的经济合理施肥量的方法。测土配方施肥技术主要包括采样测试、田间试验、配方和施肥方案制定以及技术指导服务等环节。

（一）田间试验示范

果树通常采用“2＋X”试验设计。“2”代表常规施肥和优化施肥 2 个处理，“X”代表氮肥总量控制、氮肥分期调控、果树配方肥料、中微量元素试验等拟研究内容的试验设计。“2”为必做试验，“X”为选做内容。

1．“X”动态优化施肥试验设计 氮肥总量控制（X1）试验（表 4－1）。

表 4－1 X1 试验方案

试验编号	试验内容	处理	M	N	P	K
1	不施化学氮区	$MN_0P_2K_2$	＋	0	2	2
2	70％的优化氮区	$MN_1P_2K_2$	＋	1	2	2
3	优化氮区	$MN_2P_2K_2$	＋	2	2	2
4	130％的优化氮区	$MN_3P_2K_2$	＋	3	2	2

注① 表中“M”代表有机肥料；“＋”代表施用有机肥，其种类在当地应该有代表性，有机肥的氮磷钾养分含量需要测定，施用数量在当地为中等偏下水平，一般每亩宜为 1～3m^3。

② 表中“0”代表不施化学氮肥，“2”代表适合于当地生产条件下的推荐施肥量，“1”代表“2”施氮量的 70％，“3”代表“2”施氮量的 130％。

（1）氮肥分期调控（X2）试验 设 3 个处理：（A）一次性施氮肥，根据当地农民习惯的一次性施氮肥时期（如苹果在 3 月上中旬）；（B）分次施氮肥，根据果树营养规律分次施用（如苹果分春、夏、秋 3 次施用）；（C）分次简化施氮肥，根据果树营养规律及土壤特性在处理B基础上进行简化（如苹果可简化为夏秋两次施肥）。在采用优化施氮量的基础上，磷钾根据果树需肥规律与氮肥按优化比例投入。

（2）果树配方肥料（X3）**试验** 设4个处理：（A）农民常规施肥；（B）区域大配方施肥处理（大区域氮磷钾配比，包括基肥型和追肥型）；（C）局部小调整施肥处理（根据当地土壤养分含量进行适当调整）；（D）新型肥料处理（选择在当地有推广价值且养分配比适合供试果树的新型肥料，如有机—无机复混肥、缓控释肥料等）。

（3）中微量元素（X4）**试验** 果树中微量元素主要包括Ca、Mg、S、Fe、Zn、Mn、B等，按照因缺补缺的原则，在氮磷钾肥优化的基础上，试验以叶面喷施为主，在果树关键生长时期施用，喷施次数相同，喷施浓度根据肥料种类和养分含量换算成适宜的百分比浓度。设3个处理：（A）不施肥处理，即不施中微量元素肥料；（B）全施肥处理，根据区域及土壤背景设置施入可能缺乏的一种或多种中微量元素肥料；（C）减素施肥处理，在处理B基础上，减去某一个中微量元素肥料。

2. 试验实施 选择平坦、齐整、肥力均匀，具有代表性的不同肥力水平的地块开展试验。当果园为坡地时，应尽量选择坡度平缓、肥力差异较小的地块，避开道路、有土传病害、堆肥场所或前期施用大量有机肥、秸秆集中还田的地块以及院、林遮阴且阳光不充足的特殊地块。除长期定位试验外，同一地块不应连续布置试验。树龄应以不同树种及品种盛果期树龄为主，乔砧果树推荐以10～20年生盛果期大树为宜，矮化密植果树推荐以8～15年生盛果期大树为宜。选择树龄、树势和产量相对一致的果树。一般选择同行相邻不少于4株果树作一个重复。试验前采集土壤样品，按照测试要求制备土样。小区面积应不少于4棵同树龄果树，以供试果树栽培规格为基础，每个处理实际株数的树冠垂直投影区加行间面积计算小区面积。“2”试验可不设重复，但小区面积应大于$20m^2$和$15m^2$。“X”试验应至少设3次重复，且定位试验不少于3年。采用随机区组排列，区组内土壤、地形等条件应相对一致。“X”试验可与“2”试验在同一试验条件下进行，也可单独布置。以放射沟和条沟法为主，或采用试验验证的高产施肥方法。“X”动态优化施肥试验根据不同试验目的设计施肥时期，“2”试验根据果树年生长周期特点和高产栽培经验进行不同时期肥料种类和数量（即肥料养分量比）的分配，常绿果树根据栽培目标分促梢肥、促花肥、膨果肥、采果肥等。

（二）采样测试

1. 样品采集 包括土壤样品和植株样品的采集。采样应具有代表性、典型性和可比性，并根据研究目的，采取相应的方法定期采样。

土壤样品的采集，应在采样之前进行农户调查，选择有代表性地块进行采样，平均每个采样单元为20～40亩，采样集中在位于每个采样单元相对中心位置的典型地块（同一农户地块），采样地块面积为1～2亩。一般在果树果品采摘收获后至下一次施肥前采集，幼树及未挂果果园，应在清园扩穴施肥前采集。由于果树须根系发达，一般达到0～60cm，为了正确反映果园土壤养分的代表性，果园土壤采样深度一般分为0～20cm、21～40cm两层分别采集。对于不同果树，采样深度可以不一样。属木质根的柑橘由于根系扎得深，可分为3层取土样，第一层0～20cm，第二层21～40cm，第三层

41～60cm。采样时应按照“随机”、“等量”和“多点混合”的原则，采用S形或梅花形布点采样。果树要在树冠滴水线附近或以树干为圆点向外延伸到树冠边缘的2/3处采集，距施肥沟（穴）10cm左右，避开施肥沟（穴），每株对角采2点，有滴灌设施的要避开滴灌头湿润区。

果树样品采集包括果实和叶片样品。在果实样品采集时，对采用“X”动态优化施肥试验的果园，每个处理都应采样。基础施肥试验面积较大时，在平坦果园可采用对角线法布点采样，由采样区的一角向另一角引一对角线，在此线上等距离布设采样点，山地果园应按等高线均匀布点，采样点一般不应少于10个。对于树型较大的果树，采样时应在果树上、中、下、内、外部的果实着生方位（东南西北）均匀采摘果实。在叶片样品采集时，要选择品种、砧木、树龄、树势以及园地土壤类型等条件基本一致的植株进行采样。

采样具体时间可根据不同果树品种的物候期而定。如为了得出采果肥的需求量，可在果品采摘收获后至下一次施肥前采集叶片样品，幼树及未挂果果园，应在清园扩穴施肥前采集。通常要采集果树树冠外围中部发育中等的5～7月龄的春梢营养枝，从基部数起，第四片以上的叶片作为叶样。在采集果树叶片样品时，采用对角线方法在每一个采样单元选择25株果树，摘取4个方向叶片，每株4片叶，共采集100片叶。

2. 样品测试 土壤样品测试项目包括土壤质地、土壤容重、土壤水分、土壤酸碱度和石灰需要量、土壤阳离子交换量、土壤水溶性盐分、土壤氧化还原电位、土壤有机质、土壤氮、土壤有效磷、土壤钾、土壤交换性钙、镁，土壤有效硫、土壤有效硅及土壤有效铜、锌、铁、锰。在测试果树土壤样品时，土壤pH、土壤水溶性盐分、土壤有机质、土壤水解性氮、土壤有效磷、土壤速效钾、土壤交换性钙、镁为必测项目。当土壤pH＜6，石灰需要量为必测项目，其余测试项目可根据测试目的进行选择。植物样品测试项目包括植物样品测试、植株营养诊断和品质检测。植物样品测试包括全氮、全磷、全钾、水分、粗灰分、全钙、全镁、全硫、全钼、全硼和全量铜、锌、铁、锰。在进行果树叶片营养诊断时，主要采用硫酸—过氧化氢消煮，蒸馏滴定法测定全氮，钒钼黄显色分光光度法测定全磷，火焰光度法或原子吸收分光光度计法测定全钾。品质检测包括维生素C、硝酸盐、可溶性固溶物、可溶性糖以及可滴定酸。

（三）配方制定

肥料配方的制定要以土壤的基础地力和作物的需肥特性为基础，以产量为目标，充分考虑肥料效应等因素，并经田间试验和大面积推广应用效果验证。要充分考虑各种养分搭配、加工过程、使用效果等因素，使配方成品具有实用性，能够配合肥料加工的现有设备，尽可能以最低成本的配料达到所需效果。制定配方的主要方法有地力分区（级）配方法、目标产量法（测土施肥法）、作物营养诊断法、区域配方法、15－15－15延伸法等。

1. 地力分区（级）配方法 主要依据是土壤丰缺指标。通过分析土壤测试结果，将配方设计区域进行划分，结合土壤养分的高低制定不同的分级标准，处于低标准的地块施肥量相对较高，处于高标准的地块施肥量相对较低。这种分区分级的方法可以从一定程度上减少土壤养分的过分富集，提高肥料养分利用率。但根据土壤肥力分段的方法，容易造成在分段节点时肥料配方用量的较大跳跃。也有区域形成了分段连续的方法，减少分段节点肥料用量的大幅增加，进一步提高肥料利用率。

2. **目标产量法**　又称测土施肥法，主要是应用土壤养分丰缺指标的方法来制定肥料配方。具体目标产量可采用平均单产法来确定。平均单产法是利用施肥区前三年平均单产和年递增率为基础确定目标产量，其计算公式是：

$$目标产量（kg）=（1+递增率）\times 前3年平均单产（kg）$$

作物需肥量则主要通过对正常成熟的农作物全株养分的分析，测定各种作物百千克经济产量所需养分量，乘以目标常量即可获得作物需肥量，参见以下公式：

$$作物目标产量所需养分量（kg）=\frac{目标产量（kg）}{100}\times 百千克产量所需养分量（kg）$$

3. **作物营养诊断法**　核心是通过测试植物的营养状况以指导施肥。我国20世纪80年代到90年代先后研究应用过的作物营养诊断方法有植物组织全量分析测定法、植物组织速测法、DRIS法和果树叶片分析法等。作物组织的测定结果可以更直接反映当时作物的营养状况，但诊断指标也受气候、品种和作物生长的其他条件影响。作物营养诊断法应用较为成功的是果树叶片分析法。

4. **区域配方法**　通过总结田间试验、土壤养分数据等，将区域划分不同施肥分区；同时，根据气候、地貌、土壤、耕作制度等区域特征的相似性和差异性，结合专家经验，提出不同作物的施肥配方。一般情况下分区与区域地貌气候和土壤类型密切相关，可通过地理信息技术划分施肥分区。在GPS定位土壤采样与土壤测试的基础上，综合考虑行政区划、土壤类型、土壤质地、气象资料、种植结构、作物需肥规律等因素，借助信息技术生成区域性土壤养分空间变异图和县域施肥分区，优化设计不同分区的肥料配方。

5. **15-15-15延伸法**　在复合肥料基本配方的基础上，结合土壤地力和作物产量等因素进行养分配比的调整，从而制定施肥配方。该方法要结合土壤地力水平和作物需肥规律来调整配方中的养分含量，如土壤有效磷含量较高地块可适当降低磷素配比，果树等需钾较高的作物可适当增加钾素含量。

（四）配方肥施用

1. **柑橘**　一般1～3年生幼年树全年施肥量，平均每株可施用有机肥料15～30kg、尿素0.7～0.8kg、过磷酸钙0.7～1.3kg、氯化钾0.3～0.4kg，或40%专用肥1.5～2.0kg。随着树龄增加，树冠不断扩大，对养分的需求不断增加，因此幼年树施肥应坚持从少到多，逐年提高的原则。成年柑橘树一般年施肥3～5次，亩产2 500～3 000kg的果树每年每株需施有机肥料30～50kg、尿素1.4～2.0kg、过磷酸钙2～3kg、氯化钾0.9～1.2kg，或40%专用肥3.8～4.2kg。推荐采用环状、条状或放射状沟施等方式，通过在树冠两侧滴水线处开浅沟穴（深约10cm），施肥后覆土，以后施肥的位置经常轮换，幼年树挖环状沟施肥，成年结果树多挖条状沟施肥，梯地台面窄的果园挖放射状沟施肥。当植株出现中微量元素（镁、硫、硼、锰、锌等）缺乏症状时可采用叶面喷施等方式进行补充施肥。

2. **荔枝**　通常在定植果树前进行种植穴土壤改良，定植后再扩穴至全园改良。一般每个种植穴施用有机肥100～20kg、磷肥2～3kg、石灰石粉3～5kg。采用有机肥（磷肥）—回填土（石灰）—有机肥（磷肥）—回填土（石灰）的层状结构施肥。幼年树施肥采用少量多次的方法，通常在每次梢萌动前施用，年施4～6次。第一年施用氮肥0.1～0.15kg、磷肥0.05～0.1kg，并在秋梢萌动前加施一次氯化钾0.2～0.3kg；第二、第三年施氮肥量增加1～2倍，施用钾肥次数增加2～3次。成年树一般每年施肥3～4次，施用时要做到施肥效果与生长要求同步，要根据所施肥料品种的肥效快慢来决定何时施肥能满足荔枝生长的需要。

3. **龙眼** 要根据龙眼根系生长、分布及土壤条件等，采取不同的施肥方法，保证龙眼根系充分吸收利用肥料。推荐采用环状施肥即在树冠外围稍远的地方，挖环状沟施用（沟深15～20cm），多用于龙眼幼树。放射沟施肥即以树干为中心，在离树干60～80cm处，向外挖6～8条放射沟（沟深20～30cm），施肥于沟中。隔年或隔次更换沟的位置，以增加龙眼根系的吸收面。此法比环状施肥伤根少，但挖沟时也要避开大根。条状沟施肥即在树冠滴水处两侧开条沟，或在龙眼园的行间或株间开条沟（深20～30cm），然后将肥施于条沟内，下次施肥时可换另外两侧。此外，还可采用根外施肥进行追肥，氮、磷、钾肥料适宜浓度一般为0.5%～1%，中量元素肥料适宜浓度一般为0.2%～0.5%，微量元素肥料适宜浓度一般为0.05%～0.15%，根外追肥所用的微量元素多为比较容易溶解的化学纯药剂。在春季进行根外追肥，浓度可略高一些；在夏秋高温干旱季节进行根外追肥，浓度应适当低些，以免产生肥害。多种肥料混合使用时，应按比例降低浓度。

二、有机肥施用技术

有机肥料主要来源于植物和/或动物，包括作物秸秆、植物残体、人畜粪便、绿肥、沼肥、泥炭、褐煤、风化煤以及部分农产品加工废弃物等，具有营养全、肥效长、成分复杂、碳氮比不同等特点。合理施用有机肥料能增加土壤有机质含量、改善土壤理化性状和生物多样性，增强土壤保水保肥能力，提高土壤缓冲性能。有机肥料不仅含有矿质营养元素和有机成分，还含有一些刺激作物生长、抑制病菌的物质，在降解过程中会产生各种酚类、生长素及类激素等，有利于提高产量，改善品质，提高作物抗逆性。应坚持长期施用、有机无机结合以及安全施用三大原则，综合考虑施肥目的、作物种类、土壤类型、气候条件、施肥方式等因素，合理施用有机肥。

（一）绿肥

绿肥是直接翻埋或经堆沤后作肥料施用的绿色植物体。

1. **种植绿肥的优势** 针对热带地区果园常年杂草丛生，除草剂用量大，除草成本高、环境压力大，土壤有机质含量低的特点，在果树行间种植绿肥，利用其生长过程中所产生的全部或部分鲜体，不仅能为果树提供养分、抑制杂草、防止水土流失、培肥土壤地力，还能有效改善果园生态环境。

2. **绿肥品种的选择、播种时间及播种量** 可选择苕子、箭筈豌豆、紫云英、柱花草等绿肥品种。柱花草一般多选择雨季来临前的春夏季节播种。若遇旱季，应在管理前期（1～2个月）适度浇水并注意除杂草，以提高成活率与覆盖度，其余绿肥品种一般于9～10月土壤墒情较好或者在降雨后土壤湿润的情况下利用无人机或人工均匀撒播于果园。

绿肥播种前，杂草少的果园免耕、免除草直接撒播，杂草茂密且高度超过 40cm 的果园，在播前采用机械或人工割草后免耕撒播。通常情况下每亩播量为：苕子 2～3kg，箭筈豌豆 4～6kg，紫云英 1.5～2kg，柱花草 1kg。福建可选择闽紫 1 号至 7 号、赣紫 1 号、宁波大桥种、浙紫 5 号；广东可选择粤肥 1 号、赣紫 1 号、闽紫 5 号至 7 号、热研 5 号、热研 10 号、热研 25；广西可选择萍宁 3 号、萍宁 72、桂紫 7 号和 8 号、桂早紫 1 号、湘紫 1 号、闽紫 7 号；海南可选择热研 2 号；云南主要种植赣紫 1 号、湘紫 1 号至 4 号等。

3. 管理措施及利用方式　南方果园可采用冬绿肥覆盖免耕压草养地模式。绿肥生长期，一般实行轻简化管理，可不施肥、不除草。为减少与树体的肥水竞争，绿肥植株要与主作物保持一定的距离，通常种植在树冠或者滴水线以外的行间，随着种植年限的增加，应注意适时清除影响主作物生长的绿肥植株。南方果园多为丘陵，对绿肥的主要利用方式为自然覆盖，翌年 2 月底和 3 月初绿肥开始旺盛生长，实现果园全覆盖，3～4 月进入花期，4～6 月进入结荚和自然枯萎，3～5 年翻耕更新一次。在一些地势较为平坦的地区，也可进行适时刈割翻压，在绿肥盛花期或旺长期刈割覆盖于果树树盘及行间，或结合果园施肥，将绿肥翻压于施肥沟或行间，翻压深度为 15～20cm。

（二）堆肥

堆沤肥是以畜禽粪便、秸秆、杂草、树叶、草皮、绿肥及其他有机废弃物为原料，经堆积、沤制、发酵腐熟而成。

1. 堆沤方式及主要参数　目前较为主流的堆沤方式有条垛式、槽式、气流模式和反应器堆肥。条垛式堆肥的堆体高度 1～3m，宽度 2～8m，长度 30～100m，其氧气主要是通过条垛里的热气上升造成的自然通风或是通过强制通风来供应。槽式堆肥根据移动方式可分为整进整出式和连续式，其翻堆方式与条垛式翻堆相似。常见的反应器堆肥包括筒仓式、塔式、滚筒式、搅动箱式、圆形搅拌床、隧道窑式等反应器。

堆肥预处理过程中，原料与辅料混合后的物料含水率宜为 45%～65%，碳氮比（C/N）为 20∶1 至 40∶1，粒径不大于 5cm，pH 5.5～9.0。在堆肥过程中可添加有机物料腐熟剂，接种量宜为堆肥物料质量的 0.1%～0.2%。堆体温度达到 55℃以上，条垛式堆肥维持时间不少于 15d，槽式堆肥维持时间不少于 7d，反应器堆肥维持时间不少于 5d，但堆体温度高于 65℃时，应通过翻堆、搅拌、曝气降低温度。堆体内部氧气浓度不应小于 5%，曝气风量应在 0.05～0.2m^3/min（以每立方米物料为基准）。条垛式堆肥和槽式堆肥的翻堆次数宜为每天 1 次，反应器堆肥宜采用间歇搅拌方式。

2. 堆肥质量要求　经发酵腐熟后的堆肥质量指标为有机质含量（以干基计）≥30%，水分含量≤45%，种子发芽指数≥70%；卫生学限量指标为蛔虫卵死亡率≥95%，粪大肠菌群数应≤100 个/g；重金属限量指标为总砷（As）（以干基计）≤15mg/kg，总汞（Hg）（以干基计）≤2mg/kg，总铅（Pb）（以干基计）≤50mg/kg，总镉（Cd）（以干基计）≤3mg/kg，总铬（以干基计）≤150mg/kg。

3. 施用措施　堆肥通常作基肥施用，宜在秋冬季与化肥结合施用，最佳施肥时期为 9 月中旬至 10 月中旬，施用时避开雨季，施入后应在 24h 内翻耕入土。一般每亩施用量为 1～2t。针对热带果园土壤有机质含量较低的情况，可适当增加施用量。推荐采用撒施、条施、沟施、穴施或环状施肥等方式。条施、穴施和环状施肥的沟深、沟宽应按不同作物、不同生长期相应的生产技术规程要求执行。追肥宜在开花前和幼果期、果实膨大期适量施用化肥。

（三）沼肥

沼肥是畜禽粪便等废弃物在厌氧条件下经微生物发酵制取沼气后用作肥料的残留物，主要由沼渣和沼液组成。

1. 沼渣 为畜禽粪便等废弃物经沼气发酵后形成的固形物。沼渣质量指标为有机质≥30%，总养分（$N+P_2O_5+K_2O$）含量（以干基计）≥5%，pH 5.5～8.5，水分含量≤20%；卫生学限量指标为蛔虫卵死亡率≥95%，粪大肠菌群数应≤100 个/g；重金属限量指标为总砷（As）（以干基计）≤15mg/kg，总汞（Hg）（以干基计）≤2mg/kg，总铅（Pb）（以干基计）≤50mg/kg，总镉（Cd）（以干基计）≤3mg/kg，总铬（以干基计）≤150mg/kg。经充分厌氧发酵的沼渣可以做基肥施用，每亩用量为 1～2t，果园推荐采用撒施、条施、穴施等方式，及时翻耕覆土。不宜与草木灰、石灰等碱性肥料混合施用。

2. 沼液 为畜禽粪便等废弃物经沼气发酵后形成的液体。经充分厌氧发酵的沼液为棕褐色或黑色，水分含量 96%～99%，总固体物含量小于 4%，pH6.0～9.0。受原料、发酵条件、储存时间等因素影响，沼液养分变异较大，有机质含量一般为 0.19%～4.77%，氮磷钾（N、P_2O_5、K_2O）总养分为 0.7‰～2%，其中 70%以上的氮素为铵态氮。此外，还含有钙、铜、铁、锌、锰等中、微量元素以及氨基酸、纤维素、生长素等物质。其卫生学限量指标为蛔虫卵死亡率≥95%，粪大肠菌群数应≤100 个/ml；重金属限量指标为总砷（As）（以干基计）≤10mg/kg，总汞（Hg）（以干基计）≤5mg/kg，总铅（Pb）（以干基计）≤50mg/kg，总镉（Cd）（以干基计）≤10mg/kg，总铬（以干基计）≤50mg/kg。

沼液可作基肥或追肥施用，每亩用量为 2～8m^2，最多不超过 10m^3。推荐采用条施、穴施、环状施肥或喷灌、滴灌等方式，及时覆土。作基肥时，一般在秋冬季施用，主要采用条沟方式，施肥位置与果树树干之间距离 1m，施肥深度 20～40cm。沼液使用前应经过陈化处理，在满足无害化要求后才能施用。在酸化严重的果园施用沼液，还可起到一定改良土壤的作用。如遇排水不畅的地块，首先应严格控制沼液用量，同时注意开排水沟排水冲盐防渍。作追肥时，可采用叶面喷施。春秋季宜在上午露水干后施用，夏季以傍晚施用为好。沼液施用前应进行适当稀释，一般稀释比例为 1∶2～5，电导率控制在 3mS/cm 以下。尤其是作追肥或叶面喷施时要严格控制浓度，防止浓度过高引起烧苗。在果实采摘前一个月停止施用沼液。

（四）商品有机类肥料

商品有机类肥料是利用传统有机肥作为原料加工制成的各种含有机成分的肥料，与传统有机肥料相区别，商品有机肥料具有较为完善的产品标准，对产品的有机质、养分、水分及重金属含量等重要指标参数有明确要求，有效克服了传统有机肥料肥效和安全性不稳定等缺点，有效控制了有机肥料的质量，确保有机肥料的肥效和安全性。

1. 种类及定义 商品有机肥包括商品有机肥、生物有机肥、全元生物有机肥、有机无机复混肥、复合微生物肥料等。其中商品有机肥是利用畜禽粪便、作物秸秆、植物残体等原料经无害化处理、腐熟加工，用于市场销售的有机肥料。生物有机肥是由特定功能微生物与主要以植物残体、畜禽粪便、农作物秸秆为原料并经无害化处理、腐熟的有机肥料复合而成。全元生物有机肥是集生物肥、有机肥、无机肥和氨基酸肥功能于一体的新型有机（类）肥料。有机无机复混肥指的是含有一定量有机肥料的复混肥料。复合微生物肥料是由特定微生物与营养物质复合而成的活体微生物制品。

2. 质量要求 商品有机肥的质量指标为有机质含量（以烘干基计）≥30%，总养分（$N+P_2O_5+K_2O$）（以烘干基计）≥4%，水分（鲜样）的质量分数≤30%，pH 5.5～8.5，种子发芽指数≥70%，机械杂质的质量分数≤0.5%；卫生学限量指标为蛔虫卵死亡率≥95%，粪大肠菌群数应≤100 个/g；重金属限量指标为总砷（As）（以干基计）≤15mg/kg，总汞（Hg）（以干基计）≤2mg/kg，总铅（Pb）（以干基计）≤50mg/kg，总镉（Cd）（以干基计）≤3mg/kg，总铬（以干基计）≤150mg/kg。

生物有机肥的质量指标为有效活菌数（cfu）≥0.2 亿/g，有机质含量（以干基计）≥40%，水分≤30%，pH 5.5～8.5；卫生学限量指标为蛔虫卵死亡率≥95%，粪大肠菌群数应≤100 个/g；重金属限量指标为总砷（As）（以干基计）≤15mg/kg，总汞（Hg）（以干基计）≤2mg/kg，总铅（Pb）（以干基计）≤50mg/kg，总镉（Cd）（以干基计）≤3mg/kg，总铬（以干基计）≤150mg/kg。

全元生物有机肥的质量指标为有机质的质量分数（以干基计）≥30%，总养分（$N+P_2O_5+K_2O$）（以干基计）8%～15%，有效活菌数≥0.2 亿/g，总氨基酸含量（以干基计）≥0.5%，有机质含量（以干基计）≥40%，水分≤30%，pH 5.5～7.5；氯离子含量（以干基计）≤3%，有效期≥6 个月；卫生学限量指标为蛔虫卵死亡率≥95%，粪大肠菌群数应≤100 个/g；重金属限量指标为总砷（As）（以干基计）≤15mg/kg，总汞（Hg）（以干基计）≤2mg/kg，总铅（Pb）（以干基计）≤50mg/kg，总镉（Cd）（以干基计）≤3mg/kg，总铬（以干基计）≤150mg/kg。

有机无机复混肥可分为Ⅰ型、Ⅱ型、Ⅲ型，其中Ⅰ型产品质量指标为有机质含量≥20%，总养分（$N+P_2O_5+K_2O$）含量≥15%，水分≤12%，pH 5.5～8.5；Ⅱ型产品质量指标为有机质含量≥15%，总养分（$N+P_2O_5+K_2O$）含量≥25%，水分≤12%，pH 5.5～8.5；Ⅲ型产品质量指标为有机质含量≥10%，总养分（$N+P_2O_5+K_2O$）含量≥35%，水分≤10%，pH 5.0～8.5。三类产品的粒度（1～4.75mm 或 3.35～5.6mm）≥70%；氯离子含量指标为，未标"含氯"的产品，氯离子含量≤3%，标名"含氯（低氯）"的产品，氯离子含量≤15%，标名"含氯（高氯）"的产品，氯离子含量≤30%；卫生学限量指标为蛔虫卵死亡率≥95%，粪大肠菌群数应≤100 个/g；重金属限量指标为砷及其化合物（以 As 计）≤50mg/kg，汞及其化合物（以 Hg 计）≤5mg/kg，铅及其化合物（以 Pb 计）≤150mg/kg，镉及其化合物（以 Cd 计）≤10mg/kg，铬及其化合物（以 Cr 计）≤500mg/kg；钠离子含量≤3%，缩二脲含量≤0.8%。

复合微生物肥料按剂型可分为液体和固体两类，其中液体剂型质量指标为有效活菌数（cfu）≥0.5 亿/ml，总养分（$N+P_2O_5+K_2O$）6%～20%，杂菌率≤15%，pH 5.5～8.5，有效期≥3 个月；固体剂型质量指标为有效活菌数（cfu）≥0.2 亿/g，总养分

($N+P_2O_5+K_2O$) 8%～25%，有机质（以烘干基计）≥20%，杂菌率≤30%，水分≤30%，pH 5.5～8.5，有效期≥6 个月；卫生学限量指标为蛔虫卵死亡率≥95%，粪大肠菌群数应≤100 个/g；重金属限量指标为总砷（As）（以干基计）≤15mg/kg，总汞（Hg）（以干基计）≤2mg/kg，总铅（Pb）（以干基计）≤50mg/kg，总镉（Cd）（以干基计）≤3mg/kg，总铬（以干基计）≤150mg/kg。

3. 施用措施 商品有机肥料可作基肥或追肥施用，可采用穴施或沟施，用量每亩一般为 100～500kg，应注意与化肥配合施用。施用时应与植株根系保持一定距离，在两行作物中间沟施或株间穴施。施用时注意参照产品说明书。

三、水肥一体化技术

（一）概念及特点

水肥一体化是根据作物需求，对农田水分和养分进行综合调控和一体化管理，以水促肥、以肥调水，实现水肥耦合，全面提升农田水肥利用效率。广义的水肥一体化是指将肥料溶解后施用，包含淋施、浇施、喷施、管道施用等，就是灌溉技术与施肥技术的融合；狭义来讲，就是指借助压力系统或地形自然落差，将可溶性固体或液体肥料，按土壤养分含量和作物需肥规律，配兑成肥液与灌溉水一起，通过可控管道系统以滴灌、微喷灌等形式供给作物。

水肥一体化技术可根据作物需肥特点，适时适量地满足作物对水分和养分的需求，实现水肥一体化管理和高效利用，显著提升水肥利用效率，实现标准化生产，是保障粮食安全和重要农产品有效供给、促进农业绿色发展的重大关键技术，被称为是发展现代农业的“一号技术”。

（二）灌溉制度的制定

灌溉制度主要是指在一定的气候、土壤、供水等自然条件和一定的农业技术措施下，为了获得高产或高效，所制定的向农田灌水的方案。包括播种前及生育期内的灌水次数、每次灌水的灌水日期、灌水次数、灌水定额等。灌溉制度随作物种类、品种和自然条件及技术措施的不同而变化。

1. 收集资料 收集气象、土壤、作物等相关资料，开展墒情监测，根据作物需水规律、土壤墒情、根系分布、土壤性状、设施条件和节水农业技术措施等制定灌溉制度，包括作物全生育期的灌水定额、灌水次数和灌水持续时间。

2. 测墒灌溉 根据土壤墒情进行水分管理，通过墒情监测设备测定不同土层含水量，按照土壤相对含水量上下限范围，计算灌水定额等数据。

3. 计算灌水定额 根据作物不同种植模式下的土壤湿润比、计划湿润深度、田间相对含水量上下限、土壤容重等指标计算灌水定额，具体公式为：

$$W=0.1phr\ (\theta_{max}-\theta_{min})\ /\eta$$

式中：W——灌水定额，单位为毫米（mm）；

p——土壤湿润比，单位为百分率（%）；

h——计划湿润深度，单位为厘米（cm）；

r——土壤容重，单位为克/厘米^3（g/cm^3）；

θ_{max}——土壤相对含水量上限，以土壤质量含水量占田间持水量的百分数表示，单位为百分率（%）（下同）；

θ_{min}——土壤相对含水量下限，以土壤质量含水量占田间持水量的百分数表示，单位为百分率（%）；

η——灌溉水利用系数，微灌一般不低于0.85，滴灌一般不低于0.9。

土壤相对含水量上下限应根据作物种类、土壤质地等因素确定，上限宜为90%，下限宜为60%。

作物土壤湿润比和不同生育期计划灌水深度应根据作物种类、根系分布、种植模式、农艺措施、土壤质地和灌溉形式，并结合当地试验资料确定。在无实测资料时可按经验值选取（表4-2）。

表4-2 部分作物微灌土壤湿润比参考值

作物	滴管和小管出流（%）	微喷灌（%）
果树	25～40	40～60
葡萄、瓜类	30～50	40～70
蔬菜	60～90	70～100
棉花	60～90	—

4. 计算灌水时间间隔 灌水时间间隔取决于上一次灌水定额和作物耗水强度，并受作物种类、土壤湿润比、计划湿润层等因素影响，具体计算公式为：

$$T=W/E$$

式中：T——灌水时间间隔，单位为天（d）；

W——灌水定额，单位为毫米（mm）；

E——作物需水强度或耗水强度，单位为毫米/天（mm/d）。

5. 计算灌水持续时间 受灌水器间距、毛管间距和灌水器出水量等因素影响，可根据灌水定额、灌水面积和小区流量计算，具体计算公式为：

$$t=W\times A/q$$

式中：t——一次灌水延续时间，单位为小时（h）；

W——灌水定额，单位为毫米（mm）；

A——轮灌面积，单位为平方米（m^2）；

q——小区流量，单位为升/小时（L/h）。

当作物灌溉定额和灌水定额确定之后，就可以很容易确定灌水次数，即灌溉定额和灌水定额比值。采用水肥一体化灌溉时，作物全生育期灌水次数比传统地面灌溉的次数多，并且随着作物种类和水源条件等而不同。尤其是露地条件下，降水量和降水分布会随时影响灌水次数，应根据墒情监测结果、作物长势等数据及时调整灌水时间和次数，使作物的水分管理更加符合作物需求。

（三）施肥制度的制定

作物施肥量的估算有着多种方法，如产量目标法（养分平衡法）、定性丰缺指标法、肥料效应函数法、经验法等等。其中目标产量法因简单方便且具有较强科学依据应用广泛，本节以目标产量法为例进行介绍，即根据作物目标产量、土壤养分状况、肥料利用率等确定总施肥量，然后按照作物养分吸收规律确定施肥次数和每次施肥量。

1. 计算目标产量　首先根据作物品种特性和产量潜力，按生产所能达到的水平确定产量目标，也可参考传统水肥管理措施下获得的实际产量，按增产 10%～20%确定目标产量。

2. 计算养分吸收量　按照单位面积作物目标产量，计算养分需求量。计算公式为

$$N = Y \times pi$$

式中：N——养分需求量，单位为 kg/hm^2；

Y——目标产量，单位为 kg/hm^2；

p——单位产量氮磷钾需求量，单位为 kg/t；

i——不同作物。

3. 调整养分施用量　不同来源、不同作物品种的养分需求量并非完全相同。根据作物养分需求量计算出的养分吸收总量也并非严格意义上的养分施用量，而是一定程度上的施肥建议量，还需根据土壤养分情况、有机肥施用量、上季作物施肥量、产量水平、气候条件等对作物养分施用量进行调整，以便更加科学、精准满足作物需求，减少养分浪费。

①根据土壤肥力适当调整。根据土壤养分测试结果，对土壤养分丰缺状况进行评价，当土壤养分接近适中水平，可不进行调整。土壤养分较低时调高养分施用量，土壤养分较高时，调低养分施用量。调整幅度一般为 10%～30%。土壤氮含量较高时，不宜大幅度调整养分施用量。

②计算化肥施用量时应减去有机肥料的养分供应量。

③上季施肥量较大，但实际产量较低，适当减少当季施肥量。上季施肥量较少，目标产量未实现时，适当增加当季施肥量。

4. 确定施肥量、次数和时间　根据水肥一体化特点和田间试验结果确定肥料利用率，用养分吸收量除以肥料利用率计算施肥量。根据作物不同生育期需肥规律，确定施肥次数、施肥时间和每次施肥比例。全部的有机肥、土壤调理剂、钙、镁等中微量固体肥料，10%～30%的化学氮肥，40%～60%的化学磷肥，20%～40%的化学钾肥宜在作物定植前施入土壤。

5. 有机肥施用　根据作物种类、土壤性质科学选择、施用。人粪尿和畜禽粪便等应充分腐熟，经无害化处理后作基肥施用。

6. 肥料选择　选择溶解度高、溶解速度较快、腐蚀性小、与灌溉水相互作用小的肥料。当灌溉水硬度较大或土壤 pH 较高时，宜配施酸性肥料。肥料搭配使用时应考虑相容性，避免相互作用产生沉淀或拮抗作用。对于混合产生沉淀的肥料应分别单独注入，或采用 2 个以上的贮肥罐先后注入施肥管道，中间注意用清水清洗管道（表 4 - 3）。

表 4-3　常见肥料的相容性

硝酸铵							
√	尿素						
√	√	硫酸铵					
√	√	√	磷酸一铵				
√	√	×	√	氯化钾			
√	√	√	√	√	硫酸钾		
√	√	×	√	√	√	硝酸钾	
√	√	×	×	√	×	√	硝酸钙

（四）水肥耦合注意事项

1. **做好少量多次**　根据灌溉制度，将追施肥料按灌水时间和次数进行分配，可适当增加追肥次数和追肥数量，实现少量多次，提高养分利用率。

2. **做好养分平衡**　滴灌水肥一体化条件下，作物根系更加集中于滴头附近密集生长，这就要求滴灌的肥料配比更加多元、速效，除氮磷钾大量元素外，还应提供中微量元素。

3. **灌溉施肥要均匀**　在实际生产操作中，水肥一体化系统一般要求不同位置滴头流量差异要小于10%（可在田间不同位置选择滴头，用量杯接取水滴）。如果流量差异大于10%，则表明灌溉施肥系统设计存在缺陷，要从管网压力、管道铺设长度、出水器质量、过滤器效果等进行查验。

4. **避免过量灌溉**　农户往往担心水肥一体化灌水量少、灌水量不够的问题，往往人为延长灌水时间，整夜不间断滴水，造成了水肥资源的严重浪费。为避免过量灌溉，除严格遵守计算出的灌水定额和灌溉时间外，也可利用小工具随时挖开土壤，查看湿润深度，一般达到主要根系的深度后，就可停止灌溉。尤其是苗期肥液浓度不宜太高，电导率不宜长时间超过3mS/cm，避免产生肥害。

5. **适时调整灌溉施肥制度**　根据施肥制度，对灌水时间和次数进行调整。当作物需施肥但不需要灌溉时，增加灌水次数，灌水时间和灌水量以满足施肥需求为宜；根据天气变化、土壤墒情、作物长势、降水情况等实际状况，及时对灌溉施肥制度进行调整（图4-1）。

图4-1　香蕉水肥一体化应用

（五）应用效果

果园采用水肥一体化技术可以产生显著经济效益和生态效益。近年大面积示范表明，香蕉应用滴灌水肥一体化技术，与传统浇灌的方式相比，香蕉的单果整体大小相近，长势一致，品质更佳，可减少30%的用水量，节肥20%、省工57%以上，并且能够实现增产16%以上。柑橘采用水肥一体化技术后，较传统管理模式可节省66%的人工成本，减少50%的肥料成本，果品质量也有明显提升，收入提高30%～50%。然而目前在水肥一体化技术推广和使用上，仍然存在一些问题，如缺乏性价比高的灌溉施肥设备和自动化管理技术，国内从事灌溉施肥设备研究和生产的公司少，研发力量不足，一些市场产品仿照国外，产品价格偏高，一次性投入较大；部分地区没有严格依据作物不同生育时期的水肥需求规律科学制定灌溉施肥计划，灌溉和施肥相分离，没有发挥出水肥一体化系统最大成效。针对这一系列问题，仍需进一步加大支持力度，熟化关键技术产品，开发推广经济实惠、操作简单、成本低、智能型的小型水肥一体化控制设备；加强水肥一体化技术研发和示范推广，在重点区域和重点作物上继续搞好技术集成创新，优化推广机制，提高技术的针对性、实用性和到位率。

四、果园生草覆盖技术

果园生草能够改善果园微域环境，有效防止高温低湿对果实造成伤害，降低果园地面的水面蒸发，保水保墒；同时还能够改善土壤理化性质、增加土壤有机质，有效缓解长期使用化肥及持续清耕造成的土壤板结、结构破坏、生物多样性下降、肥力降低等问题，有利于果园生态防治。

（一）果园生草栽培效果

1. 改善果园微环境 果园生草增加了地面覆盖率，近地面的光、热、水、气等生态因子也发生了相应的变化，形成了有利于果树生长发育的微气候环境。有研究表明，百喜草覆盖荔枝树盘可显著增加0～10cm土壤表层水分平均含量。在高温季节的火龙果园区进行紫花苜蓿、柱花草和百喜草3种生草覆盖栽培后，近地表平均温度较清耕区显著降低1.1～2.3℃，相对湿度显著提高3.1%～5.7%，土壤温度显著降低1.2～2.5℃（$P<0.05$）。

2. 改善土壤理化性质 果园生草可促进蚯蚓及有益微生物的繁殖和活动，提高养分利用效率。随着生草年份的增加，土壤中的有机质含量不断增加，可有效缓解长期使用化肥及持续清耕造成的土壤板结、结构破坏、生物多样性下降、肥力降低等问题。研究发现，芒果园进行紫云英生草覆盖降低了土壤pH，提高了土壤毛管孔隙度，且土壤有机质、碱解氮、有效磷、速效钾含量分别较清耕提高了22%～80%。

3. 增强根系活力 果园生草后，春季能提高地温，与清耕果园相比，果树根系可提早15～30d进入生长期；夏季能降低地表温度，保证了果树根系的旺盛生长；进入晚秋以后能延缓土壤温度的下降，使根系活动时间延长1个月左右，对树体贮存养分、枝条和花芽发育有良好的促进作用；冬季还可以提高果树根层特别是果园土壤近表层的温度，并保持根层适宜的有效水含量，防止或减轻低温对根系的冻害。

4. **有利于果园生态防治**　果园生草增加了果园生态系统植被的多样化，使害虫与天敌在发生时间上的脱节现象得到有效克服，同时，果园生态系统在一定程度上对农药的耐受性也得到了提高。比如橘园生草覆盖可对喜高温干旱的红蜘蛛有抑制作用，在行间种植苜蓿、三叶草等绿肥用草，能为益虫提供栖息场所，保护天敌种群的稳定。

5. **提高果实产量和品质**　果园生草改变了果园的土壤有机质含量、矿质养分以及水分等，进而影响果树生长发育及果实的产量和品质。如柑橘园通过生草覆盖刈割的处理措施，可显著提高柑橘可溶性固形物含量、可食率、果汁率、总糖及维生素 C 含量、糖酸比和固酸比，并显著降低了柑橘总酸量，有效提升柑橘果实的品质和风味。

（二）草种选择原则

果园生草对草的种类有一定的要求，首先所选草类对环境的适应能力要强，易成活，管理容易，包括繁殖容易，最好能播种、分株、扦插繁殖兼备；其次是早发性好，生长快，覆盖期长，在与园地杂草共生中有较强的优势；第三是耐割、耐践踏，再生能力强，易于被控制，必要时可净除。草种主要是栽培在果园树冠层下，需要特别注意筛选抗耐病虫害的优良品种，并且与果树无共同的病虫害或寄主关系。

以柑橘为例，草种要求包括：①草种应为多年生品种。②以浅根系草种为主。③植株低矮，覆盖效果好。④抗旱抗寒性强，较耐阴，耐践踏，管理简单。⑤与果树无共同病害，不是果树害虫和病菌的寄生、宿生场所。⑥具有一定的产草量，最好兼具其他经济效益。

（三）草种选择

根据不同的生草目的以及不同果树根系的特点来选择相应的草种。如以生草覆盖为目的，刈割次数少的果园可选择黑麦草、白三叶和高羊茅等草种；以增加土壤有机质、提高土壤肥力，需要刈割用于覆盖为目的的，则可以选择红三叶、紫花苜蓿等产草量较高的草种。在柑橘果园中，常见的生草品种有白三叶草、黑麦草、紫花苜蓿、箭筈豌豆、百喜草、鼠茅草等。

（四）生草模式

我国生态系统复杂多样，应根据当地气候、土壤及区域优势等选择适宜的生草模式和草种。果园生草栽培常见模式为全园生草和行间生草。全园生草是在果园的行间和株间全部生草（树干周围 10cm 范围内不生草），实现果园地面全覆盖的一种生草方式，适于盛果期果园；行间生草是指在果园的行间生草，行内实行清耕或者覆盖，适于幼龄果园。从地被角度上又可以分为人工种草和自然生草。自然生草是在剔除恶性杂草的基础上，利用果园内自然生长出的草种，通过多年自然竞争选择存活下来的适应果园生态环境的草种实行生草的目的；人工种草则是人工选择一种或者多种草种进行人工种植。

自然生草与人工种草各有独特优势，如自然生草具有对本地区气候条件适应性强、产草量大、草种资源丰富、易管理、投资少等优点；人工种草具有针对性强及受人为控制大等优点。生产中可考虑将人工种草和自然生草两种模式相互结合，探索最优化组合模式，从而实现生草效益的最大化。以柑橘为例，通常是在柑橘树行间或株间种植一定量的豆科植物、禾本科植物、牧草，或让其自然生草，并采取施肥灌水等管理措施，等草长至30cm时，分期刈割，然后晒至半干，再掩埋至树盘下。

（五）生草果园的管理

1. 播种时期和种植方式 大多数草种的最佳播种时期为春秋两季，适宜温度为18～25℃。一般春季播种可在3月上中旬，秋季播种可在9月中下旬。禾本科草及豆科草种以秋季播种最为适宜，因为春季气候温和湿润，杂草生长较旺盛，草种播种后苗期生长比较弱，容易被其他杂草淹没，不利于草种的苗期生长。草种的种植方式主要分为直播生草和育苗移栽。地势平坦、土壤墒情好的果园可采用直播生草法，用条播或撒播的方式种植。以柑橘为例，播种时间分春播和秋播两种。春播可于3月下旬至4月播种，秋播在8月中旬至9月中旬播种。播种前将果树行间深翻20～25cm，整平、灌水，墒情适宜时播种。播种方式可采用沟播或撒播，沟播先开沟，播种后覆土；撒播先播种，然后均匀地在种子上面撒一层干土。

2. 幼苗期管理 果园生草初期应及时清除杂草，加强肥水管理，结合灌水施氮肥为主的速效肥，待地面干后及时松土，清除野生杂草，尤其是恶性杂草。出苗后，根据墒情及时灌水。如果出苗不整齐，要注意及时补苗。可随水施些氮肥，也可趁雨撒施，或者叶面喷施。及时除去杂草，特别要注意及时去除那些容易长高大的恶性杂草。

3. 刈割管理 生草前几个月不能进行刈割，保证草旺盛生长，草根深扎，待草长至30cm以上时再行刈割，留茬高度一般为10cm左右。当年生草的果园，一般最多刈割1～2次，产草稳定以后一般一年刈割2～4次。根据草种的生长情况进行刈割，草生长得快则刈割次数多，草生长得慢则刈割次数少。

五、相关肥料产品

（一）缓控释肥料

我国现行的化工行业标准（HG/T 3931—2007）将缓控释肥料定义为，以各种调控机制使其养分最初释放延缓，延长植物对其有效养分吸收利用的有效期，使其养分按照设定的释放率和释放期缓慢或控制释放的肥料。按照其溶解性释放方式通常分为3种类型：①物理障碍性因素控制的水溶性肥料，如包膜颗粒肥料和基质复合肥料，包膜颗粒肥料又可进一步划分为有机聚合物包膜肥料（热塑性和树脂类）和无机包膜肥料（如硫磺、矿物质包膜）。②微溶有机氮化合物，可进一步划分为生物可降解的微溶有机氮化合物和主要以化学降解的化合物（如异丁烯环二脲）。③微溶性的无机化合物，如金属磷铵盐、部分酸化磷酸盐等。

缓控释肥料的施用量要根据肥料种类、作物目标产量、土壤肥力水平和肥料养分含量来确定，施肥时间则需结合肥料控释期的长短综合考虑。在果树上的施用方法主要有：在树冠投影外开环状沟或半环状沟施肥法、以树干为中心向外开辐射状沟施肥法和在果树行间开条状沟的条状施肥法。缓控释肥料作为肥料发展历程中出现的一种新型肥料，尽管其研究、开发和应用已取得了较大进展，但仍存在一些问题需要解决，如缓控释肥料的价格过高，限制了更大面积上的应用推广。此外，如何使缓控释肥料的养分释放速率与作物吸收规律相吻合的研究及产品还较少，还缺少对缓控释肥施入田间后形态转化、养分去向等系统定量的深入研究。

（二）水溶肥料

水溶肥料是指经水溶解或稀释，用于灌溉施肥、叶面施肥、无土栽培、浸种蘸根等用途的液体或固体肥料。与传统肥料相比，水溶性肥料具有明显的优势。首先就是水溶性好、无残渣，可以完全溶解于水中，能被作物的根系和叶面快速吸收利用。其次是水溶性肥料养分含量高、养分更全。一般普通复合肥总养分含量25%～50%，水溶肥可达到50%以上；大部分水溶肥可以添加更多的中微量元素，而普通复合肥一般不添加或添加的较少。第三是肥效快。不同的肥料养分形态决定了肥料的肥效，就氮肥而言，一般是硝态氮＞铵态氮＞酰胺态氮，水溶性肥料中一般硝态氮含量比较高，而且磷素几乎全部为水溶性磷，肥效见效快，可解决高产作物快速生长期的营养需求。第四是配方多样，施用方法非常灵活。通过采取水肥同施，以水促肥，可实现水肥一体化，有效吸收率达到60%～70%，甚至更高，可减少肥料用量。

水溶性肥料按照剂型分类可分为水剂型和固体型。通常采用浇施、淋施或通过灌溉设备施用，少量多次是其重要的施肥原则，可以有效减少一次性大量施肥造成的淋溶损失，提高化肥利用率。此外，还需要根据植株养分需求规律和土壤肥力情况，严格平衡好施肥的比例和浓度，如果配方不平衡会影响作物生长。就灌溉量来说，一般使根层深度保持湿润即可。

（三）作物专用肥

果树专用肥是指根据区域土壤状况和作物的需肥特点，将氮磷钾和中微量元素等营养元素进行科学配比，供某一区域作物专门使用的肥料。现如今果树专用肥大多以偏水溶性的功能肥料为主，也有专用掺混肥、缓释肥料等。专用肥料一是利用率高，经济效益好，能够提高化肥的利用率，降低投入成本，最大限度提高经济效益。二是配方多样，可合理搭配中微量及抗旱剂、营养促进剂、稀土元素、有益元素等，使肥料营养丰富。三是能够更好地改善树体营养水平，促进果实着色效果明显，提高果树抗逆性等，从而获得良好的经济、社会和生态效益。施肥数量根据果树需肥特点和产量水平、土壤肥力情况而定，施肥方法可采用条施、撒施、穴施及放射状施用以及水肥一体化施用等。

（四）有机无机复混肥料

有机无机复混肥料是指含有一定量有机肥料的复混肥料。该类肥料中的有机质大都来源于加工后的其他有机物料，如畜禽粪便、食品加工和酿造等企业的有机废弃物，以及农作物秸秆、木屑等有机物料。按配方比例划分，有机无机复混肥种类可分为通用型复混肥与专用型复混肥。其中专用型复混肥是针对某些作物对氮、磷、钾需求较特殊、差异较大而制定的。例如香蕉经济价值高，对钾需求很高，对氮则不十分敏感，过量施用还会造成品质受损，一般的通用肥，难以满足其特殊需求，此时就可根据香蕉养分需求规律，“因物而异”生产专用型的有机无机复混肥料。

（五）其他新型肥料

1. **生根型肥料** 该类肥料不仅能为植物生长提供矿质元素，改善土壤性质、提高土壤肥力水平，而且还能促使植物早生根、多生根、深扎根，增强作物对水分和养分的吸收，提高植物抗旱、抗寒和抗病能力。大连沃稞“劲驼”肥料作为生根型功能肥料的代表，可持续生根，促进老根新发和逆境生根，即使在盐碱地、有机质贫瘠的砂地、种植水稻的冷水田等都可实现生根。此外，通过添加脲酶抑制剂、硝化抑制剂，以及脲甲醛、硫包衣等缓控技术，达到不同元素科学配比，保障养分肥效长、利用率高。近些年，该产品在木瓜、槟榔、芒果、荔枝、龙眼、莲雾等多种热带果树上得到广泛应用，增加了挂果率，延长了果树采收年限，提高了产量和果品品质。

2. **保水型肥料** 保水肥就是通过工艺手段，将保水性物质或材料和肥料相结合，从而获得兼具保水和缓释功能的肥料。在作物生产中，使用保水肥，能够充分发挥水肥协同作用，促进植物生长发育，提高作物的抗旱抗逆性，在增加作物产量的同时，提高水肥利用效率。帝益肥的“松帝龙”保水松土功能肥是保水型肥料的代表，通过采用膨润土、氨基酸等为天然保水剂原料，制得的氨基酸酸硅螯合物，具有优良的保水保肥效果，相比常规肥料，可减少灌溉用水20%左右，节肥10%～30%。近年来，在南方热带果树芒果、柑橘、香蕉上应用效果较为突出，在节水节肥的同时也提高了果实品质口感，减少了贮存运输中的烂果现象。

六、其他技术

（一）水肥药一体化

水肥药一体化技术是在水肥一体化系统的基础上，根据作物需求，将药液注入管道，同肥液一起或单独均匀、准确输送至作物地上部或根部土壤，通过滴灌或微喷的形式，协同实现水肥药一体化管理，达到省水、省肥、省药、省工的目的。全国农业技术推广服务中心针对荔枝等热带果树作物施肥、施药费工费时的问题，组织中灌润茵节水设备有限公司、广东省农业科学院植物保护研究所、广东省耕地肥料总站、高州市农业技术推广中心等单位，开展协作攻关，设计研发并推广应用了荔枝水肥药一体化系统。该系统主要由首部、管网和喷嘴等部件组成，可根据管道工作压力切换灌溉、施肥和喷药功能。

研发团队对水肥药一体化系统的管网布设和喷嘴结构多次进行调整和优化，先后形成3代水肥药一体化系统。其中第一代系统管网布设方式为树冠内堂缠绕式，喷嘴口径1.5mm，工作压力5kg。该代系统优点是雾化效果好，树冠内堂喷雾较均匀，雾滴中径约100μm。但管网因缠绕树枝会影响果树修剪和摘果等农事操作，此外喷嘴口径过大、耗水较多。第二代系统管网布设由缠绕式改为直立式，喷嘴口径缩小至1.2mm，工作压力仍为 5kg。该系统在避免影响农事操作基础上实现了树冠内堂均匀喷雾，但外层叶片雾滴分布不均匀，用水量较大。第三代荔枝水肥药一体化系统进一步缩小喷嘴口径至 0.3～0.4mm，增加了树冠外层的管网长度，喷嘴喷雾的方向由水平调整至自下而上，并增加管道工作压力至 8kg，使雾滴中径小于 80μm，每喷头每分钟用水约 0.27L。经现场测算，水肥药一体化系统施药防控荔枝病虫害时，按每亩 20 株树，每株树布设 30 个喷嘴（树冠直径 4～5m）计算，施药 1min，即可满足防控需求，每亩用水量为 162L；而常规施药方法，每亩施药时间为 30～40min，每亩用水量约为 150L。结果表明，第三代荔枝水肥药一体化系统，在用水量相差不大的情况下，可比常规施药方法节省 97%的用工时间，且更加均匀（图 4-2）。

图 4-2　水肥药一体化系统在柑橘园喷药时的雾化效果（上），
水肥药一体化系统在荔枝上的布设及喷头（下）

（二）果树套餐肥

果树套餐肥是指在满足果树生长需求的基础上，结合不同肥料的特性进行针对性地搭配，形成的一种施肥技术。套餐不是肥料之间简单的组合，而是通过多年科学研究及实验验证，针对作物苗期、生长期和结果期的不同需求，科学搭配硝基肥、水溶肥、液体肥、生物菌肥等肥料，形成叠加效果，为作物提供全程营养解决方案。

该技术能够显著提高肥料利用率，减少化肥使用量，降低生产成本，减少环境污染，提高农作物产品品质，同时根据植物营养、土壤肥力和产量水平等实际需要搭配相关肥料产品，形成不同的灵活配方，弥补一般通用型复合肥因养分配比固定而容易造成某种养分不足或者过剩的缺点。该技术走出了肥料简单掺混的误区，不仅是营养元素的数量组合，更重要的是实现了各种果树有机营养和矿质营养的定性配置。在套餐肥方案中，当前除了传统的根部施肥外，还强调配合施用高效专用或通用的叶面肥，使两种施肥方式互相补充、相互完善，起到施肥增效的作用。

（三）树干强力注射施肥技术

树干强力注射施肥技术是将果树所需肥料从树干强行直接注入树体内，靠机械持续的压力，将注入树体的肥液输送到根系、枝条和叶子中。肥液可直接被果树吸收利用，并可贮藏在木质部中，长期发挥效力，该技术不仅减少肥料用量，提高利用率，还可及时矫治果树缺素症，补充作物养分需求。

具体注射时一般先在树干基部（愈靠近根基愈好）垂直钻 3 个孔，深为 3～4cm，然后用扳手将针头旋入孔中，针头与树干结合要紧密牢固，针头尖端与孔底要留有 0.5～1.0cm 的空隙。摇动拉杆，将注泵和注管吸满肥液，排净空气，连接针头，即可注肥。注射中应观察压力表读数，使压力恒定在 10～15MPa，以保证肥液连续进入树体。注射时期以春、秋两季效果最好。春季自春芽萌动前愈晚注射愈好；秋季以果实采收后愈早注射愈好。因为此期树液流动好，肥液在树体内分布均匀。生长旺季注射铁肥，若浓度和方法不当易产生肥害，造成叶片焦枯死亡，树势急剧变弱。

目前，多用此法注射铁肥（0.5%左右硫酸亚铁溶液）治疗果树失绿症，硫酸亚铁溶液 pH 应为 3.8～4.4，颜色为淡蓝色透明，若出现红棕色沉淀，应调节 pH 使沉淀消失，否则不能应用。铁肥用量依树体大小和失绿症程度而定。一般干周 40cm 以上的果树，硫酸亚铁注射量 20g/株以上，失绿严重时可注射 30～50g/株。相关研究证明，缺铁黄化树强力注射铁肥复绿剂后，第三天黄化叶脉复绿，5～6d 叶面开始变绿，长出的新叶也呈绿色，且有光泽，一次注射有效期可达 4 年。

（四）穴注肥水技术

在果树根系集中分布区内挖穴埋藏一定数量的草把或有机填充物料，并进行地膜（降解材料优先）覆盖，对穴施肥灌水，将施入的肥水临时贮存起来，减少流失，逐渐地释放养分、水分，使果树全年肥水供给稳定，改善果树生长发育。穴注肥水技术是 20 世纪 80 年代由山东农业大学束怀瑞教授研究与推广的一种果树施肥新技术，适用于丘陵山地、坡地、滩地、沙荒地、干旱少雨的旱垣果园土壤的肥水管理，是一种节水节肥和加强自然降水蓄水保墒的新技术，可提高早春地温，提高幼树成活率，壮树增产，技术成本低，效益显著。

挖穴常于果树春季发芽前，在树冠外缘下方根系密集区内，均匀挖穴，直径30～40cm、深30～50cm（依土层厚度、根系分布状况而定），穴的数量依树冠大小、土壤状况而定。山地果园或幼龄树的树冠较小时，挖穴3～4个；7～8年生冠径3.0～4.0m时，挖穴4～5个，成年大树挖穴6～8个。穴挖好后，每穴内直立埋入直径20～30cm、长30～40cm的草把。草把用玉米秆、麦秸、杂草等捆扎而成。并用水、腐熟粪尿混合液或10%尿素液浸泡1.0～2.0d，使其充分吸收肥水。草把上端比地面低约10cm，在草把四周用混有少量氮、磷、钾肥（每穴用过磷酸钙、硫酸钾各50～100g、尿素50g）的土壤埋好，踏实。草把上端覆少量土，再施入尿素50～100g或以氮、磷、有机肥比例为1∶2∶50的混合肥料与土壤拌匀后回填于草把周围空隙中，用脚或者器具踏实，使穴顶比周围地面略低，呈漏斗状，以利于积水。最后每穴再浇水7～10kg，然后将树盘地面修平，以树干为中心覆以地膜，四面用土压好封严，并在穴的中心捅一孔，孔上压一石块，以利于保墒。覆膜面积依树冠大小、贮肥穴的数量而定。

覆膜后的施肥灌水都在穴孔上进行，一般在果树花后、新梢停长及采果后3个时期，每穴各追施50～100g复合肥或尿素，由小孔施入穴中。土壤瘠薄地，在雨季还可以增施4次化肥。土壤较肥沃的果园，每穴每次追肥50g，肥力低的果园增至100g。覆膜后至新梢旺盛生长后期，每隔10～15d浇水1次，每次每穴3～5kg，由穴孔浇下。若遇雨可少浇或不浇。为防杂草生长顶破地膜，应在覆膜前喷一次除草剂。覆膜后如有杂草生长，可在膜上适当压土，抑制杂草生长。

第五章

热带果树科学施肥技术集成模式

一、香蕉科学施肥技术集成

（一）香蕉园选址

香蕉喜高温多湿，忌低温寒害、霜冻和风害，夏季台风和冬季低温寒害会造成蕉园蕉株的大面积损失，给蕉园的长期生产和管理带来严重影响。低洼谷地、长期积水或干旱缺水地、风灾霜冻频发地等都不能选作蕉园。最好选择交通方便、地势开阔、避风向阳、背北向南、土质疏松、土壤肥沃、富含有机质、土层深厚、保水保肥力强、土壤酸碱度微酸至中性、排灌方便、地下水位较低的地方建立蕉园。

山地香蕉种植的海拔高度不宜过高，以控制在900m以下为宜，年平均气温以≥18℃以上较合适。山地植蕉的首要条件是应有充足的水源，因此种植区要选择有水源或者可实施灌溉的地块，并要建设相应的灌溉系统或实施节水灌溉，以保证香蕉正常生长所需的水分需求。土壤pH控制在5.5以上，以防土壤中镰刀菌繁殖迅速，造成香蕉枯萎病发生严重。若土壤过酸，应在整地前施入石灰，以调节土壤酸碱度。

（二）土地整改

新园整地时，要对蕉园种植区表面杂物进行清理，规划园区用地，确定主要干道，设计排水系统，全面翻土，自然暴晒约40d，每亩用3%米乐尔颗粒剂2.5～5.0kg和生石灰25～50kg进行根结线虫的防治和全园土壤消毒。老蕉园翻耕前要先使用香蕉茎秆粉碎机将残留的蕉秆、蕉头粉碎，埋入土中，再进行土壤深翻、消毒。

水田建园整地：水田应采用深沟高畦的办法整地，深翻约50～80cm，然后开沟起畦，畦宽3.5m，畦向保持和当地风向平行。较好的做法有双畦植法，即每两行香蕉开挖一条排水沟，沟宽约30～50cm，沟深30～50cm。香蕉种在畦上，以后结合培土逐渐加深排水沟以降低地下水位。此外，水田香蕉园要设计安排好排水系统，如环田沟、总排水沟等，以防积水影响香蕉生长。

山地建园整地：坡地应全园用小型钩机松土深30～60cm，依地势修筑水平梯地，挖穴种植。坡度小于5°时，可修田面宽4.0～5.0m；坡度在5°～15°时，可修田面宽3.0～4.0m；坡度大于15°时，可修田面宽3.0～4.0m。要将梯田整成反倾斜形状（外高内低），以东西走向起畦，畦高20～30cm，同时在梯田内侧开1条深25cm左右浅沟，以利于降雨时调节水分积排，防止因积水而造成涝害。

（三）选苗与种植

香蕉选苗应综合考虑种植园区的位置和种植季节，选择适宜的香蕉品种。要求苗株健壮、无病虫害，有7～8片叶龄，叶色浓绿，大小一致的蕉苗，并注意剔除变异株。品种可选择适合当地标准化栽培的优质丰产、适应性广、抗逆性较强、相对矮化的优良品种。

为了提升管理效率，在种植香蕉前应根据种苗情况实施大小分级。香蕉株行距大概2m×2m，种植密度为每亩130～170株。将蕉苗放置在深50cm、宽50cm的种植穴中，提正固定，覆盖基肥与土壤混合而成的细土，覆盖到蕉头与干茎相接处，秋植可适当提高覆盖度，并用脚踏实土壤，在蕉头覆盖干草，减少水分蒸发，最后引水浇灌。施足以腐熟有机肥为主的基肥，具体为每穴施20～25kg的腐熟土杂肥或施15～20kg的腐熟禽畜粪，配施钙镁磷肥，蕉苗根系不能与基肥直接接触，否则会烧根。基肥应放在穴底30～40cm处，加10～20cm泥土混匀，再加10cm泥土填平。

（四）水分管理

水田蕉园的水资源较丰富，一般不出现水分不足的情况，山地蕉园通常水分不足，加上山地土壤保水性差，主要依靠节水灌溉设施及时给香蕉补充水分。在香蕉苗种植2个月后，要经常灌水以促小苗早生快长。在6～10月为台风暴雨季节，要注意排水防涝。进入花芽分化期，要结合施肥，加强排水防旱，提高土壤含水量，营造适合香蕉生长的水分条件。吐蕾后，果实逐渐膨大，蕉园要经常保持湿润，以保证果实生长有充足的水分而不致造成裂果，影响销售量。

（五）科学施肥决策

1. 施肥方法

淋施：淋施是将肥料溶于水中淋浇于根区，常用于香蕉生长前后期作追肥。浓度不能太高，一般尿素为0.2%～0.5%，碳酸氢铵为0.4%～0.8%，氯化钾为0.2%～0.4%，磷酸二氢钾为0.1%～0.3%。苗期宜淋施，也可结合穴施、沟施。

穴施：在离茎秆45～60cm处挖2～3个穴，穴深15～30cm，大小以肥料而定，施后覆土。而基肥一般以有机肥、磷肥为主，有时也可加一些钾肥，在种植前施入定植穴，与土壤充分混匀。

沟施：采用环状沟或者条沟轮施，施肥沟距离蕉秆30～45cm（沟宽20cm以上），将肥料撒在沟内拌匀覆土。香蕉的营养生长期以穴施、沟施为主。

打洞施：离蕉头40～80cm处打深15～20cm的洞，放入肥料后用脚踩封。花芽分化期、孕蕾期则以打洞施配以及淋施为主。

撒施：一般在雨后地面尚潮湿或下小雨时将肥料均匀撒在蕉畦，该方式肥料利用率低。

水肥一体化施肥：如滴灌、微喷灌施肥可以优化水分和养分在时间（高频）和空间（精确地放置到根系活动区中的分布）的匹配，较好地满足香蕉生长的需要。蕉园水肥一体化施肥一般将氮肥（尿素、硝酸铵等）和钾肥（氯化钾、硫酸钾等）溶解后，通过喷带或滴灌系统将养分输送至香蕉植株附近。相关研究表明，灌溉施肥可以使香蕉植株早开花、提高产量和品质，节水 40%～70%，肥料施用减少 20%～30%，进而提高肥料利用效率。相关研究表明，灌溉施肥方式下因淋溶损失的肥料量可降低至 10%，而传统的耕作体系则为 50%。此外，与传统的施肥方式相比，滴灌条件下可减少常规钾肥用量的 20%，而香蕉的产量与品质均提高，净收益增加，连续种植 3 年香蕉后土壤钾素平衡处于正常水平。

2. 香蕉常用肥料

化学肥料：氮肥有尿素、硫酸铵、碳酸氢铵、氨水等，磷肥有过磷酸钙、钙镁磷肥、脱氟磷肥和磷矿粉等，钾肥有硫酸钾、氯化钾等。复合肥一般含氮、磷、钾元素，配比一般为 15∶15∶15。

有机肥：包括人和家畜的粪尿、家禽类、动物废弃物、作物茎叶与糟粕、草木灰、绿肥等动植物的有机物质，一般经过腐熟处理后应用于田间。河泥、塘泥、淤泥等冲积物，含有较全面的营养元素，因而在一些地区也会应用于香蕉生产。有机肥一般用作新植蕉基肥或早春肥、过寒肥，而易分解的麸饼肥可作花芽分化肥或壮苗肥。

3. 推荐施肥量 产量要达到 30 000～45 000kg/hm^2（亩产 2 000～3 000kg）时，要求每株一年施肥量 N 518～823g、P_2O_5 186～297g、K_2O 750～1 185g。按照香蕉 60 000kg/hm^2的产量目标，每生产 1t 香蕉 N、P、K、Ca 和 Mg 需要量分别为 4.6、0.41、15、2.5 和 1.2kg。香蕉栽培时间不同，目标要求不同，其施肥时间和次数等也有所不同。根据香蕉生育期的分类，氮、钾肥可按营养生长期、孕蕾期、果实发育期施肥量分别占总量的 30%、45%与 25%。磷肥可作为基肥一次性施用，也可部分以复合肥形式作追肥施用。

氮、钾肥的推荐用量如表 5-1 所示。由于我国华南地区香蕉种植区土壤以红壤、砖红壤为主，对磷的固定能力强，磷肥利用率较低，磷肥用量比其吸收量大得多。通常认为土壤速效磷含量＞20mg/kg 为适量，＜20mg/kg 为低量，＜10mg/kg 为严重缺乏。一般香蕉丰产、稳产园的土壤养分多在上列各项指标的较高水平，处于缓坡低丘陵的山地香蕉园，应重视土壤培肥，合理使用有机肥和农家肥。一般将腐熟的人畜粪便、作物茎秆等熟化处理后，混合一定比例的化肥，如每亩用有机肥 1 200～1 500kg 混合 50kg 碎细的磷肥，再用薄膜盖严堆沤一个月以上，充分腐熟后搅拌均匀即可作基肥使用。一般每个种植穴基肥用量为：农家肥 10～15kg＋过磷酸钙 0.5kg，或优质有机肥 10kg＋过磷酸钙 0.5kg。

表 5-1 土壤碱解氮和速效钾分级及肥料推荐用量（以亩产 4 000kg 为目标）

土壤碱解氮 (mg/kg)	氮肥推荐用量 (N，kg/hm^2)	土壤速效钾 (P_2O_5，mg/kg)	钾肥推荐用量 (K_2O，kg/hm^2)
＞180	420～480	＞300	600～675
150～179	480～540	200～299	675～750
120～149	540～600	150～199	750～825

（续）

土壤碱解氮（mg/kg）	氮肥推荐用量（N，kg/hm^2）	土壤速效钾（P_2O_5，mg/kg）	钾肥推荐用量（K_2O，kg/hm^2）
90～119	600～660	100～149	825～900
60～89	660～720	50～99	900～975
＜60	720～780	＜50	975～1 050

4. 科学灌溉方式与应用效果　相关研究表明，同等养分条件下，香蕉液体水溶肥滴灌施肥比常规施肥养分利用率高，果指长度、总果指数、产量增加。与常规施肥相比，产量增加 39.08%，氮磷钾养分利用率提高 30%以上；有田间试验探讨滴灌施肥和喷水带灌溉施肥对香蕉生长和果实品质的影响。结果表明，两种灌溉施肥方式对香蕉长势影响和香蕉品质无显著差异，而滴灌施肥方式有利于节水、节省用工成本，滴灌条件下的经济效益更好。

在施肥总量略低于常规施肥处理情况下，在广西通过推广香蕉施肥技术集成模式，即水肥一体化＋长效肥＋测土配方施肥＋有机肥，香蕉每亩产量可达 3 556kg，增产 337kg，增产率 10.4%；平均每株果个数增多 13 个，单穗果重分别增加 2.9kg，果指长度增加 1.4cm。优化施肥量主要根据采土化验、香蕉需肥规律和试验地块的供肥能力而定，施肥总量为每亩施 N 50kg、P_2O_5 15kg 和 K_2O 60kg，具体为每亩施生物有机肥 1 200kg、钙镁磷肥 62.4kg、长效肥 36kg、尿素 62.4kg、氯化钾 57.6kg、硝酸钙 39.6kg、硝酸钾 48kg 和硫酸镁 15.6kg。

对滴灌施肥在香蕉集约化种植模式下的应用效果进行研究发现，滴灌优化施肥（N 309.7kg/hm^2、P_2O_5 114.6kg/hm^2、K_2O 808.3kg/hm^2；N、P_2O_5、K_2O 质量比为 1.00∶0.37∶2.61）条件下，香蕉产量达 53781kg/hm^2，比传统的常规管理提高 9.7%，纯收益为 116 614 元/hm^2，较传统的常规管理增加 22.2%，具体滴灌施肥方案如表 5-2 所示。

表 5-2　香蕉滴灌施肥方案

施肥时期	尿素	聚磷酸铵	硫酸钾	CM	硫酸镁	备注
营养生长期	131.3	42.0	269.4	4.5	120.0	硫酸镁、CM 分别分 4、3 次施，其余肥料分 7 次施
花芽分化期	183.7	84.0	359.1	6.0	135.0	硫酸镁、CM 分别分 4、3 次施，其余肥料分 7 次施
孕蕾期	135.0	72.0	307.8	3.0	120.0	硫酸镁、CM 分别分 2 次施，其余肥料分 5 次施
现蕾期	—	48.0	153.9	1.5	—	CM 分别按 1 次施，其余肥料分 2 次施
果实发育期	150.0	60.0	461.8	3.0	120.0	尿素、硫酸镁、CM 分别分 4、4、2 次施，其余肥料分 5 次施
合计	600.0	306.0	1 552.0	18.0	495.0	—

注：尿素（N 46%），聚磷酸铵（N 11%，P_2O_5 37%），硫酸钾（K_2O 52%），氯化钾（K_2O 60%），硫酸镁（Mg 8.9%），CM 为复合微量元素（Fe＋B＋Zn＋Cu＋Mn＋Mg＋Mo10%）。

5. 不同类型香蕉的施肥时期与具体方法

①春季新植香蕉施肥时期与方法。以春季 3～4 月新植组培苗为例，8 月中下旬即开始进入花芽分化期，大部分肥料应在 3～8 月施用。春植香蕉后 20d 左右，幼苗抽生 1～2

片新叶时开始追施稀薄粪水或麸水或尿素溶液，每隔 10～20d 1 次，共施 3～5 次。5 月重施 1 次春末肥，促进蕉苗生长，培育壮苗。7～8 月蕉株新出总叶数 22～24 片时，已进入花芽分化期，因此，7～9 月分两次施重肥，促花芽分化与幼穗形成。在两次重肥之间追施 3 次薄肥（这期间施肥，既促进花穗生长，也催下造蕉吸芽抽生），至 9 月前已将全年 85%肥料施下。10 月再追施 1～2 次壮果肥，11 月施 1 次过寒重肥，为壮果和蕉株越冬打下良好基础。在全年 10 个月内施肥次数共 12～15 次，其中重肥 5 次，薄肥 7～10 次。

②夏秋季新植香蕉施肥时期与方法。第一年植后至入冬前施薄肥 3～4 次，培养壮苗，10 月下旬施 1 次过寒重肥，提供营养生长后期的养分，增强植株越冬能力。第二年 3 月上旬施 1 次早春重肥，加速后期生长，为转入花芽分化期提供充足养分。4～5 月已进入花芽分化，应在 4～6 月或 5～7 月分 2 次重施花芽分化肥，其间还应追施 3 次薄肥，促使蕉株早抽蕾，并为培养下造壮苗提供足够养分。8～10 月再追施 3 次薄肥壮果，同时促进下造蕉营养前中期生长。10 月底重施过寒肥，12 月追施越冬前薄肥，为下造蕉株营养后期生长打下良好基础。在两年 17 个月内施肥合计 14～15 次，其中重肥 5 次，薄肥 9～10 次。

③宿根单造蕉（春夏蕉）施肥时期与方法。3 月初施早春重肥 1 次，加速上造果实发育和当造蕉株营养前期生长。3～5 月追施薄肥 3 次，5 月下旬施重肥 1 次，加速当造蕉株营养前中期生长。6～7 月再追施 3 次薄肥，促当造蕉株营养后期生长。7～9 月生长总叶数达 28～30 片，标志着花芽分化已开始，此时应抓紧施重肥 2 次，促当造蕉株幼穗形成和下造蕉抽生。9～10 月追施 1～2 次壮果肥。壮苗薄肥，10 月底重施过寒肥，12 月再追施 1 次薄肥，促当造果实发育和下造蕉株营养前期生长。全年 12 个月内施肥合计 13～14 次，其中重肥 5 次，薄肥 8～9 次。

④宿根正造蕉施肥时期与方法。3 月初施早春重肥 1 次，促进当造蕉株营养后期生长。4～7 月已进入花芽分化阶段，应分两次施花芽分化肥，促当造花芽分化和下造蕉抽生，同期在重肥之间追施 3 次薄肥。8～10 月再追施 3 次薄肥，促当造果实发育和下造蕉营养前中期生长。10 月底施过寒肥，12 月追施 1 次薄肥，增强蕉株越冬能力，促进下造蕉营养后期生长。全年 12 个月内施肥合计 12 次，其中重肥 5 次，薄肥 7 次。

⑤宿根多造蕉施肥时期与方法。第一年新植蕉除下足基肥外，还需早追肥，勤施肥，全年施肥量比单造蕉多施 1/4～1/3，施肥次数多 2～4 次。第一年在植后 10～20d 开始追施薄肥，3～4 月间追施 4 次，促进蕉株早生快发。5 月初施 1 次春末重肥，加速蕉株营养前中期生长。5～6 月追施 2 次薄肥，加速蕉株营养后期生长，促进抽生下造壮芽。7～9 月分两次重施肥，促进第一造蕉株花芽分化与幼穗形成，并加速第二造蕉株营养前中期生长，8～10 月追施 3 次薄肥，促早抽蕾，出壮蕾，同时加速第二造蕉株生长，10 月底施 1 次过寒肥，随后追施 1 次薄肥，为第一造壮果，第二造蕉株营养后期生长打好基础，保证果实与蕉株顺利越冬。

第二年 2～3 月重施 1 次早春肥，加速第二造蕉株营养后期生长，促进抽生第三造壮芽。4～6 月分两次重施春夏肥，在重肥之间追施 3 次薄肥，促第二造花芽分化，加速第三造蕉株营养前期生长。7 月施薄肥 1 次，促第二造果实发育，第三造蕉株营养后期生长。8～10 月分两次重施夏秋肥，同期追施 3 次薄肥，促第三造蕉花芽分化。11～12 月最后追施两次薄肥，促进第三造果实发育。第一年 10 个月内共施肥 15 次，其中重肥 5 次，薄肥10次；第二年12个月内共施肥14次，其中重肥5次，薄肥9次。

（六）其他管理

除芽与留芽：宿根香蕉定植后3个月左右，香蕉有10片叶左右时会不断在球茎附近抽出吸芽，可选择最适合的吸芽留作下一代植株，把多余的吸芽及时挖除。留芽时间根据拟栽培的时间而定，一般提前3～4个月留芽，如准备春季宿根栽培的吸芽应于上年11月开始选留；拟夏季宿根栽培的吸芽应于春季开始选留。单造蕉留芽是在采摘后，而多造蕉留芽要在采摘前。

断蕾与除花：香蕉抽蕾后，要及时断蕾、疏果、除花。花穗基部的雌花先开，接着开中性花，最后开雄花，中性花和雄花不能结果，如任其自然生长，必然延迟采果期，明显降低产量。因此，当花蕾抽完，开完2托中性花后及时把花蕾尾部切断。

疏果：每穗留果6～9梳，每梳留果指16～24个，并除去畸形的果指，疏果后的未梳保留1个果指生长，可以防止果轴向上腐烂，在采收时也能较好地保护上一梳果实不受机械损伤。断蕾和疏果要同时进行，并选择在晴天下午进行，减少断蕾时果轴的流胶量。

喷药：病虫害问题已成为香蕉种植业发展的严重障碍，香蕉常见病虫害有灰纹病、束顶病、黑星病、花叶心腐病、枯萎病和根结线虫、蔗扁蛾、香蕉象甲等，要选择适应性强、抗病虫能力强的优良品种，适时轮作，及时清除蕉园内有花叶心腐病、束顶病和枯萎病的植株，并切除病叶，以保持蕉园的卫生，做好病虫害的预防。

套袋：果穗套袋香蕉一般在断蕾后7～10d，果皮开始转青时套袋为佳。

适时采收：香蕉采收是按照果实饱满的程度来确定的，饱满度的判断以蕉果棱角的大小为依据，果身近于平饱为70%；圆满但尚见棱为80%；圆满无棱则为90%以上。当然香蕉的采收也需要根据市场行情及时调整。

二、荔枝科学施肥技术集成

（一）华南区荔枝化肥减量增效技术概述

华南区特别是两广地区是荔枝种植主产区之一，具有发展荔枝种植的天然优势，各地充分利用自然优势，尤其是随着当地种植业业主意识和民众生活水平的不断提高，建立了一批农家乐、园艺花园、家庭农场、农业合作社等各具特色、特点的农业休闲观光场所，创建地方荔枝品牌。在政府部门支持指导下，广泛采用化肥减量增效技术模式，增施有机肥，科学测土施肥，施用配方肥，加强水肥科学管理，减少化肥使用量，提高荔枝产量和品质，创建特色品牌，引领传统产业提档升级，带动农民群众增产增收。

（二）技术要点

1. 技术原理 荔枝是枝干粗大的果树，需要养分较多，不同生育时期氮、磷、钾、钙、镁等养分需求量也不同。测土配方施肥是根据树体不同树龄时期的营养特点和土壤肥力、供肥状况，有意识地、及时地、适量地供给树体所需要的各种营养元素，以确保树体正常生长发育所需的养分平衡，是实现荔枝高产、优质、低耗的重要措施，是荔枝生产现代化的重要环节。

(1) 推进精准施肥 根据荔枝的土壤条件、需肥特点和养分综合管理要求，利用县域耕地资源管理信息系统、测土配方施肥数据管理系统，科学划定施肥单元，合理制定针对不同土壤类型、肥力水平的荔枝化肥施用量，推广适合当地荔枝的配方肥。

(2) 调整施肥结构 在综合考虑有机肥和综合栽培管理措施的基础上，根据氮、磷、钾和中微量元素养分不同诊断特征，采取不同的养分优化调控与管理策略。其中，氮、磷、钾推荐采用果树叶片营养和土壤养分丰缺指标法确定果树施肥量；中、微量元素根据果树叶片营养和土壤养分临界指标法采用因缺补缺的矫正施肥技术。大力推广缓释肥料、水溶肥料和生物有机肥等高效新型肥料。

(3) 改进施肥方式 推广滴灌施肥、微喷施肥等水肥一体化技术，提高肥料利用率。酸化果园地每2～3年施用石灰或白云石粉以改良土壤酸碱性。

(4) 有机肥替代化肥 有机肥含有植物需要的多种营养成分，能平缓持久供给养分，有利于改善土壤理化性状，提高土壤保水、保肥和透气性能。但化学肥料可以快速提供荔枝生长中需要的养分，建议最佳的施肥方式是有机无机相结合，用有机肥替代部分化肥。可在未封行的荔枝间种植豆科作物，不仅可以通过秸秆覆盖土壤，减少裸露，防止水土流失，还能培肥地力，达到化肥减量增效、果蔬增产、果品提升的目的。

2. **技术措施**

(1) 果园土壤管理 丘陵山地果园应注重水土保持，做好梯田修筑，以减少水、土和肥料的流失，一般于冬季用山土或塘泥覆盖树盘。平地果园要搞好排灌系统，防止春夏积水果树烂根，同时要坚持修基培土。对于土壤有机质缺乏、干旱瘦瘠的荔枝园，需逐年进行深翻压绿，改良生根土层，一般于秋末冬初，当年末次梢老熟后进行。方法可在树盘外围开沟，深、宽各约40～50cm，用野草、树叶、绿肥、石灰等与表土混合，分多层埋入，每年位置错开，数年达到全面改土。衰退树及老弱树，可分次轮换位置，在树冠下或外围开深沟，客入新土或塘泥以更新根群，或在树盘培土护根，结合树冠修剪、施肥，促使根系复壮。此外，一般每年中耕松土1~2次，深度视果园是否有犁根习惯，或根系分布深浅而定，可于采果前后结合施肥进行，一般宜浅，为10～15cm，冬犁（或锄）宜深，为15～20cm。果实发育期及秋梢萌发期不宜中耕。

(2) 合理密植 为提高果树的产量，应该尽可能创造通风透光条件，让阳光尽量多地照射到果树的树冠上，并且要尽量避免果树之间互相遮光。种植果树时既不能过稀，又不能过密，每亩建议种植25～30株为宜。

(3) 科学施肥

①早熟荔枝。

a. 幼年树施肥。未结果的幼年树，为促使迅速生长，一般采用“一梢两肥”，即新梢萌发前和转绿期各施一次肥。以氮为主，初植树每次每株施配方肥（15-5-13或相近配方）20～30g，并随树体的增大而增加。施肥方法宜用水施或撒施。为促进幼年树根系生长，应重视有机肥的施用，营造一个良好的生根环境。

b. 结果树施肥。每100kg鲜果，荔枝全年施肥量约为尿素3～4.1kg、过磷酸钙3.2～4.5kg、氯化钾1.8～3.2kg，并重视钙肥及微量元素肥料的施用。早熟品种如三月红、圆枝，以及壮健、挂果少的树、青壮年树，可在采果后施下。施肥以有机肥为主，配合速效氮肥，约占全年氮肥的 50%，钾肥的 25%，磷肥的 34%左右，此次肥要及时施用，如采果后半个月内，叶面仍未恢复光泽，则会影响秋梢抽生。结果树施促梢肥的次数，应依树势、放梢次数而定，放两次秋梢宜施两次肥。

花前肥：早熟品种一般在 11 月中、下旬施，这次肥约占全年氮、钾肥的 25%，磷肥的 33%。特别是 5～10 年生初结果壮树施用时期宜晚，在花穗现蕾期施用。以氮、钾并重，配施磷肥，有机肥及无机肥混合施用，如逢小年可少施或不施，以免新梢争肥引起落果。

壮果肥：主要为及时补充树体养分消耗，在开花后至第二次生理落果前施用，以钾肥为主，约占全年钾肥的 50%，氮肥的 25%，磷肥的 33%。施肥多少视单株挂果多少、树势和叶色而定，挂果较多的植株在第二生理落果之后追施氮肥，以增大果实，提高产量，利于采收后恢复树势。

②中晚熟荔枝。

a. 幼龄树施肥。土壤施肥在定植后一个月即可开始，以增加根量、促梢、壮梢为主。宜掌握“一梢二肥”或“一梢三肥”，即枝梢顶芽萌动时施入以氮为主的速效肥，促使新梢正常生长；当新梢伸长基本停止，叶色由红转淡绿色时施第二次肥，促使枝梢迅速转绿；当有新梢转绿后施第三次肥，加速新梢老熟、缩短梢期、利于多次萌发新梢。

施肥量视土壤肥力、幼树大小而定，定植后树小根少，每株每次约施复合肥 25～30g、尿素 20～25g、氯化钾 15～20g、过磷酸钙 50～75g，单独施或混合施，混施时份量酌情减少。第二年起施肥量相应提高，比上年约增 40%～60%。

b. 成龄已结果树施肥。每产 100kg 鲜果，全年需要施肥量为 N 1.6～1.9kg、P_2O_5 1.2～2.0kg、K_2O 2.5～3.5kg。

花前肥：在 11 月底至 12 月上旬施用。作用是促进花芽分化、花穗发育、改善花质、提高坐果率、延迟春季老叶衰退，此期氮、磷、钾约占全年施用量的 20%～25%，磷占 25%～30%，每株施厩肥等农家肥 20～40kg 或施用商品有机肥每株 4～5kg。

壮果肥：花谢后 10～15d 施下，作用是及时补充开花时的养分消耗，保证果实生长发育所需养分，减少第二次生理落果，促进果实增大，为秋梢萌发打下良好基础，此次以钾为主，配施氮、磷。钾约占全年施肥量的 40%～50%，氮、磷占 30%～40%。

采果前后肥：约在采果前 7～10d 施用，作用是采果后加快恢复树势、促发秋梢、培养壮健结果母枝、奠定翌年丰产基础，此次施肥以氮为主，磷、钾配合，氮施用量约占全年施肥量的 45%～55%，磷、钾占 30%～40%。有机肥主要是在秋季采果后和春初施入。

（4）荔枝水肥一体化技术　均衡及时的水肥供应是荔枝新梢花序抽生、果实发育的重要条件，可以有效减少裂果，促进果实大小均匀，增加大果率。荔枝水肥一体化技术可大幅度提高荔枝灌溉效率和水分利用效率，促进荔枝树体养分吸收，节省大量人工和肥料，是应对干旱天气的有效手段。当采用微喷灌时，通常每株树冠下安装一个微喷头，流量为 100～500L/h，喷洒半径 3～5m。

从简单、经济、实用、耐用的角度出发，荔枝园采用的水肥一体化灌溉施肥方式通常有两种：一种是重力自压施肥法（图 5-1）；另一种为泵前虹吸法（图 5-2）。两种方式均要求肥料有较好的水溶性。

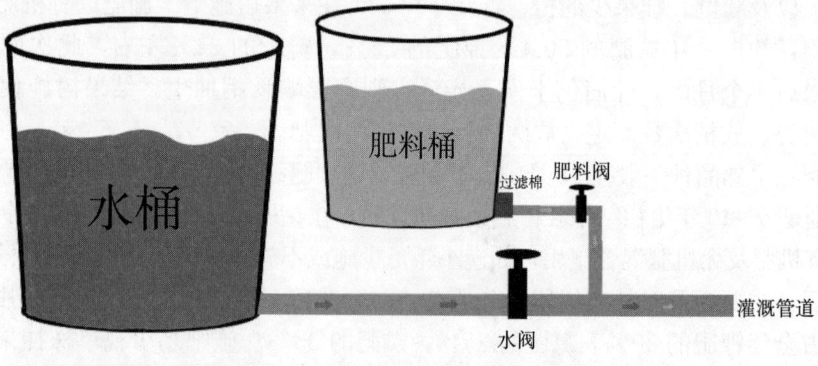

图 5-1 简易型自压灌溉施肥示意

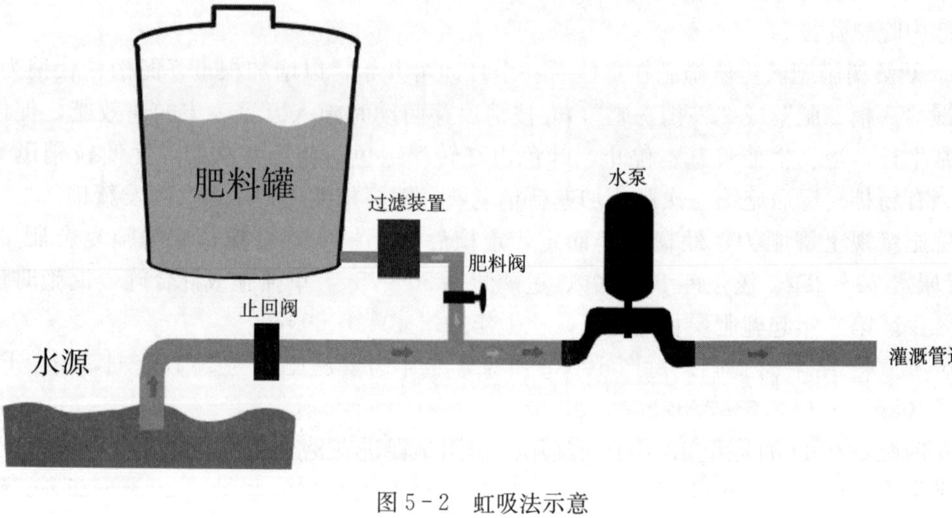

图 5-2 虹吸法示意

在采用水肥一体化技术后，氮、钾等肥料通常通过灌溉系统施用，磷肥和有机肥更多做基肥施用，微量元素用叶面肥或水溶肥补充。施肥原则为“总量减半、少量多次、养分平衡”，即化肥用量在往年的基础上减少一半，减半后每次的施用量遵循少量多次的原则施用，一般“一梢三肥”，果实发育期每 10d 1 次。表 5-3 列出了大致用量需求。

表 5-3 荔枝滴灌施肥数量（供参考）

施肥时间及生育期（日/月）	施肥量（g/株）			
	尿素	氯化钾	磷酸二氢钾	硫酸镁
19/02～24/02（花芽形态分化期）	31.8	31.8	—	—
09/04～15/04（盛花期）	80.3	66.7	26.1	—
17/04～25/04（初始坐果期）	98.5	86.4	—	—
15/05～02/06（果实生长发育）	31.8	68.2	—	30.3
20/06～02/07（第 1 次秋梢）	145.5	—	—	36.4
18/08～28/08（第 2 次秋梢）	145.5	45.5	—	24.2

注：每个生育时期的肥料并非一次施完，而是分多次施。表中为各时期的累积量。

（三）应用效果

1. **经济效益显著**　采用水肥一体化管理模式的荔枝比对照未采用的平均亩产增加150kg。按市场价格每千克6.40元计，每亩可增收900元；此外，因其具有良好的节肥省工效果，按商品有机肥每千克1元成本核算扣除有机肥和人工成本，每亩可节本增收约300元。

2. **生态和社会效益显著**　传统单一化肥种植模式的荔枝果品，绝大部分品质不佳，不符合进入欧盟及美国超市级市场食品安全的相关规定，如若改用以有机无机相结合的种植模式种植，荔枝果品将会显著改善，有效改变荔枝种植农户偏施化肥，有机无机肥料搭配不合理的施肥陋习，同时增强了荔枝在国内外的市场竞争力，减少了化学污染，有效地保护了果园的生态环境。

（四）适用范围

适用于华南区早、中晚熟等种植在山地、园地、坡地和平地的各种荔枝品种。

（五）注意事项

①土壤酸性较强果园，需适量施用石灰、钙镁磷肥来调节土壤酸碱度。一般pH小于5的果园，每亩可施用石灰100kg。

②采用适宜施肥方法，针对性施用中微量元素肥料。

③果实发育期正值雨季时，氮肥建议尽量选用铵态氮肥，避免用尿素或硝态氮肥。

④缺硼和缺钼的果园，在花前、谢花及果实膨大期喷施0.2%硼砂+0.05%钼酸铵；在荔枝梢期喷施0.2%的硫酸锌或复合微量元素。

（六）技术模式

参见图5-3。

荔枝测土配方施肥技术

增施有机肥技术

幼龄荔枝开沟施用有机肥

成年荔枝开沟施用有机肥

荔枝水肥一体化设施

荔枝水肥一体化田间配肥桶

图 5-3　荔枝科学施肥技术

三、芒果科学施肥技术集成

（一）早熟芒果沼渣沼液综合利用技术集成

1. 概述　沼渣沼液综合利用技术是一项将禽畜粪污资源在发酵池经过充分发酵，形成固体沼渣和液体沼液的综合技术。采果后或春季施肥时，挖环状沟或条状沟施入沼渣，可提供有机质、腐殖酸及氮、磷、钾养分，改善土壤微生物活性，加速养分释放和转化等作用。在开花至结果期，通过管道将沼液适时适量输送到果树根部附近土壤，不仅满足作物生长所需的营养元素，还会有丰富的氨基酸、水解酶、生长素、发酵菌种等，有促进果树生长和控制病害发生的作用。这项技术可提高果树养分利用效率，改善果实品质，减少禽畜粪污资源污染，减小劳动强度，提高农户收入。

2. 技术要点

（1）品种选择　以海南省芒果种植为例，其品种主要有台农1号、白象牙、贵妃、爱文、吕宋芒、椰香芒、桂香芒、金煌芒、青皮芒等，其中早熟品种主要有台农1号、白象牙、贵妃、金煌芒等。

（2）园地选择与规划　优先选择生态环境良好、园地开阔、避风向阳、土壤疏松、有机质丰富、保水保肥力强、排灌良好、年平均温度18～25℃、春季前期干燥、后期有一定湿度、开花期降雨量小于150mm、持续阴雨天较少的地方建园。大果园应结合地形、交通、水利、防护林等进行分区，每区面积以2～3hm^2为宜，果园也可根据情况进行分区或不分区。

(3) 开垦与定植 对于新开垦的果园，用人工或机械将园内的树木、杂草等铲除，将杂草、小树枝和树叶堆放在果园中进行腐熟，待挖坑后填入坑内作改土材料。坡度小于6°的缓坡地沿等高线种植；坡度6°～20°的丘陵果园修筑等高梯田种植，梯田平面宽3m以上；坡度大于20°的山坡地果园采用鱼鳞坑种植。目前，以袋装苗定植为主，定植前先开好定植穴，将苗木置于定植穴中间，解去包裹根部土团的营养袋，回土至袋装苗土团上方1cm，将土团周围土壤轻压，并整成直径约1m的树盘。定植完成后，立即淋足定根水，并用草料或农膜覆盖树盘。如遇干旱，每隔3～4d淋水1次，保持土壤湿度，直至苗木成活。

(4) 土壤改良 我国芒果一般种植在丘陵山地，土壤有机质含量低，酸化比较严重。土壤改良至关重要，主要包括深翻熟化、增施有机肥、酸化治理等措施。

①土壤深翻。果园应结合采果肥进行深翻，秋季雨水多、土壤墒情好、土温适宜，有利于根系恢复和蓄水培肥。幼树种植3～4年内，果园沿栽植沟外缘进行深挖。盛果期果园，可实行隔行深翻，逐年分次进行，每次只对根系一侧伤害，对果树生长结果影响小。深翻一般要求宽度50～60cm、深度60～80cm。土壤黏重、紧实或有姜石、砂砾的园地应翻深些，疏松的果园宜翻浅些。结果树以人工深翻为主，幼树以深耕犁机耕为主。

②增施有机肥。芒果种植以红壤、赤红壤、黄壤等贫瘠土壤为主，土壤有机质含量相对较低，增施有机肥料、种植绿肥等措施，有利于提升土壤有机质，是改良土壤的根本性措施。

③酸化改良。南方红壤中普遍含磷较低，有效磷更是缺乏，建议增施钙镁磷肥、钾硅肥等碱性肥料，不仅可以提高土壤pH，还可以提高土壤有效磷含量，促使芒果增产增收。此外，增施石灰、牡蛎壳等碱性土壤调理剂，可中和土壤酸度，改善土壤理化性状，增加土壤中速效养分。

(5) 沼液生产及设备建造

①蓄贮池建造及使用。根据芒果园地势、面积及水源情况，建造沼液发酵蓄贮池、清水池、混合池3种，按照预定尺寸建造蓄贮池，然后将养殖场运来的沼液灌入发酵蓄贮池进行发酵，待充分发酵后，按所需浓度将发酵蓄贮池与清水按比例灌入混合池，在混合池侧面连接出口管，通过过滤器后接到简易的水肥一体化系统上。

②果园管道布设。利用输水管道把沼液引向果园滴灌区的通道，并在果园内安装支管，再根据树龄、行距以及稀植、密植等栽培方式的不同确定微灌管（带）选型与布置方式，滴灌管布设位置宜为树冠的1/3～1/2处。

(6) 沼渣堆沤 沼渣一般采用高温堆肥的方法，选择平坦地带且交通方便、便于管理的地方，堆积前先将场地平整好，然后将沼渣晾晒或添加秸秆来降低含水量，使含水量大约在50%～60%，添加过磷酸钙及菌种，压实堆垛发酵，发酵堆宽约2～3m，高约1～1.5m，长度根据场地而定，发酵过程应用塑料布密闭压实，5～7d翻堆1次，翻堆2～3次，约30d左右腐熟即可施用。

(7) 水肥管理 以结果树为例，结果树施肥主要以促进结果、增加产量、提高品质为目标。根据芒果树的需肥特点，采果肥以沼渣为主，催花肥、壮花肥、壮果肥则以沼液为主。

①采果肥。第一次在采果前后7～10d，推荐每株施用腐熟沼渣20～30kg、复合肥（15-15-15）0.5～1kg、土壤调理剂0.5～1kg、钙镁磷肥0.5～1kg。第二次在11月中旬至12月，推荐每株施用复合肥（15-15-15）0.5～1kg。在离主茎20～80cm内，挖环状沟或条状沟施入，施肥后要灌水。

②其余肥料。其中催花肥在开花前1个月，壮花肥一般在1～3月，壮果肥在谢花后30d，施用方法均是将充分发酵好的沼液进行追肥，每次每株施用沼液10～20kg，每隔10～20d施用1次，在树冠外挖深30cm、宽20cm的条开沟，或挖4～6个坑，或挖环形沟将沼液施入，等渗干后及时覆土。也可以将充分发酵好的沼液进行叶面喷施，每次每株施用5～10kg，进行树冠喷施，每隔7～10d喷施1次，以叶背湿透但肥液不滴流为宜。

(8) 整形修剪

①幼树。整形采用自然圆头形，定植后2～3年内完成造形。苗木长至60～70cm高时，在50～60cm处摘心或剪顶定干，新梢长出后，选留2～3条生长方位较好、生长均匀、角度斜生的作主枝，其余抹除。主枝长至20～30cm、副主枝长至约30cm时进行摘心，分枝长出后，选留2～3条作为副主枝。所留枝梢不能交叉重叠。

②结果树。结果树修剪主要分2次进行：一是挂果期修剪，即在谢花后进行，将无果枝、过密枝、荫枝、枯枝全部剪除；二是采果后修剪，即采果后在结果母枝节下2～4个叶芽处短截，短截后每个基枝选留2～3个生长健壮、分布均匀的芽作为第一次秋梢，每条枝梢只保留1条延长枝作为翌年的结果枝。同时疏除树冠中的过密枝、弱枝、下垂枝、衰老枝、病虫枝和枯枝，对树冠过高、已封行的树进行回缩修剪，保证株间、行间不影响通风采光。

③应用效果。通过沼渣沼液综合利用可以减少肥料30%～50%，人工效率提高50%以上，肥料利用率提高10%以上，节水15%以上，增产10%以上。

④适用范围。适用于海南地区果树沼渣沼液综合利用生产。

⑤注意事项。

a. 应用的沼渣沼液必须进行充分发酵完全，喷施的沼液应先澄清，再进行过滤，以防堵塞喷雾器。

b. 所有沼液的pH应在6.8～7.5，否则不能使用。

c. 进行叶面喷施时，将沼液尽可能喷施于叶片背面，以利于果树的快速吸收。

d. 沼液喷施时间，春、秋、冬季在上午露水干后喷施，夏季在傍晚喷施。中午高温时不宜喷施，以防灼伤叶片。下雨前不要喷施，以免雨水冲走沼液。

（二）晚熟芒果绿肥自然生草周年覆盖技术集成

1. 概述 绿肥自然生草周年覆盖技术是一项果园种植绿肥和自然生草周年循环覆盖技术。通过种植绿肥和自然生草周年循环覆盖，可以防止或减少果园水土流失，抑制杂草生长，使果园形成小气候，减少除草剂使用，促进果园生态环境平衡和观光农业高质量发展。绿肥翻压还园、生草刈割还园，可以改良果园土壤、提高土壤肥力。这项技术可以改善芒果园生态环境，提高果实质量。

2. 技术要点

(1) 种植绿肥

①适时播种。一般冬季绿肥适宜播种期为 9 月中下旬至 10 月下旬，在适宜的播种期内要尽量早播，使越冬前冬季绿肥能够较多地覆盖地面，这样既能促进绿肥高产，又能对果树起到保温保湿的作用，减小地温日变化幅度，促进果树生长。由于秋冬干旱，气温低，若绿肥播种太晚，则越冬前绿肥苗小，对地面的覆盖度较低，在冬季起不到保温保湿的作用，同时也会降低绿肥的产量。通过多年研究发现，间作冬季绿肥的地表和 5cm 土层处地温日变化幅度为 2.5℃和 1.4℃，而对照（无绿肥）分别为 5.0℃和 4.2℃。

②适量施肥。在果园间作绿肥时，特别是在新垦或瘠薄的果园中，需要施入适量肥料，尤其是磷肥。一方面目前很多果园土壤缺磷，另一方面豆科和十字花科绿肥对磷素具有很强的吸收能力和活化作用，施适量磷肥能促进绿肥生长，提高绿肥产量和品质，达到以磷增氮、以小肥养大肥的作用。肥料在整地前后或结合果园施基肥时施入，以磷肥、钾肥为主，少量氮肥。一般每亩施钙镁磷肥或过磷酸钙 10～20kg、硫酸钾 5.0～10.0kg。

③播种方式。果园冬季绿肥的播种方式采用条播、穴播、撒播均可。一般 2 龄以下果园采用条播或穴播，每条果茶行中种植 2～3 行绿肥，其中条播的行距 20cm 左右，穴播的穴距 10cm 左右，每穴 3～5 粒种子。如果土壤湿润，可将土壤耙松整平后撒播，播种后耙动表土将种子覆盖，利于种子发芽和出苗，也能节省绿肥用工。绿肥播种深度一般为 4cm 左右，不要太深。播种后表面覆细土，以不见种子为宜，不要厚盖。

④田间管理。冬季绿肥与果树竞争小，但一些攀缘或半攀缘绿肥在开春后生长迅速，其藤蔓如果攀缘到树上时要及时清理，以免影响树体生长。

(2) 自然生草

①自然生草选择。每年 5～9 月，果园实行自然生草覆盖，选择草种应遵循耐旱、耐阴、耐践踏、须根性、生态兼容性等原则，以匍匐型、浅根系生草为主，适宜保留生草包括苕子、阔叶丰花草、小蓬草、马唐、火炭母、藿香蓟、竹节草、毛蕨、白车轴草及菟丝子等。果园可采用机械除草或人工劈草，每年除草 3～4 次。

②生草田间管理。在生长期需要施肥，每年一到两次，主要以氮肥为主，采用撒施或叶面喷施的方法，每年每亩施氮肥 10～20kg。成草长成以后，根据生长情况要及时刈割，不能只种不割。在种草当年，最初几个月最好不割，待草根扎稳、高约 30cm 的时候再开始刈割。刈割后草的高度为 10cm 左右，全年刈割 3～5 次，草生长快的刈割次数多；反之则少。生草 3～5 年后，草便开始老化，这时应及时翻压，注意将表层的有机质翻入土中。

(3) 水肥管理　以结果树为例，施肥主要偏重氮、钾肥，磷肥施用量较少，根据芒果树的需肥特点，对结果树一般采用 4 次施肥。

①采果肥。第一次在采果前后 7～10d，推荐每株施用腐熟沼渣 20～30kg、复合肥（15-15-15）0.5～1kg、土壤调理剂 0.5～1kg、钙镁磷肥 0.5～1kg。第二次在 11 月中旬至 12 月，推荐每株施用复合肥（15-15-15）0.5～1kg。在离主茎 20～80cm 内挖环状沟或条状沟施入，施肥后要及时灌水。

②催花肥。在开花前 1 个月，推荐每株施用复合肥（20-5-15）0.25～0.5kg，在离主茎 20～80cm 内挖环状沟或条状沟施入，施肥后要及时灌水。

③壮花肥。一般在1～3月，推荐每株施用复合肥（20-5-15）0.1～0.15kg，在离主茎20～80cm内挖环状沟或条状沟施入，施肥后要及时灌水。

④壮果肥。在谢花后30d完成施肥，一般推荐每株施用复合肥（16-6-23）0.5～1kg，在离主茎20～80cm内挖环状沟或条状沟施入，施肥后要及时灌水。

（4）树体管理

①培养健壮结果母枝。秋梢是芒果的结果母枝，在果实采收后，为尽快恢复树势，促进大量健壮秋梢成为结果母枝，需重施采果肥，施肥量约占全年总量的50%～60%。8月中下旬第一次抽梢，新梢长出后，每枝选留三个芽作为结果枝延长枝，其余部分摘除，减少养分消耗；10月中下旬至11月上旬，进行二次抽梢，本次梢主要成为结果母枝。

②控制冬、夏梢。芒果易出现冬季抽梢旺长现象，消耗养料、弱化树势，给翌年产量和果品质量造成威胁，因此，需要对冬梢进行控制。控制冬梢的方法有控水、断根、环剥、环割、扭枝、弯枝等物理调控技术，也有喷施乙烯利、多效唑、B9等化学调控技术。冬梢抽约8cm时，使用生物刺激素配合叶面肥，可有效控制冬梢，同时补充成花所需的成花蛋白和有机小分子类营养，促进花芽分化。翌年5～6月针对夏梢抽发疯长再使用一次，集中养分供应，可使营养生长向生殖生长转化，促花、壮果、防落果。

③修剪开花枝。在花芽分化前约2个月，修剪过密枝、阴弱枝、病虫枝、交叉枝、重叠枝和徒长枝，每枝约留1～2个梢，增加树冠的透光度，利于养分的集中和形成良好的通风光照条件，促进花芽分化及防止病虫害发生。

④摘除早花。芒果盛花期一般在1～2月，若过早开花遭遇阴雨天气，应注意摘花调整花期。花序长度超过6cm时需及时去除，既可延迟花期，又可保证开花质量。

⑤引蝇授粉。芒果主要靠家蝇及食蚜蝇为传粉虫媒，蝇类采花粉时间在上午8时至下午2时。因此，在芒果开花期前1个月繁育苍蝇，提高授粉率，促进芒果增产增收。

⑥疏果。疏果次数一般为2～3次，在果实迅速膨大前进行疏果，先除畸形果、病虫果、密生果，然后再疏去发育不良果和小果，保留无损伤、果形大、果形端正的幼果。疏果时须保持一定枝、叶、果的比例，叶果比以6∶1为宜，枝果比一般每个结果母枝留果1～2个为宜。

⑦套袋。芒果的果实发育期为高温多雨时节，果实套袋是保护果实避免病虫的最好办法。套袋前先喷杀菌、杀虫剂，也可将纸袋放入药液浸湿后使用。套后扎紧，袋底留漏水孔，以排除袋中积水。芒果袋的大小依品种而异，一般规格为：长22～30cm，宽15～20cm，纸袋材料可由白色蜡纸、黑色牛皮纸及无纺布组成。套袋时间一般是在坐果基本稳定后，即第二次生理落果结束，果实生长发育到鸡蛋大小时为宜。

3. 应用效果 该技术通过种植绿肥翻压还田，可替代20%～30%的化肥，还能够提高果园土壤有机质含量2%～5%；绿肥覆盖的果园土壤中全氮、有效磷、碱解氮和速效钾都有不同程度的提升。绿肥覆盖的果园减少除草剂使用，改善果园生态环境，节约人工成本，提高了芒果品质。

4. 适用范围 适用于广西、云南、四川、贵州、广东、福建等地区果树绿肥及自然生草覆盖生产。

5. 注意事项 该技术主要应用于新垦的幼龄果园、光照条件好的成龄果园，果园套种绿肥种类包括紫云英、箭筈豌豆、光叶紫花苕子等，紫云英推荐在喷灌条件好的果园或者雨量充沛的冬季种植，箭筈豌豆推荐在幼龄果园种植，光叶紫花苕子推荐在山地果园种植。

四、柑橘类作物科学施肥技术集成

柑橘、橙和柚统称为柑橘类果树，为多年生常绿果树。本章节以福建蜜柚为例，介绍柑橘类作物科学施肥技术集成。根据蜜柚的生长物候期和品质形成关键期，结合土壤养分状况，形成了福建地区蜜柚的施肥管理方案，具体见表 5-4。

表 5-4　蜜柚优质高产高效施肥时期与配方

	萌芽肥	稳果肥	壮果肥	采果肥
时期				
配方	25-5-15 （或相近配方）	15-2-25 （或相近配方）	15-2-25 （或相近配方）	25-5-15 （或相近配方）
功能	促春梢、促花	减少落果，提高坐果率	提糖，促进品质形成，增加储藏营养，促进花芽分化	恢复树势树体营养，增加树体各器官储藏营养，促进高质量的花芽分化
施肥时间	施肥时间：2 月中下旬至 3 月上旬，始花期之前	施肥时间：4 月中下旬至 5 月上旬，50%以上果实横径>4cm	施肥时间：6 月中旬至 7 月上旬，50%以上果实的横径>12cm	施肥时间：海拔 400m 以下地区，宜在采果前后 7～10d 施入；海拔 400m 以上晚熟地区，宜在采果前（约 9 月上中旬前）施入

①萌芽肥。该时期施肥的主要作用是促发健壮春梢，以及形成良好的春梢结果枝，供应开花结果所需的部分营养，利于花果正常发育，并且可为次年培养足量壮实的结果枝打下基础。该时期施肥方式有撒施、浇施或滴灌等，推荐微喷水肥一体化方式，施肥位置离树干 20～80cm 范围内。施肥用量则根据果树产量水平的不同而不同，其中产量水平在 75～100kg/棵的，推荐肥料用量为 0.25～0.3kg/棵；产量水平在 50～75kg/棵的，肥料用量为 0.2～0.25kg/棵；产量水平低于 50kg/棵的，肥料用量为 0.15～0.2kg/棵。施肥时建议通过叶面施肥方式补充钙、镁、硼肥等中微量元素 1～2 次。此外，春旱年份应注重水肥一体化浇施，注重根外追肥保花果，及早疏梢、疏花减树耗。

②稳果肥。该时期施肥的目的是补充开花消耗的大量营养物质，提高坐果率，但同时需注意过量施肥会促发夏梢引起大量落果。该时期的施肥方式、施肥位置、施肥量均和萌芽肥一致，须注意的是该时期要重视根外追肥营养保果，辅以必要激素保果，谢花幼果期注重钙肥喷施，预防急性炭疽病。

③壮果肥。该时期是蜜柚对营养物质需要的临界期，果实膨大、品质形成、花芽分化

和抽生秋梢都需要消耗大量营养，该时期也是吸收氮、钾、钙肥的高峰期。施肥管理的重点是提高蜜柚糖分含量，促进品质形成，增加储藏营养，促进花芽分化。该时期施肥用量仍按照果树产量水平施用，其中产量水平 75～100kg/棵，推荐肥料用量为 0.4～0.5kg/棵；产量水平 50～75kg/棵，肥料用量为 0.3～0.4kg/棵；产量水平低于 50kg/棵，肥料用量为 0.5～0.6 斤/棵。

④采果肥。该时期施肥的主要目的是补充蜜柚经过一年生长发育和结果消耗的大量养分，恢复树势和树体营养，增加树体各器官营养储藏，促进高质量的花芽分化。对于产量水平 75～100kg/棵的果树，推荐肥料用量为 0.25～0.3kg/棵；产量水平 100～75kg/棵，肥料用量为 0.2～0.25kg/棵；产量水平低于 50kg/棵，肥料用量为 0.15～0.2kg/棵。建议每棵树配施 2.5kg 商品有机肥，并且根据测土结果补充适量钙镁硼锌（图 5-4、图 5-5）。

图 5-4 福建漳州平和蜜柚减肥增效技术施肥位置
（吴良泉拍摄）

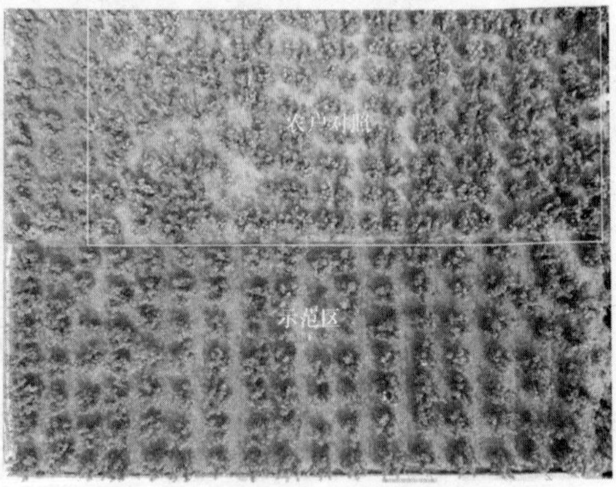

图 5-5 福建漳州平和蜜柚减肥增效技术航拍效果
（吴良泉拍摄）

五、槟榔科学施肥技术集成

（一）概述

不科学施肥是槟榔当前低产的主要原因之一，为普及科学施肥技术，降低用肥成本，实现合理高效施肥，本文内容主要以海南槟榔生育特点为例，集成制定了槟榔科学施肥技术方案。

（二）技术要点

1. 园地规划 首先是选地。槟榔生长寿命长短、经济效益高低，以及土壤条件是关键。要尽量选择向阳背风的地方，土质要疏松肥沃，种植地可以选择在田头、地边、房屋前后以及河沟旁，如果种植的地方经常有大风或者台风，则要在种植园地旁边建造防护林。其次是土地整理。在选择好种植地后要在雨季来临之前进行土地整理。如果选择的土地处于大于 15°的斜坡上，则要进行挖宽，宽度保持在 1.5～2m 之间的环山行，对内倾斜度保持在 15°～20°。种植行距为 2.7m 左右，株距保持在 2.3m 左右，种植的植穴为边长

80cm 的正方形，深度 60cm。在施底肥后进行填土，等到雨季时再进行种植。种植的密度一般维持在每公顷种植约 1 550 株。

2. 定植与管理

（1）种植 槟榔长至 5 片叶子且高度在 55～85cm 时便可以进行定植，选择在雨季进行种植，通常为 8～9 月。定植时选择带土苗或者塑料袋苗进行定植，选用塑料袋苗时要将塑料袋去除，栽种时不能过深，种植完成后要浇透水。地势比较低的地方要提前挖好排水沟，避免受涝，为了保证种植地的阴凉和土地的肥沃，可在槟榔苗行间种植山毛豆等。槟榔幼龄时土地较为裸露，容易生长杂草，因此要保证每年除草 3 次，除草的同时进行培土，避免苗茎受到外界伤害，促进新根生长。

（2）水分、土壤和防害管理 槟榔喜湿但忌积水，因此要保障土壤水分的充足，在遇到干旱情况时及时进行灌溉，雨季汛期时则要及时排除果园内的积水。槟榔树在生长多年后根系会裸露在外，要定期对槟榔树进行培土，保障根系能够及时吸收土壤中的水分、养分。槟榔植株受到伤害时会影响茎秆的生长以及后期结果，要防止牲畜进入种植园。冬季来临时，提前将槟榔树的茎干进行刷白，能够起到防寒的作用。

（3）其他种植管理 使用除草剂会损害槟榔的根系，影响水分与养分的吸收，进而导致槟榔叶片发黄下垂，因此除草时要避免除草剂的使用，尽量采取人工除草或放养牛羊吃草的方式。此外，槟榔园间作矮秆作物，不仅可以避免土壤受到太阳光照直射，降低土壤水分蒸发，起到保墒与改良土壤的作用，还能充分利用土地资源，使种植效益最大化。

3. 施肥

（1）幼龄树施肥 槟榔幼龄树以营养生长为主，对氮肥的需求较高，施肥原则以氮肥为主，适当施用磷钾肥。一般第一年的 12 月至翌年 2 月追肥，推荐用量是有机肥 2kg/株，混合 25－10－10 高氮复合肥 50g/株，即每亩施 200～220kg 有机肥、5～5.5kg 高氮复合肥。第二年除冬肥外，在 3～5 月追施促叶肥，一般尿素 50g/株。第三年、第四年3～5 月追施促叶肥，25－5－15 高氮肥 100g/株或尿素 100～150g/株＋硫酸钾肥 50g/株，促进叶片伸长和增壮树干。

（2）挂果树施肥

①入冬肥。在采果结束后施用，占全年施肥量的 1/3 左右，主要是补充槟榔树在采果后的养分，对采果的树势恢复及其后的花序分化都有促进的作用，为翌年的开花结果打下基础。一般可在 12 月至翌年 1 月中施下，以有机无机混合施用方式施用有机肥和磷钾肥。每株可施有机肥 5～10kg/株，混合氯化钾 100g/株或平衡肥 50g/株，有条件的地方可以施用土壤改良剂（草木灰或硅钙钾镁等）1kg/株，即每亩施 500～1 100kg 有机肥＋10kg 氯化钾或 5.5kg 平衡肥。

②花前肥。在 2 月花开放前施下，由于此时槟榔的花苞处于快速生长阶段，上一年的果树也处于成熟期，对钾需求量极大，故此次施肥以钾肥为主，配合施用氮肥。可施用 15－5－25 槟榔专用肥 150g/株，促进花芽形成和保证雌花形成。

③花期肥。3～5 月是槟榔花盛花期，此次施肥主要是为了提高槟榔树开花结果捻实率，可采用水肥一体化灌溉施肥方式，肥液浓度为 2%～3%，每 7～10d 1 次。

④膨果肥。一般在 6～9 月施用，此时果实体积处于快速膨大期，也是一年抽生叶片

的旺盛期，对氮肥需求旺盛，故此时提高氮肥的施用，可以促进叶片的生长。建议施用18-9-25高浓度槟榔专用肥100g/株或10-5-13低浓度槟榔专用肥200g/株。可采用水肥一体化灌溉施肥方式，肥液浓度为2%～3%，每10～15d 1次。

⑤攻果肥。此时期为了促进青果生长，每采1穗青果施1次攻果肥，主要施用氮肥。

(三) 应用效果

按槟榔的生长物候期、槟榔生长和开花结果情况进行平衡施肥，来满足槟榔生长和开花结果的营养要求，不仅可以减少肥料投入，还能达到增产、增收的目的。

(四) 注意事项

一些滨海地区土壤有机质含量较低的槟榔园易出现缺镁、缺铁等现象，可根据作物缺素症状因地制宜补充中微量元素肥料。成龄树每株可施钙镁磷肥300～500g、硫酸镁100～150g、硼砂50～75g；幼龄树根据实际长势减少施用量。

(五) 技术模式

参见图5-6。

幼苗定植　　林下间作

挖沟施肥　　节水灌溉

图5-6　槟榔科学施肥技术

六、椰子科学施肥技术集成

椰子栽培首先要做好宜林地选择，其次要重视椰子品种。一般种苗的标准为发芽早、苗健壮、色浓绿，叶片羽裂早，生势旺盛。椰园管理的关键是定植后头三年要注意补换苗，及时除草、松土、施肥、抗旱、淋水；中龄椰园注意营养诊断和指导施肥，提高产量和产值，适当注意病虫害防治。

（一）宜林地选择

椰子喜高温多雨的气候环境，主要在我国海南种植，在制订椰子生产发展规划和宜林地选择时，必须充分考虑有关生态条件。如年平均温度必须在 23℃以上，年降水量 1 600mm以上且分布均匀。如地下水位较高，年降水量少些也能适应。而土地贫瘠、干旱、自然条件差的地方，不宜作为商品性生产基地。其中矮种和杂交种椰子宜林地选择，一般比高种椰子更为严格。

（二）育苗

1. 苗圃地选择 椰子育苗分为播种催芽和育苗两个阶段，需同时建立催芽和育苗两种苗圃，苗圃宜选择地势平坦，靠近水源，交通方便，土地肥沃，土壤保水好的地方，从催芽育苗到种苗出圃一般需要一年以上时间。

2. 种果来源

(1) 高产种群种果 长期的科研与生产实践经验证明，成片高产椰子林可作为采种基地，如文昌烟墩至琼海长坡一带有成片小果种椰子（称摘蒂仔）高产种群，可推荐作为采种基地，利用这种椰果培育优良种苗。

(2) 商品果堆中选择种果 在不具备高产种群选择种果情况下，一般可在商品性收购的果堆中进行单果选择。根据椰农在长期生产实践中所得到的经验，可采用“密”、“重”、“熟”3 个标准进行选择。“密”指的是结果多，密度大，产量高，其主要特征是果肩（果蒂边）上有 2～3 个压痕。“重”就是果实大而重，椰干含量多，比重大。“熟”就是果实充分成熟，摇动时有清脆响水声，果皮褐色、光滑，不发皱。

3. 种果催芽 椰子种果催芽方法很多，大体分为播种催芽和自然催芽两大类。播种催芽是当今世界椰子生产国主要采用的催芽方法，主要分为整地和播种两大环节。整地要求清除杂草，锄松土地，平整地块。按规格长 10m，宽 1.2m 的要求（或按实际情况而定）整好催芽床，床间留走道 60cm，每床开 4～6 条沟，沟深宽 15～20cm，每床播200～220 个种果。播种前，应根据种果来源、变（品）种或类型、采种时间和种果是否已发芽等情况进行严格分类和分级，做好登记，淘汰不正常的劣果。椰子催芽要掌握不同品种（变种）发芽时间不同的特点，才能得到最佳发芽率。中国热带农业科学院椰子研究所进行的不同椰子品种发芽试验结果表明，海南省高种椰子播种后 30d 左右开始发芽，90d 发芽达到高峰，150d 后不发芽的种果应淘汰。矮种椰子采果后播种约 30d 开始发芽，80d 左右达到发芽高峰期，110d 后发芽率开始下降，150d 后不发芽种果应予以淘汰；马哇杂交种果播种后约 90d 发芽，180d 左右发芽达到高峰，240d 后不发芽应予以淘汰。

海南椰农习惯采用的催芽法主要包括穿珠堆叠催芽法、自然堆垒催芽法。其中穿珠堆叠催芽法是用铁丝或竹篾把 6～8 个种果串起来成为一个圆圈，然后把每串果从地面叠垒起来成一柱状，高 1.5～2.0m，让其自然发芽，当发芽率达到 50%～60%的时候取下发芽种果育苗，不发芽的果用以加工椰子产品。自然堆垒催芽法则是把种果随意堆垒成堆，让其自然发芽，芽长达 10～20cm 时可取出育苗。自然催芽法只适应海南高种椰子和其他高种椰子，不适用于矮种椰子、杂交种椰子和种果较小的椰子及发芽较迟的椰子。

4. 移苗标准 当种果催芽，幼芽长达 20cm 高时就应及时移到苗圃中育苗。因为此时已开始长出船形叶，种苗优劣，外观上可以做初步鉴别。初生根开始露出果皮，此时移植椰苗伤根少，起苗和育苗操作比较容易。种果发芽率一般都在 70%～80%之间，其中混杂一定数量的劣苗。因此，每次移苗时必须严格选择优良壮苗，淘汰一些劣苗。优良种苗具有健壮、笔直、单芽、发芽早、叶片羽化早、生势旺盛、色泽浓绿等特点。

5. 育苗方法 椰子育苗一般分为地面育苗和袋装育苗两种。地面育苗就是在苗圃地上按一定规格挖穴，把种苗移栽进行育苗。其优点是用工少，运输量少，成本较低。不足之处是起苗时伤根多，定植后生长慢，成活率较低，投产较晚。袋装育苗是指把经催芽的椰苗移栽到塑料袋中填满营养土育苗的方法。袋装育苗不足之处是费工，运输量大，成本较高。但优点是壮苗率高，植后成活率高，生长快，投产早。一般优良品种多采用袋装育苗。

6. 苗圃管理 种苗移植到苗圃，不管是地面育苗还是袋装育苗，应立即淋透一次水，以后淋水次数视天气情况而定。旱季时要加强淋水，在有条件的地方，可采用滴灌或喷灌。此外还可采用一些保水措施，如在地面或袋面上加盖一层椰糠、杂草或树叶等，减少水分蒸发，促进椰苗正常生长。椰子育苗初期不须施肥，依靠其椰果转化提供养分让其正常生长。4～5 个月后根系开始发育，生长速度加快，需从根部吸收养分和水分加速椰苗生长。一般每 2 个月施一次低浓度化肥或水肥，以氮肥为主促进生长。不管是地面育苗还是袋装育苗，生产实践证明，苗龄 8～12 个月出圃最佳。这期间椰果的椰肉养分尚未耗尽，出圃定植后可维持生长，故成活率高，生长速度快；18 个月苗，椰果尚未脱落，还有少量椰肉维持生长，定植后成活率中等；2 年（24 个月）生苗，椰果基本脱落，根系不发达，定植后大部分叶片枯干，重新抽叶，恢复生长期又长又慢，成活率低，一般忌用 2 年生苗。

（三）定植技术

1. 椰园开垦 根据地形地势、土壤条件、坡度和间种与否采用不同开垦方式。椰子大量种植在沿海平坦沙地上，土壤贫瘠，很难长草。如果不进行间种或种植覆盖作物，则不必进行全垦，按种植计划实地定标，挖穴定植；土壤比较肥沃，杂草多，灌木丛生，地势平坦的地方，应进行全垦后定标，挖穴定植；如进行间种经济作物或覆盖作物，也要进行全垦；坡度较大应进行等高定植，避免和减少水土冲刷。

2. 种植密度 各种椰子品种的单位种植密度，大多是通过生产实践得出的。目前普遍得到公认的种植密度是：高种椰子每公顷种植 165～180 株（11～12 株/亩），株行距有

7.5m×8m、8.5m×8.5m、8m×8m、8m×9m 等；矮种椰子每公顷种植 225～240 株（15～16 株/亩），株行距有 6.5m×6m、6.5m×6.5m、6m×6m 等；杂交种椰子每公顷种植 195～210 株（13～14 株/亩）。椰子各个品种种植密度也与当地条件、气候环境、是否间种其他作物而有所差异。

3. 种植方式　一般单一品种的纯种椰子以等距离三角形种植模式较为合理。近年来，许多椰子主要生产国在栽培制度方面进行了较大改革，所采用的“单层间种经济作物”、“多层立体栽培”等模式，使栽培方式有了很大改变。一般多采用宽行密株或大小行种植法，如 12m×6m、10m×5.7m（单行密植）；或（13m+7m）÷2×7m、（14m+6m）÷2×7m（双行密植）等。这样行距适当放宽，可充分利用土地和空间种植作物或是耐阴经济作物，增加单位面积产值，深受种植者欢迎。

4. 定植季节　椰子定植季节在典型的热带地区关系不大，而在热带边缘地区的海南岛，椰苗成活率是关键因素，应引起种植者足够的重视。一般认为，定植期选在气温回升，雨季来临的 4 月以后定植，对椰子生长有利。在 11 月以后至翌年 3 月前的寒冷冬天定植，生长慢，死亡率高。因为热带棕榈植物一般在 18℃以上才开始长根。冬天椰子的根处于休眠状态，叶片蒸腾量大。遇寒冷生长慢，易死亡，忌种植。

5. 种植深度　椰子的种植深度，各国不尽一致。印度多采用深植（60～90cm 深），斯里兰卡推荐浅植（30cm 深）。试验证明，栽种深度并不重要，一般 15～61cm 深度对椰子始花期没有多大影响。1982 年文昌椰子试验站采用种植深度 20cm、40cm 和 60cm 进行比较试验，至 1987 年得到的结论与上述情况相同，差异不显著。但海南岛主要椰区在东南沿海一带，属季风性气候，每年都受台风袭击，易遭风害；加之土壤多属沙性土，结构差，保水能力也差，浅种必然影响椰苗的成活率和生长状况。一般推荐采用“深植浅培”方法。植穴规格 80cm×80cm×70cm。

6. 施足基肥　为了促进椰子迅速生长，要提早挖穴，定植前必须施足基肥。一般最好采用腐熟厩肥，此外也可用土杂肥、垃圾肥、塘泥、火烧土等。椰子种植农户应根据当地的实际情况就地取材，每穴基肥约 50kg，增施 0.5kg 过磷酸钙，混匀后待定植。

7. 起苗运输　椰子小苗（8～18 个月苗），一般可用锄头或专用起苗镐挖出，切忌伤害椰苗心叶或生长点，茎基部保留一定量的土球保护根。小苗运输一般不做特殊包装。

大苗（5～8 年椰树），一般作为园林绿化树种移栽，起苗方法与小苗不同。起苗前 3～4 个月，预先在离树干 30～40cm 处挖沟断根，定植时再将其挖出，用尼龙袋或麻包袋把根部包扎好，运输时应防止伤害心叶和破坏土球，保证植株移植后成活。不管是小苗还是大苗，都要做到随挖随定植。

8. 定植技术　如属袋装苗，应先用刀把塑料袋割开，然后把带土椰苗放置于穴中心；裸根苗也同样把苗放置于穴中心，随后回填表土压实。覆土深度以恰好盖过椰果为宜。穴中椰果离地面约 20cm，经 2～3 年让其自然淤平，定植后立即淋足定根水。

（四）椰园管理

椰苗定植后头三年幼龄椰园管理的好坏是椰园成败的关键。特别是地下水位低、渗漏性大的土壤，应逐年扩大椰子树头覆盖面积，减少水分蒸发，干旱时适当淋水，抑制杂草滋生，促进苗木生长。制种园和高产椰园建议采用地膜覆盖保水措施或滴灌，促使提早投产和提高产量。

1. 补植与换植 种植后当年如果有死苗和缺株，应及时补植。第二年发现明显落后苗和残缺苗应及时换植。所有补换的苗都应用同样品种、同样苗龄、大小一致的后备苗。因此在苗圃育苗时要考虑留有10%～20%的后备苗。对补换植的苗要加强管理，确保成活，促使林相整齐。

2. 抗旱淋水 椰苗定植后1～2年，特别是定植当年，椰苗根系不发达，扎根浅，抗旱能力差。如果遇到干旱，势必影响椰苗生长。因此，旱季要注意进行淋水抗旱，确保椰苗正常生长。

3. 椰园除草松土 幼龄椰园植穴要进行覆盖，防止杂草滋生。植后第二年因覆盖物腐烂，穴面裸露，杂草随之滋生，故应围绕植株半径1m范围内进行除草松土，每年1～2次，也可进行2m宽的带状除草。国外大面积椰园除草多采用化学除草剂，效果良好。

4. 植穴管理和培土 椰子定植后1～2年，多数深种的植穴被泥沙冲埋，故要及时设置拦水圈，并随时清理植穴，把冲埋进植穴的泥沙清出，促进椰子生长。椰子定植后头一年生长慢，随后逐年加快，根系发达，叶片增加，茎干围径增粗；植后3～4年茎干开始露出地面，矮种椰子开始结果。因此椰子在种植初期应注意除草、施肥、培土等措施，为今后丰产奠定基础。

5. 重视种植覆盖作物 必须着重指出：一般沿海椰子种植区土壤沙性重，结构差，许多地方有机质含量不到1%，植被稀疏，土壤淋溶和侵蚀较为严重，种植覆盖作物可以提高地力，增产效果明显。

实践证明，种植匍匐性的豆科植物，如爪哇葛藤，比种植直立的山毛豆、猪屎豆和矮刀豆等效果好。种植豆科牧草“柱花草”，一可养牛羊，二可提高土壤地力。

6. 椰园施肥

（1）椰子施肥研究 我国海南岛椰子种植面积虽然达4万多hm^2，但大多数是农民自发种植的，尚未成为一种产业加以重视。只种不管的现象严重，几乎从不施肥，故椰子产量甚低。全岛年平均单株产量20个果，比菲律宾全国年平均单株产量40个果低一半，可见施肥是十分重要的。20世纪20年代开始，法国油料油脂研究所和菲律宾椰业署等机构开展了椰子养分需求研究，对作物必需的氮、磷、钾、钙、镁等主要矿物元素以及锰、锌、硼、铜、铁等微量元素的需求量，缺乏时它们会产生的病状等方面做了大量研究工作，提出了一系列椰子施肥的有效方法。

（2）椰子营养诊断与营养临界指标 椰子营养诊断是通过在一定的时期采集一定部位的叶片进行营养元素的分析，并结合产量综合分析，得出叶片在什么营养水平下的椰子高产指标，根据这个指标确定椰树的营养状况，据此确定施何种肥及施肥数量。

（3）椰子营养临界指标 世界许多椰子生产国对椰子营养临界指标做了大量研究。法国油料油脂研究所、菲律宾椰业署以及斯里兰卡椰子研究所等对椰子第14片叶的养分含量分析，结论大体相同。通过对不同地区、不同土壤类型高产椰园高产单株的椰子叶片营养水平进行分析，确定高种椰子矿物营养临界值为：氮 1.8%～2%、磷 0.12%、钾 0.8%～1%、钙0.5%、镁0.3%、钠0.4%（占干物质）、铁50×10^{-6}、锰60×10^{-6}，认为低于这个水平即缺肥，必须补充所缺养分。

(4) 椰子营养诊断的叶片采样　椰子树进行营养诊断时，必须根据椰树种植园的土壤、树龄、品种和健康状况，划分条件尽可能相同的诊断单位。在一个诊断单位内，每个样品至少要包含 15～25 株树。这些树尽可能均匀地分布于诊断单位中。植后 8 龄椰子树采第 14 片叶，因这一叶片已达到生理成熟，但还未进入衰老期。判断第 14 片叶有如下标准：首先，叶腋上花序的果实约如拳头般大小；其次，叶片与树干成 45°角，中脉几乎平展，尾端略下垂。

①叶片采样季节。应选择旱季末期，冬季来临前（海南岛为 11 月）进行。采样时间应选上午 7～12 点进行，如果当日降水量超过 20mm 则不能采样，须过 36h 后才能采样。

②采样部位。取整片叶中段的 6～10 对小叶，不能用整张叶片。

③采样方法。人工直接上树或用长柄钩刀采样两种方法。每株采下 6～10 对小叶，取其中间 20～30cm 的叶作为样品，剥去中脉，把小叶分成两份，写上标签，一份送分析室分析，另一份作为副本干燥保存。样品处理方法和其他作物相同，用纱布或脱脂棉蘸蒸馏水擦干净，放入 105℃烘干炉中烘半小时后，温度降至 60℃直至烘干，取出磨碎，保存待用。

7. 营养诊断与指导施肥　椰子叶片营养诊断的主要目的是通过对植物叶片养分分析，确定植物养分现实状况，从而确定施肥种类和施肥量。由于椰子个体和群体变异较大，因此，目前对椰子养分状况的分析还只能是个估计数。椰子叶片诊断指导施肥必须与系统肥料试验相结合，才能更加准确地确定临界指标和施肥标准。

8. 海南岛椰子施肥方案　海南种植椰了虽然历史悠久，但多是农民在房前屋后零星种植。只种不管，不成产业，产量很低，经济效益差。文昌椰子研究所于 20 世纪 90 年代对全岛主要椰区进行产量调查和相关叶片营养成分分析，结果如下：

①不结果椰子叶片 N 含量 1.91%，P 含量 0.11%，K 含量 0.68%。

②低产（12 个果）椰子叶片 N 含量 1.42%，P 含量 0.12%，K 含量 0.59%。

③中产（43 个果）椰子叶片 N 含量 1.61%，P 含量 0.13%，K 含量 0.67%。

④高产（92 个果）椰子叶片 N 含量 1.66%，P 含量 0.13%，K 含量 0.67%。

以上材料可以看出 N、P、K 营养水平越高，产量也越高。法国油料油脂研究所在非洲科特迪瓦研究确定椰子叶片大量元素营养指标：N 1.8%～20%，P 0.12%，K 0.8%～1.0%，Ca 0.5%，Mg 0.3%。海南岛椰树营养指标经过 10 多年调查研究，初步确定为 N 1.62%～1.71%，P 0.13%～0.14%，K 0.61%～0.68%，Ca 0.32%～0.43%，Mg 0.21%～0.24%。除 P 元素高于法国营养指标外，其他元素均低于该国指标。文昌椰子研究所对幼龄马哇（Mawa，引进杂交种）椰子进行过 N、P、K、Mg 肥料试验。结果证明，N、P、K、Mg 肥对椰果产量都有不同程度的增产作用，其中 P 肥可提高产量 100%～150%，N 肥可提高产量 50%。所以，海南低产椰园改造，是提高产量短期内最有效的方法。施肥方案以磷（P）、氮（N）为主，配合钾（K）、钙（Ca）、镁（Mg）肥，可提高椰树营养指标，单株产量可达 50～60 个果，全岛产量可提高 1～2 倍。

七、菠萝科学施肥技术集成

（一）概述

菠萝从定植到收获第一造果，一般需要15～18个月，根据菠萝养分吸收规律和生长发育阶段，可以划分为营养生长期、花芽分化期、果实发育期和芽苗生长期4个时期，每个阶段都有其本身的形态特征和对外环境条件的适应性。以广东粤西菠萝主产区"巴里"种菠萝为例，巴里菠萝从定植期到收获期一般需要18个月左右，菠萝采摘后芽苗生长期为5个月左右，整个生育期为24个月左右。

（二）技术要点

1. **种植园选址**　菠萝喜温暖、耐瘠薄耐干旱，适宜生长温度为24～32℃，可在热带、亚热带的丘陵山地种植。选择种植地应着重考虑冬季温度，12月至翌年2月月平均温度大于13℃的地方可进行经济栽培。种植园应选择在生态环境良好、交通较便利、灌溉水源充足、坡度宜0～15°、光照充足，全年无霜冻且冷空气不容易局部沉积的地方。此外，肥沃、富含有机质、pH在4.5～5.5的疏松透气土壤更适宜菠萝生长；中性和碱性土壤不适合菠萝生长；低洼地、黏质土、排水不畅地块不宜种植。

2. **菠萝种植**　在菠萝定植前两三个月进行备耕，一般要做到两犁两耙，犁地深度保持30cm以上，清除园地中的恶性杂草。根据菠萝品种株型大小确定种植密度，巴厘等株型较小的品种每亩宜种植3 800～4 200株。一般采用双行种植，大行距0.6～0.8m，小行距0.30～0.40m，株距0.35m左右。台农16号、金菠萝等株型较大的品种一般每亩种植3 000～3 500株。大行距0.6～0.8m，小行距0.40～0.50m，株距0.40m。"深耕浅种"是菠萝定植的原则，苗要种的浅且稳，切忌深种。苗的生长点要露在地面上，覆土不能超过心叶开始的地方。种植深度需要根据苗的类型来确定，大吸芽苗种植深6～8cm，裔芽苗5～6cm，冠芽苗3～4cm。根据品种、种苗类型以及植株大小分级进行分区种植，不宜混种。

3. **水分管理**　菠萝属于景天科植物，具有一定的耐旱性，但在水分供应充足的地方生长更旺。菠萝的需水关键期是植后恢复期（促进生根）、花蕾抽生期、果实发育期及吸芽抽生期。菠萝生育期内月均降雨量为100mm时足以保证菠萝正常生长，月降雨量少于50mm时应进行补充灌溉。在商业化种植中，需要根据菠萝的生长阶段和自然降雨量及时合理地进行灌溉和排水，苗期如遇连续15d以上干旱时应及时进行灌溉，果实生长发育期如遇20d以上干旱天气，可适当灌水，采收前1个月不再灌溉。

4. **科学施肥**　根据相关研究，每生产1 000kg菠萝需要从土壤中吸收氮（N）3.5～8.5kg、磷（P_2O_5）0.75～3.56kg、钾（K_2O）6.0～13.0kg、硼（B）2.0～8.0g和锌（Zn）6.0～13.0g等。在施肥中，植株只能吸收肥料的一部分，要确定合理的施肥量，还需要考虑当地的气候条件、土壤类型与肥力水平，以及水分供应、产量水平、种植密度、品种、管理水平等因素。一般根据目标产量或大田试验确定施肥量，在依据目标产量确定施肥量中，每产1 000kg菠萝果实推荐施N 6.4～7.6kg、P_2O_5 2.1～3.2kg、K_2O 7.7～

9.3kg。如全程采用水肥一体化灌溉施肥管理方式，施肥量可减少25%～35%。

基肥：基肥以有机肥为主，无机肥为辅，在定植前施用。一般每亩沟施腐熟有机肥500～2 000kg、复合肥40～50kg、磷肥50～100kg。肥料与土壤混匀，根据降雨分布情况，干旱严重地区建议覆盖全生物可降解地膜。

叶面追肥：在定植1～2个月，菠萝长根后开始喷施叶面肥，每1～2个月喷施1次，共喷施4～6次。菠萝生长前中期，叶面喷施高氮复合肥（或由尿素、磷酸二氢钾、白钾配制而成）或高氮含腐殖酸、氨基酸水溶性肥＋含铁微量元素（用量按说明书使用），喷施浓度约为1.5%～3.0%，催花前2次，叶面喷施高磷钾肥料＋含铁微量元素（用量按说明书使用），喷施浓度约为1.5%～3.0%。此外，台农17菠萝易裂果，在催花前加强铁、硼、锌等微量元素施用外，还应在见红期、谢花后注重硼、锌等微量元素的施用，喷施于株心处（尽量不喷果）。

壮苗肥：春植、秋植苗在植后60～90d，冬植苗在翌年3月进行施用，每亩施用的N、P_2O_5、K_2O分别占当造果施用总量的34%～37%、10%～13%、30%～35%，可采用开沟、撒施或喷滴灌施用等方式。

催花壮蕾肥：在催花前1～1.5月施用，每亩施用N、P_2O_5、K_2O分别占当造果施肥总量的28%～31%、15%～16%、38%～40%，可采用开沟、撒施或喷滴灌施用等方式。

壮芽肥：果实收获后，留种园或再造生产果园，每亩施用7.5～10kg尿素以及10kg氯化钾或高氮高钾复合肥，施后浇水。每月还可喷施叶面肥1次，补充微量元素，促芽生长。

5. 其他管理

（1）催花　可在植株叶片长度35cm的数目达到40片以上（台农17及无刺卡因类品种要少于50片），以及植株鲜重2.4～3.0kg左右时催花，选择温度低于26℃，雨天不宜催花。不同品种催化次数不同，易催花的品种巴厘只需催花1次，台农16、台农17等难催花品种则需灌心2次，每次间隔2d。催花的药剂主要使用40%乙烯利400～1 200倍液和1.0%～2.0%电石水溶液。

（2）护果和果实采收　冬末春初时节，易发生低温霜冻，可通过套袋以及地膜覆盖等措施防幼果冻伤；5～10月阳光强的季节，可在收获前1个月通过套袋或用稻草、杂草、遮阴网等覆盖果实防晒。

根据果实用途和市场需要等因素决定采收期，一般本地销售的鲜果应在九成熟时采收，外销的鲜果应达到七成熟以上。采收应在晴天上午或阴天。采收时留2～3cm长的果柄，轻拿轻放，不堆叠过高，避免损伤。鲜果采收后，在24h内进行清洗、分级、包装等处理。

（3）病虫害防治　菠萝常见的病害主要有心腐病（又称为烂心病）、凋萎病、褐腐病、黑腐病等。心腐病在高温多雨季节，以及地面积水的情况下易发生。发现心腐病植株要及时拔除，或者用50%多菌灵可湿性粉剂800倍液或70%甲基托布津800倍液喷施菠萝植株，每15d喷施1次，连续2～3次即可。凋萎病和根腐病均是由粉蚧引起的，蚂蚁是传播菠萝粉蚧的重要介质，可通过使用七氯、氯丹、林丹等杀虫剂诱杀蚂蚁来防治菠萝粉蚧。对于褐腐病的防治，可以选择抗病性强的菠萝品种，适当增施钾肥，提高菠萝植株体的抗逆性。黑腐病主要危害果实，也可以侵染菠萝幼苗引起苗腐，病菌主要通过果实机械损伤的地方侵染，可用25%多菌灵可湿性粉剂1 000倍液或70%甲基托布津1 000倍液喷施伤口，防治病菌的侵入。

（三）应用效果

菠萝采用水肥一体化栽培技术，虽然增加设备和水电费投入677元/亩，但节肥效果明显，N、P_2O_5、K_2O分别节省43%、59%、20%，肥料成本节省400元/亩，肥料利用率提高11%～33%，果实平均增产19.3%，商品果率达到95%以上，经济效益较常规施肥模式提高了4 600元/亩，增收44.3%。

（四）适用范围

适用于广东、海南和广西菠萝生产区域。

八、火龙果科学施肥技术集成

（一）概述

火龙果为多年生攀援性的多肉植物，植株无主根，侧根大量分布在浅表土层，较耐热、耐水，喜温暖潮湿、富含有机质的沙质土。火龙果一年四季均可定植，开花后花期持续时间较长，需肥量较大，生产中推荐采用水肥一体化管理模式，可实现以水促肥、以肥调水，少量多次满足其水分和养分需求。本部分以火龙果水肥一体化技术应用为重点施肥模式进行介绍。

（二）技术要点

1. 种植园选址　应选择交通方便，土壤pH为5.0～7.0，排灌方便，土层疏松深厚，气温在25～35℃的果园建园。火龙果虽能耐0℃低温和40℃高温，但温度低于10℃或高于38℃就会停止生长。品种宜选择适合当地气候、优质、高产和抗病性强的品种。

2. 施足有机肥　一般种植大田每亩施腐熟有机肥1 500～2 000kg、钙镁磷肥100～150kg，与土壤充分搅匀。

3. 水肥一体化系统组成　火龙果水肥一体化系统主要由水源、首部枢纽、田间管网和灌水器等部分组成。水源可利用河流、水库、集雨池、地下水等，首部枢纽包括水泵、过滤器组件、肥液注入装置等。果园园区内灌水器落差大于40m时，要在主管上安装相应的减压持压阀。

4. 田间布设

（1）布设内容　根据果园的地理位置和水源状况，可选择滴灌、微喷灌等灌溉方式。微喷灌方式主要是火龙果行距较小时应用，一般每株一个微喷头，流量在50～80L/h为佳，可采用加压泵或重力自压式施肥法进行施肥。滴灌方式主要是在行距较大的种植园应用，一般每行1条滴灌管，每柱安装2个滴头，滴头流量2～4L/h。

（2）布设要点及注意事项

①管径控制。根据灌溉作业面积、灌溉强度，建议采用专业的计算方法计算灌溉管道管径大小，还要充分考虑到水肥的流通性，观察水肥停留在管道内部的情况，如果存在滞留现象，就要尽可能地减少水肥在管道中的停留量，在满足所有要求的前提下，缩小灌溉管道的直径。

②均匀度设计。水肥一体化技术在实际应用中需要保证水肥喷洒的均匀性，为了在节省水肥投入的同时提高工作效率，需要保证水肥灌溉的均匀度。微灌均匀度至少达到80%以上，水肥一体化技术下的灌溉水肥均匀度需要达到90%以上。

③系统使用及管理维护。施肥时建议先滴水运行20～30min，再将肥料注入管道系统内；施肥过程中，可在灌水器出水口利用电导率仪等定时监测溶液浓度，通常电导率不大于3mS/cm^2；施肥完成后，再滴清水20～30min清洗过滤器及管道，最后关闭水肥一体化系统。

使用者注意定期检查，及时维修系统，当过滤器前后压差大于0.02～0.07MPa，应及时清洗过滤器。每年灌溉季节结束，要对管道进行一次全面检查维修，冬季低温来临前，打开滴灌主管道最低处的排水阀，放净其中存水，防止管道冻坏。

5. 灌溉管理　根据火龙果需水特性、土壤性质、灌溉条件等确定灌溉定额，按各生育阶段需水规律、降水情况和土壤墒情确定灌水次数、灌水时期和每次的灌水量，制订灌溉制度，并与施肥进行统筹管理。一般天气干旱时，3～4d灌水1次，每亩每次5～8m，或灌溉浸透深度控制在30～50cm，根系完成润湿，地面无积水。

6. 施肥管理　施肥制度（肥料类型、施肥量和施肥频率）主要结合果树类型和树龄进行确定。火龙果根系对土壤含盐量十分敏感，施肥浓度应宁淡勿浓，遵循薄肥勤施、少量多次原则。

春梢抽发期：每年1～2月，通过水肥一体化管道施肥2～3次。火龙果幼树或结果较少树，补充全年用量10%～20%的氮肥、磷肥、钾肥等；结果树，补充全年用量5%～10%的氮肥、全年用量5%～10%的磷肥、全年用量5%～10%的钾肥等。

开花前：每年3～4月，通过水肥一体化管道施肥2～3次。火龙果幼树或结果较少树，补充全年用量10%～20%的氮肥、磷肥、钾肥等；结果树，补充全年用量5%～10%的氮肥、全年用量20%～30%的磷肥、全年用量10%～20%的钾肥等，并适量补充硼肥等微量元素。

壮果期：每年5～10月，采用水肥一体化方式施肥，采1次果施1次，施用8～10次。火龙果幼树或结果较少树，补充全年用量30%～40%的氮肥、磷肥、钾肥等；结果树，补充全年用量30%～40%的氮肥、全年用量30%～40%的磷肥、全年用量40%～50%的钾肥等，并适量补充镁、钙、锌、硼等中微量元素。

采果后（基肥）：每年11～12月，施用方式为环状施肥或半环状施肥，一次性全部做基肥施用。火龙果幼树或结果较少树，每桩施用腐熟农家肥或商品有机肥10～15kg，补充全年用量30%～40%的氮肥、磷肥、钾肥等，并适量补充腐殖酸、氨基酸、硼锌等微量元素；结果树，每桩施用腐熟农家肥或商品有机肥40～50kg，补充全年用量40%～50%的氮肥、全年用量30%～40%的磷肥、全年用量30%～40%的钾肥等，并适量补充腐殖酸、氨基酸、钙、镁、硼、锌等元素。

（三）应用效果

火龙果水肥一体化技术实现了种植园的自动化浇水和施肥，节水率40%～50%，节肥率超30%，省工超200%。此外，与传统灌溉施肥模式相比，水肥一体化技术下植株根系长度更长，根系活力更强，根系吸收面积更大，可提高水肥利用效率，火龙果的产量和品质得到进一步提升。

（四）适用范围

华南地区火龙果种植区域。

（五）注意事项

火龙果由于根系浅，长时间干旱会诱发火龙果生理病变，干旱时需3～4d灌水1次，而长期漫灌会造成土壤板结，使根系长期处于缺氧状态，诱发生理病变。另外，火龙果花期持续时间长，营养消耗较大，对养分需求量较大，特别是进入盛产期，更应加强肥水的供应。

第六章

热带果树科学施肥技术示范推广

一、广西壮族自治区隆安县香蕉科学施肥技术示范推广

隆安县隶属广西南宁市，属于亚热带季风气候，气候和土壤条件非常适宜香蕉生长，当地相关部门和群众经过多年的积极探索，香蕉种植产业得到快速发展，近几年全县香蕉种植面积达12万亩左右，平均总产量达31.29万t，获得农产品地理标志，打造出了“绿水江”、“金纳纳”等香蕉品牌，香蕉种植业已成为当地农民增加收入，致富的重要产业之一。香蕉是一种生育期较长的作物，肥水需要量大且持续时间长，极容易因营养供给不足而产生脱肥现象，不仅影响产量，还波及产品品质。近年来，随着水肥一体化技术趋于成熟和完善，在当地香蕉种植已得到普遍地推广和应用，取得了良好的效果。但同时存在施肥针对性不强、肥料品种选择不相适应、配比不合理、用量盲目等生产问题。对这一现状，隆安县农业部门积极推广水肥一体化＋测土配方施肥技术集成模式，使香蕉生产用水用肥达到科学合理，提高了肥料利用率，达到化肥减量增效的目的，香蕉品质有了改善，蕉农收入得到提高，取得了良好的经济效益、社会效益和生态效益。

（一）主要做法

1. 制定技术方案，细化推广任务 以“节水节肥、省工省力、高产高效”为目标，因地制宜科学合理制定香蕉水肥一体化＋测土配方施肥技术集成模式，结合本县实际，制定技术推广方案，把示范区建设任务指标分解到乡镇一级，确保该技术得到推广应用。

2. 抓试验示范展示，以点带面辐射全面推广 在开展香蕉科学施肥技术集成模式推广工作中，充分发挥农技推广部门的作用，把做好试验示范样板放在工作首要位置，从抓示范建设入手，强化示范的宣传、辐射带动，扩大示范影响力和带动力。在示范片设领导挂点，配备专人驻点具体负责，确保各项技术措施落实到位。在示范区进行香蕉水肥一体化技术试验展示，并插牌明示，使群众看得见、跟着学，起到以点带面的作用，为技术提供强力支撑。

3. 加强宣传培训，为推广应用提供技术支撑 通过举办现场和室内技术培训、发放宣传资料、借助新闻媒体进行宣传报道等多种形式进行宣传培训，营造良好的氛围，引导广大农民群众积极参与。

（二）取得成效

1. 经济效益显著 应用结果表明，与农民常规技术相比，香蕉科学施肥技术集成示范区可节肥20.3%，亩均节水10.3%，省工13.88%，同时提高化肥利用率13.47%，实现香蕉增产10.26%。通过示范区辐射带动，促进了农业增产和农民增收。

2. 生态效益明显 鼓励种植大户实施肥料统测、统配、统供、统施，减少了不合理施肥带来的面源污染风险，提高了化肥利用率，保护了生态环境。

3. 社会效益突出 通过宣传科学合理用水用肥等知识，培训一批香蕉科学施肥的技术骨干和农民带头人。有效促进了水肥一体化、测土配方施肥等技术在隆安县的推广应用。

（三）工作经验

1. 强化政策支持 政府对农技推广的重视是加快香蕉种植新技术推广的关键，隆安县农技推广部门积极争取当地相关单位对香蕉水肥一体化+测土配方施肥技术集成模式的支持，加大政策支持力度，强化核心技术示范区高标准建设。

2. 强化项目扶持 积极利用水肥一体化、农业示范园区建设、优势特色产业扶持、标准化基地建设等项目，大力发展香蕉水肥一体化+测土配方施肥技术模式，通过项目扶持，带动推广应用。

3. 强化大户带动 联合隆安县相关农业龙头企业等香蕉种植大户建立核心示范基地，免费示范香蕉水肥一体化+测土配方施肥技术模式，创新技术培训宣传途径，强化基地示范辐射作用，带动周边群众大面积推广。

二、广东省高州市荔枝科学施肥技术示范推广

（一）基本情况

高州市位于广东西南部，隶属茂名市，属南亚热带季风气候，水果种植面积130多万亩。高州市荔枝种植历史已有2 000多年，千古名句“一骑红尘妃子笑，无人知是荔枝来”就是指来自高州市根子镇贡园的荔枝。全市荔枝常年种植面积57万多亩，年产量20万t以上，产值约13亿元，被誉为中国荔乡，主产地根子镇被称为中国荔枝第一镇，品种多、品质优、产业强，现已建成了国家级大唐荔乡田园综合体、国家荔枝现代农业产业园和省级荔枝现代农业产业园。

为探索荔枝绿色生产模式，2017年起在“十三五”国家重点研发计划项目“热带果树化肥农药减施增效技术示范”支持下，结合测土配方施肥和有机肥替代等项目实施，全市开展了荔枝“四减两增”化肥减量增效技术模式集成创新和示范推广工作，至2021年累计推广应用面积达186万亩次，增产增收效果明显，促进了果实品质提升和化肥减量增效，2019年起全市化肥使用量保持负增长，推动全市荔枝无公害产品生产基地建设和名优品牌创建。

（二）主要做法

1. 大力推广"四减两增"技术体系　"四减两增"技术体系是在测土配方施肥的基础上，结合高州市荔枝种植管理实际情况，综合运用施配方肥、缓控释肥、有机肥、保水剂和园艺修剪整形等技术措施，调整优化施肥结构和施肥方式，减少化肥施用，促进化肥减量增效和荔枝产业绿色发展。

1. 配方肥（或缓控释肥）减施化肥技术　施用配方肥或缓控释肥代替普通复合肥，在荔枝梢期、壮花、壮果期分别按40%、25%、35%施用，化肥折纯使用量比农民习惯施肥减少30%～40%。

2. 有机肥替代减施化肥技术　按照"有机无机相配合"的施肥原则，果园增施有机肥，亩施商品有机肥650kg或施用腐熟粪肥1 000～1 500kg，可减用化肥10%以上。

3. 化学保水剂减施化肥技术　化学肥料与适量保水剂在秋冬或早春季节混施，可增强果园保水保肥能力，减施化肥10%以上，肥效提高20%以上。

4. 间伐回缩整形减施化肥技术　将每亩密度为23～30株且树龄在10年以上的茂密荫蔽大树间伐减密为每亩13～15株，改善通风透光性；将树冠婆娑的果树回缩至2～3m高，整形成"圆头"或"圆锥"形，并去弱留强疏枝修剪减密，开天窗，培育壮旺结果枝，疏花控花，促花穗壮旺，提高雌雄花比例及生果率等。上述措施可减少无效枝条40%，减施化肥20%以上。

5. 肥效"两增"技术措施　一是在果园种植绿肥或生草覆盖增效，在夏季撒播绿肥种子，秋季成坪，冬季自然枯萎，可保水节肥增效；二是水肥淋灌系统增效，能够保持果园土壤免受干旱影响，能够实现节水节肥省工降低成本，还可增加肥效。

2. 因地制宜推动技术模式集成创新　高州市成立了由果树、栽培、植保、土肥等专业以及基层农技推广人员组成的荔枝化肥减量增效专家组，强化技术支撑保障，推动荔枝科学施肥技术模式集成创新。针对高州市地处热带和亚热带边缘，雨量充沛、果场水肥设施好、有机肥源多等实际情况，结合近年荔枝"四减两增"化肥减量增效工作基础和研究试验成果，创新集成了"配方肥减20%＋有机肥＋水肥淋灌系统"、"配方肥（缓控肥）减20%＋有机肥＋回缩整形＋生草覆盖＋化学保水剂＋淋灌系统"、"配方肥减20%＋有机肥＋回缩整形＋淋灌系统"3个主要核心技术模式，并因地制宜示范推广。

3. 强化科学施肥技术示范推广应用　高州市根据荔枝种植的品种布局、地理位置、气候条件等特点，制定并落实"四减两增"技术模式示范推广计划，设置了东部早熟品种、西部早中熟品种、中北部迟熟品种3个示范区域，建立核心示范果场，各镇（街）成立工作小组，逐年扩大辐射和推广应用面积。如2017年在高州市根子镇某专业合作社荔枝果场建立示范果场，以110多亩早熟白糖罂荔枝为主，应用"配方肥减20%＋有机肥（粪肥）＋间伐回缩＋保水剂＋淋灌系统"化肥减量增效技术模式，至2020年已在根子、分界、泗水等镇建设示范果场11个，示范面积3 200多亩，辐射推广应用面积达20多万亩。

4. 科学开展技术模式效果试验示范　在根子镇示范区何建和果蔬专业合作社、沙田镇燊马生态农业有限公司及长坡镇里龙家庭农场开展技术模式应用效果试验示范，设置常规施肥、配方肥减 20%＋有机肥＋水肥淋灌系统、配方肥减 30%＋有机肥＋水肥淋灌系统或配方肥减 20%＋有机肥＋水肥淋灌系统＋生草覆盖＋化学保水剂等处理。试验示范结果表明，“配方肥减 20%＋有机肥＋化学保水剂＋水肥淋灌系统＋回缩整形＋生草覆盖”集成技术模式节本增效最显著，可实现增产率 12.3%，亩节本增效达 1 088 元。

5. 积极开展科学施肥技术宣传培训 通过召开现场观摩交流会、技术培训班、技术推广会、微信群技术交流等活动，培训果农和基层农业技术骨干，宣传技术模式优势和效果，引导和带动当地果农积极引技术进园落地，从而推动全市荔枝化肥减量增效技术普及应用。比如 2020 年结合荔枝生产农时季节，全市利用广播电视、墙报等宣传报道2 000多次，召开观摩交流及技术培训1 600多人次，推动技术模式应用达 46 万亩，实现果园覆盖率 80%以上。

（三）工作经验

1. 加强组织领导，落实工作保障 市镇两级成立技术推广实施工作领导小组，对各项任务、措施、进度进行组织协调与指导，有效保障了实施工作顺利开展和任务完成。同时设立专家技术小组，指导制订实施方案、技术路径、技术模式集成等，既保证能够结合实际、因地制宜，又确保了示范效果，保障完成绩效目标。

2. 优选实施主体，抓好核心示范 化肥减量增效技术模式示范工作，对实施主体积极性和技术要求比较高，只有优选设施好、技术力量强、积极性高的示范主体，才能保证在各个示范区建立核心示范场，并按照技术模式落实建设。通过实施主体“领头羊”的示范带动，确保逐步扩大技术辐射及普及应用。

3. 抓好畜禽粪肥腐熟技术推广应用 高州市是蛋鸡和生猪养殖大县，年产粪污量达 140 多万 t，粪肥资源充足。有机质含量高的腐熟粪肥是有机肥替代和“四减两增”技术模式应用的关键。高州市一方面抓好畜禽粪肥腐熟技术培训，另一方面指导果农科学施用有机肥，加快有机肥推广使用。

4. 强化技术模式培训与普及应用 示范农户、种植大户、家庭农场、合作社和农资销售商等新型经营主体是技术模式普及应用的骨干力量和“领头羊”，通过他们的示范引领带动更多果农，推动技术模式的普及应用。

（四）工作成效

1. 促进化肥减量增效 近年来高州市试验示范结果表明，荔枝化肥“四减两增”技术体系，比果农习惯施肥可减施化肥 30%～40%，亩增产 8%～17%，节本增收 400～1 000 元,经济效益显著，促进了化肥减量增效，大大节约了荔枝种植投入成本。

2. 促进果园设施完善 通过荔枝淋灌系统施肥、回缩整形和生草覆盖等技术的推广应用，不仅推动了果园道路、管道、液肥设备等设施的科学规划及配套完善，实现节肥、节本、节时，降低管理成本，还促进了果园规划管理和标准化种植，提高了荔枝种植管理水平。

3. 促进畜禽粪污综合利用 通过荔枝科学施肥技术模式的推广应用，大量消纳了优质粪肥，仅 2021 年有机肥施用面积就达到了 57 万亩，不仅显著提升了果园土壤有机质含量，还有效带动了全市畜禽粪污的绿色循环利用，打通了种养堵点，培育了绿色循环经济。

4. **促进荔枝产业品牌建设**　随着荔枝化肥“四减两增”等技术模式的示范推广，高州市绿色、无公害、有机等优质荔枝生产基地逐渐增多，促进了高州荔枝品牌建设和产业高质量发展。截至2021年，全市拥有广东荔枝名优品牌示范基地6个，白糖罂、妃子笑等地理标志品牌9个，品牌营销电商500多个。此外，荔枝加工企业发展至350多家，构建了荔枝生产产业化、经营品牌化，推动了“国家荔枝现代产业园”、“省级荔枝现代产业园”落户根子镇，带动了产业兴旺、农民富裕（图6-1）。

技术培训观摩现场

果园水肥淋灌施用示范

“热带果树化肥农药减施增效技术示范”
项目试验点

果园生草覆盖技术示范

图6-1　广东荔枝科学施肥技术图示

三、福建省龙海市荔枝科学施肥技术示范推广

龙海位于福建省东南部的九龙江下游，气候温暖，阳光充足，雨量充沛，属南亚热带海洋性季风气候，适宜亚热带和热带植物生长，尤其荔枝种植历史悠久。近年来，全区荔枝种植面积稳定在3.0万亩左右，年产量1.5万t。但由于传统荔枝品种种植效益低，人工费用高，农户为了省工，大多施用化肥，一些老龄果园疏于管理，低产园比例较大，果实品质较差等问题逐渐凸显，并且因为长期单一施用化肥，土壤有机质下降。针对当前现状，龙

海积极推广有机肥替代化肥技术，减少化肥使用量，荔枝园土壤有机质含量明显提升，荔枝品质也得到改善，果农收入明显提高，取得了良好的经济效益、社会效益和生态效益。

（一）主要做法

1. 加强宣传培训，营造科学施肥氛围 充分利用报纸、电视、互联网，以及通过村级公示栏、肥料经营店等张贴宣传测土配方施肥、化肥减量增效等技术模式，进村入户发放施肥建议卡等形式广泛宣传发动，营造科学施肥的良好氛围。加大技术培训力度，对农民、农业技术人员、肥料生产企业和经销商进行系统培训，着力提高种植大户、农民合作社、农业龙头企业等经营主体的科学施肥水平（图 6-2）。

图 6-2 室内外技术培训

2. 精心布置试验，掌握施肥基础数据 龙海市农业农村部门在核心示范区布置“有机肥替代＋配方施肥”田间试验，试验设置 3 个处理，3 次重复。通过试验测产验收，结果表明常规施肥处理平均亩产为 985.6kg、有机肥替代＋配方施肥减施处理 1 002.1kg，达到预期效果。通过多年多点试验示范，初步掌握了荔枝有机肥替代化肥的基础数据，为科学制定施肥方案提供技术支撑（图 6-3）。

图 6-3 田间测产

3. 明确目标方向，科学制定技术方案 聚焦龙海荔枝产业发展品质不优、劳力紧缺、效益低下的现实问题，围绕施肥方式省力化、施肥结构合理化、有机肥生产专业化，主要制定了“有机肥替代＋配方施肥”、“绿肥替代＋配方施肥”、“水肥一体化＋配方施肥”等化肥减量增效技术模式，通过方案的实施，实现荔枝生产优质、省力和高效的目的。

4. 突出典型示范，辐射带动技术推广 通过试验示范，选择了一批积极性高、集中连片的家庭农场或合作社为核心示范基地，强化技术模式集成、示范推广，起到以点带面辐射带动作用。并且通过召开现场观摩、技术培训会等活动，积极展示示范基地成果，加大信息、媒体等跟踪报道，大力宣传推广，提高技术到位率。

（二）工作经验

1. 转变观念，提高农户的自主性 以实施“化肥使用量减量化”行动为契机，大力宣传施用有机肥的重要性和必要性，让农户转变以往只施化肥的观念，自主选择施用有机肥，提高有机肥施用积极性。

2. 加强培训，提高农户科学施肥水平 结合新型职业农民培训，传授科学施肥技术。通过科技示范户示范作用、新型肥料推广及水肥一体化等新肥料、新技术的推广，带动果农进行科学施肥。

3. 进村入户，确保施肥建议落到实处 根据不同乡镇土壤状况，因地制宜，科学制定施肥方案，并通过下乡到田间地头、进村入户等方式，把科学施肥建议卡发放到位，真正实现把科学施肥技术带下田。

（三）取得成效

1. 化肥用量减少，有机肥用量显著增加 全区覆盖村数 239 个，农户 19 万个。2017—2020 年，累计推广有机肥施用 40 万亩次以上，减少使用化肥 4 576t（折纯），减少 15.5%。

2. 有机肥产业得到良性发展 2017 年以前，龙海市仅有 5 家有机肥生产销售企业，并且规模较小。项目实施后，全区再增加 5 家，有机肥生产销售企业达到 10 家，并且规模不断扩大，管理也更加完善，每年加工销售的商品有机肥得到当地及周边地区种植户的一致好评。

3. 项目区土壤有机质含量明显提升 设置长期定位监测点，在试验前、后分别采集土样进行检测，5 个效果监测点土壤有机质平均含量由 21.0g/kg 提高到 22.5g/kg，效果明显。

4. 示范区荔枝增产增收 核心示范区荔枝每株平均产量 25.5kg，平均亩产 1 020.0kg；农民习惯区域每株平均产量 24.6kg，平均亩产 984.0kg，实现了增产 3.7%，同时化肥减量 25%，亩可节本增收 720 元。此外，采用“有机肥替代＋配方施肥”模式生产的荔枝，品质更佳，通过电商渠道销售，好品种精品荔枝每千克价格可达到 20～30 元，而传统管理的荔枝每千克平均只有 8～10 元，经济效益显著。

四、海南省琼海市槟榔科学施肥技术示范推广

琼海市位于海南省东部，属热带季风气候区北缘，受季风影响大，光照充足，温差小、积温高，雨量充沛。其优越的区位气候条件非常适宜槟榔的生长。近几年，琼海市槟榔产量居海南省首位，2019 年琼海市槟榔收获面积为 13 903hm^2，产量为 45 074t，槟榔产业已逐渐成为琼海市最大的热作产业。然而槟榔种植户的施肥管理和科学意识却远远跟不上产业发展速度，存在施肥不合理、土壤地力下降、病害严重以及槟榔果品质下降等问题，严重影响了槟榔产业的可持续发展。对琼海市槟榔种植区域调查发现，农户存在“喜收懒管”的思想，肥料种类选择不当、施肥时间和方法不当等现象普遍，甚至还存在超量施用化肥的现象。

虽然政府近年来对槟榔施肥越来越重视，农民也逐渐意识到科学施肥的好处，但是在施肥过程中仍存在不合理之处。针对这一现状，海南省土壤肥料总站在琼海积极实施槟榔合理施肥地力提升试验示范项目，通过 5 年的推动，大力推广施用商品有机肥、生物有机肥、微生物菌剂等，积极开展化肥零增长行动，槟榔园土壤有机质含量得到明显提升，槟榔品质和产量有了显著改善和提高，取得了良好的经济效益、社会效益和生态效益。

（一）主要做法

1. 充分调研，科学制定施肥管理方案　方案制定前，对试验地块基本情况充分调研，采集数据，取土化验。制定方案时重点针对槟榔园施肥方式方法不合理、化肥施用量过多、管理粗放等问题，围绕施肥方式、改良土壤、提升地力等方面制定“地力提升套餐”，全面推广土壤改良、地力提升理念，改善土壤理化性状，实现槟榔高产优质。

2. 分工协作，集成推广适宜技术模式　明确农技人员分工及职责，制定适合不同区域、不同品种槟榔园的施肥技术模式，大力推广“生物有机肥＋配方肥”、“有机肥、微生物菌剂＋水肥一体化”、“自然生草/间作＋林下养殖”等模式，通过项目区示范带动大面积推广。

3. 建立示范点，发挥以点带面作用　充分调研了解遴选一批积极性高、有一定实力的种植企业或农民合作社为示范点，联手 11 家肥料骨干企业和节水企业多次到田间开展地力提升、化肥减施、农业节水水肥一体化等工作，强化技术模式集成推广，起到以点带面作用，加强农户施肥和田间管理技术指导，推动项目落实到位。

4. 加强宣传培训，增强示范推广效果　在项目区树立试验示范项目标志牌，积极召开现场交流、技术培训会等，组织农户观摩和交流研讨，积极推广宣传示范基地成效，充分利用电视、网络等媒体进行全方位的宣传，营造良好的社会氛围。

（二）工作经验

1. 摸清了解农户施肥习惯　组织农技人员对槟榔种植区域进行土壤调查，实地采取土壤样本进行检测，摸清槟榔园土壤的性质、养分状况和槟榔需肥特性，为推广科学施肥提供技术依据。坚持问题导向，以提高槟榔产量、提高化肥利用率为目的，聚合相关科研

院校力量，研讨制定不同品种、不同区域槟榔施肥技术规程。

2. **引导农户树立科学的施肥意识**　不少种植户习惯在空闲时尤其雨后施肥，误认为只要施肥就能获得高产，甚至认为施肥量越多效益就越高，常常为了方便，减少施肥次数，一次性过量施肥。通过建立槟榔科学施肥管理示范点，举办各种形式的技术观摩、交流和培训，宣传科学施肥的相关知识，使种植户掌握槟榔科学管理技术，做到科学用肥，改变传统施肥习惯，转变思想观念，增强科学施肥意识。

3. **加大新型肥料推广的支持力度**　统筹协调行政、推广、科教、企业等多方力量，围绕试验示范，大力推广商品有机肥、生物有机肥、保水肥、生根长效肥等槟榔生长所需的新肥料、新产品、新模式，有提高肥料利用率，减少化肥施用量，提高作物对低温、干旱、病害等的抵抗力。

（三）取得成效

近年来，琼海共建立槟榔科学施肥技术示范点 15 个，技术推广面积累计 22.5 万亩次，覆盖村数 75 个，涉及农户 2 000 余户。在地力提升方面，通过取样检测，试验前试验地土壤有机质平均含量为 1.78%，pH 为 5.0，试验后有机质平均含量达到 1.97%，pH 为 5.4，有机质含量、pH 明显提高。试验地块土壤理化性状改善，土质疏松，耕性良好，土壤透气性明显改善。在增产增收方面，2020 年项目示范区较传统亩增产 50kg，且品质也有较大提升，槟榔价格日益上涨，走俏稳定，种植户取得了良好的经济效益。

五、广东省徐闻县菠萝科学施肥技术示范推广

（一）基本情况

徐闻县地处热带北缘，属热带季风气候，日照充足，四季常绿；夏秋季炎热多雨、多雷、多台风，冬春季干旱，地表水比较贫乏，是我国的季节性干旱区域。徐闻县独特的自然条件和地理优势使其成为我国菠萝种植的最优势区域，也是全国最大的菠萝生产基地，现有菠萝种植面积约 35 万亩，年均产菠萝鲜果约 65 万 t，产值约 20 亿元，是徐闻县的支柱产业。随着近年甘蔗等热带作物经济效益下降，菠萝栽培面积呈稳步增长态势。菠萝种植业带动了上下游各行业的发展，在县域内具有完整的菠萝种植、加工、贸易和文化旅游的完整产业链。由于菠萝耐旱、耐贫瘠、抗风，长期以来被当地作为对抗干旱、台风等频发自然灾害的首选经济作物，种植菠萝对稳定徐闻农村社会和经济具有重要的作用。

徐闻菠萝果农常规施肥方式主要是传统凭经验施肥，以化肥为主，基本不施有机肥。基肥以复合肥、磷钾肥为主，种植后追肥以尿素和复合肥为主，主要靠经验进行撒施，持续到果实管理期。这种传统施肥方式导致的问题主要有：一是果实品质下降，果农因片面追求高产，而滥用化肥，特别是氮肥，导致菠萝易发生水心果，品质变差、不耐贮运；二是土壤酸化加重，因长期不施有机肥，化肥大量不合理施用，使果园土壤 pH 不断下降，部分果园土壤 pH 达到 3.9 以下，偏离菠萝最适生长的微酸性环境，对菠萝产量、品质和

抗逆性等均造成不良影响；三是影响生态环境，过量不合理施用化肥，超过植株吸收和土壤承载能力，造成水体和土体污染。

（二）主要做法

1. **积极推动成果转化落地** 通过与中国热带农业科学院南亚热带作物研究所等研究机构合作，开展菠萝养分需求规律、科学施肥技术等研究试验，及时将研究成果转化落地，编制徐闻菠萝科学栽培技术规程。与本地种植企业、专业合作社和种植大户合作建立示范基地，对菠萝科学施肥技术进行试验示范和推广应用。以示范基地为平台，邀请专家对徐闻菠萝产业管理干部、技术人员和果农进行菠萝科学施肥技术培训指导。

2. **科学制定施肥技术方案** 及时对菠萝科学施肥研究与试验示范成果进行总结提炼，提出菠萝科学施肥技术方案和施肥技术模式，明确施肥时期、施肥种类、施肥量和施肥方式等技术要点，通过科学施肥技术的落地应用，提高了肥料利用率，减少了化学肥料的投入。

（1）科学确定施肥总量 主要是根据近年测土配方施肥和田间肥效试验成果科学确定菠萝种植施肥量。以目标产量为每亩4 000kg 鲜果的果园，亩施用有机肥 300～1 000kg、尿素 25～35kg、磷肥 50～100kg、钾肥 28.0～35kg、复合肥 85～100kg。菠萝生长前期多施氮肥，中后期多施磷钾肥。采用水肥一体化施肥方式，化肥施用量可减少25%～35%。

（2）改进型常规施肥模式 对施用肥料的种类和数量进行调整，对施肥时期和次数作部分调整，使果农易于接受。其中，整地和基肥：粉碎前茬残株，翻耕埋入土壤。一月后整地，每亩施腐熟有机肥或生物有机肥 300～1 000kg，翻埋入土，并将复合肥 25～50kg、磷肥 50～100kg 混匀后，采用开沟施肥机施肥。壮苗肥：春植和秋植苗在植后 2～3 个月，冬植苗在第二年 3 月进行施用，沟施或撒施，每亩施用尿素 10～15kg、氯化钾 7.5～10kg、复合肥 20～25kg。催花壮蕾肥：在催花前 1～1.5 个月施用，每亩施尿素 15～20kg、氯化钾 20～25kg、高钾复合肥 25～35kg。壮芽肥：果实收获后，每亩施尿素 8～10kg 或高氮复合肥。

（3）水肥一体化施肥模式 果园需具备肥水池、泵和主管道系统等设施。整地和基肥：与改进型常规施肥模式一致。在施完基肥后，铺地膜覆盖。种植菠萝后铺设田间管道喷淋系统。管道喷施叶面肥：植后 20d 至菠萝催花前 1 个月，苗期生长前期叶面喷施高氮型复合肥＋硫酸亚铁或其他含有中微量元素水溶性肥，每月喷施 1～2 次；苗期生长中后期，每月喷施 1～2 次高钾型复合肥＋硫酸亚铁或其他含有中微量元素水溶性肥。叶面肥的施用需注意根据菠萝生长情况、气候确定。低温时节（12 月中旬至翌年 2 月上旬）与高温干旱天气不喷施，在阴天或下雨过后喷施。每亩约喷肥液 30～75kg，以喷湿叶面为好，菠萝苗小时用量适当减少。

3. **强化技术推广体系建设** 邀请菠萝施肥专家对本县相关行政管理工作人员、技术干部以及菠萝种植企业和大户等从业人员进行菠萝科学施肥技术专题讲座和田间示范现场观摩培训，提高菠萝种植科学施肥水平。另外，徐闻县农业技术推广中心技术人员在各乡镇政府支持下，持续开展下乡入村技术培训，以村级技术骨干带动村民，建立了县、乡镇、村三级推广技术体系，形成了“科研院所＋行政管部门或农技术推广部门＋示范基地＋果农”的推广模式。

4. 整合资源，强化辐射带动　聚合中国热带农业科学院、广东省农业科学院、徐闻县农业技术推广中心和县农业科学研究所等单位专家团队资源，搭建菠萝科学施肥技术研究创新平台，积极争取各级项目支持开展科技研究攻关、科技扶贫以及科技特派员下乡等技术推广活动。在主产乡镇打造菠萝标准化栽培科学施肥示范区，加强宣传报道，组织乡镇技术人员和果农现场观摩和学习交流，使果农学习菠萝科学施肥新技术，并进一步辐射带动技术的推广应用。

（三）工作经验

一是建设示范基地。通过国家现代农业产业园创建，在种植企业、专业合作社和种植大户生产基地建立菠萝科学施肥示范基地，作为标准化模式带动小规模种植户和散户应用，以点带面、点面结合、多管齐下，促进科学施肥技术全面推广应用。

二是强化技术指导。组织专家团队和镇村各级技术人员开展科技培训与长期跟踪服务，在关键时期到农场、村庄进行深入调研和对农户进行现场技术指导，保障科学施肥技术措施有效落实。

三是争取资金支持。积极争取各级资金项目支持，整合资源，落实菠萝科学施肥技术研究、试验、示范和推广等各项工作的措施保障，增强菠萝科学施肥技术研究创新能力和促进菠萝产业绿色发展。

（四）取得成效

1. 显著降低化肥施用量　通过推广应用菠萝科学施肥技术，农户施肥水平得到提升，配方肥、水溶肥、水肥一体化和机械施肥等新肥料、新技术和施肥新方式得到推广应用，有机肥使用量也不断增加，化肥滥施现象得到有效遏制。与农户常规施肥相比，平均可减少化肥施用量15%以上，其中水肥一体化施肥方式可减少施肥量25%～35%，有效促进了化肥减量增效和降低果农施肥成本。

2. 耕地地力有效提升　菠萝残植粉碎还田，并因地制宜施用菠萝加工企业产生的果渣、糖泥等下脚料为原料的腐熟有机肥，促进了农业废弃物的资源化利用，减少了对环境的污染，同时也增加了土壤有机质含量，耕地质量和地力得到提升。

3. 种植效益增加　示范片菠萝亩均产量达4 250kg，增产500kg以上，产量提高10%～20%以上，商品果率提高10%以上，果实可溶性固形物含量提高两个百分点，果实品质显著提高。其中采用水肥一体化亩产可超过5 000kg，增产稳产效果明显，提高了种植效益。

4. 推动品牌建设，助力乡村振兴　科学合理施肥以及标准化的种植，保障了徐闻菠萝品质的稳定和提升，产品得到全国销售商的青睐，增强了当地企业的品牌意识，有力推动了“徐闻菠萝”区域公用品牌建设，提高了市场竞争力，菠萝产业的健康发展也将在徐闻实施乡村振兴战略中发挥重要作用（图6-4）。

整地同步施基肥

菠萝残株粉碎还田

菠萝水肥一体化施肥

图 6-4　徐闻县菠萝科学施肥技术图示

六、海南省乐东黎族自治县火龙果科学施肥技术示范推广

火龙果是海南省乐东黎族苗族自治县的新兴产业，种植效益显著。2021 年全县种植面积 3.43 万亩，年产值 9.6 亿元，每亩收入 2.8 万元。火龙果产业在带动当地经济发展和丰富果品市场中发挥了重要的作用。然而随着多年种植，一些问题逐渐凸显，一方面，火龙果产量不稳定，果实品质参差不齐，加上市场不稳定及农资涨价等一系列原因，火龙果种植效益受到一定程度的影响。另一方面种植户习惯大肥管理，常年盲目过量施肥导致土壤酸化板结和贫瘠化日趋严重，土壤质量不断下降。针对上述情况，积极推行有机肥替代化肥技术，与企业合作共建示范基地，引入科技小院模式，开展长期的大田试验。通过积极开展科学施肥行动，火龙果果园土壤质量明显提升，火龙果产量保持稳定上升趋势，取得了良好的经济效益、社会效益和生态效益。

（一）主要做法

1. 坚持目标导向，科学制定技术方案　在火龙果产业蓬勃发展的背景下，牢牢抓住限制火龙果产业持续健康发展的关键因素，围绕化学肥料过量施用所带来的果品和土壤质量不断下降这一问题，从调整施肥方式和施肥结构入手，调整化肥和有机肥的用量及比例，创新施肥方式，推行轻简高效施肥技术，实现火龙果优质高效生产以及地力水平的不断提升。

2. **产学研结合，形成技术集成模式**　深化科研、教育、生产不同社会分工在功能与资源优势上的协同与集成化，促进技术创新和产业上、中、下游的对接与耦合。因地制宜，建立增施有机肥、水肥一体化、果园生草等技术的集成方案。

3. **加强示范引领，发挥以点带面作用**　围绕有机肥替代化肥方式，遴选一批积极性高、有一定实力的肥料企业，合作建立示范基地，强化技术模式集成和示范推广，发挥以点带面作用。

4. **提升宣传服务，强化示范推广效果**　广泛开展现场观摩会、技术培训会等活动，积极推广宣传示范基地成果，充分利用广播、电视、报纸和网络等媒体进行全方位的宣传辅导与信息报道，引导种植户科学认识和应用新技术。

（二）技术模式

1. **施肥原则**

（1）施肥技术与地表覆盖相结合　海南省夏季气温高，太阳直射地表温度达到近50℃，而火龙果是浅根系作物，高温很容易造成根系木质化，失去吸水吸肥活力。因此生产中往往在地表铺设树皮或者椰糠等覆盖物，在减少太阳直射的同时，能够起到保水保肥的作用。

（2）施肥技术与土壤改良相结合　良好的土壤结构是提高养分有效性以及肥料利用率的基础。海南省火龙果种植主要集中在东方和乐东地区，靠山近的土壤多为黏土，透气性差；靠海近的土壤多为砂质土壤，漏水漏肥问题突出且保水保肥性差。在建园时，建议施入有机肥及土壤改良剂等，以改善土壤的物理性状。

（3）搞好测土配方施肥　火龙果从春季定植到完成枝条生长大概需要6～8个月的时间。苗期和冬春季的种植管理主要以培育枝条为主，对氮肥需求较高，在结果期养分不仅供给枝条，还要大量提供给花朵和果实，对磷钾的需求较高。因此需要依据不同生育期对养分的需求进行分阶段施肥。定时测量土壤及火龙果枝条里面的养分变化，针对性地补充作物所需的营养元素。

（4）水肥一体化　东方和乐东地区是海南岛内降水资源最不充分的地区，尤其是东方，全年降水仅有900mm，加上砂质土漏水，因此必须通过水肥一体化提高肥料施用的效果。同时，火龙果是多年生作物，一次性建好水肥设施，方便后续长期进行灌溉和施肥，在提高水肥利用效率的同时，可大大节约劳动力，降低生产成本。

2. **施肥建议**　以目标亩产量4 500kg推荐施肥，施肥方式为水肥一体化，每月施水肥4次。

第一年：氮肥亩用量（N）14.4kg，磷肥亩用量（P_2O_5）11.2kg，钾肥亩用量（K_2O）27.2kg。

①幼苗和上架分枝期（8个月）：每次每亩施N 0.25kg、P_2O_5 0.15kg、K_2O 0.3kg。

②花果期（4个月）：每次每亩施N 0.4kg、P_2O_5 0.4kg、K_2O 1.1kg。

第二年及以上：氮肥亩用量（N）31.2kg，磷肥亩用量（P_2O_5）22.8kg，钾肥亩用量（K_2O）72kg。

③枝条生长期（营养生长期3个月）：每次每亩施N 0.8kg、P_2O_5 0.4kg、K_2O 1.2kg。

④花果期（生殖生长期9个月）：每次每亩施N 0.6kg、P_2O_5 0.5kg、K_2O 1.6kg。

肥料的选择：氮肥以尿素为主。磷肥要根据灌溉水的pH和钙镁离子的含量进行选择，其中聚磷酸复配性较好，适合多种水质；如果水的pH较低，适宜用磷酸二铵；水的pH较高，则用磷酸一铵；钾肥以硝酸钾和氯化钾为主，其他钾肥选择溶解度较好的肥料施用。

施肥方案需根据不同的土壤气候条件，以及火龙果植株的健壮程度科学调整。在预算充足的条件下，宜充分施用有机肥。

3. 有机肥施用

①作为基肥：撒施后旋耕地下20～30cm。

②追施有机肥：建园之后推荐每年分两次追施有机肥。于3月以及10月分别施用1次。施用方法是在垄上边缘处开15～20cm深度的施肥沟，施入有机肥，之后将土培回垄上。

4. 注意事项

①火龙果类同其他仙人掌类植物，生长量比常规果树小。所以施肥要以充足、少量、多次为原则。

②火龙果的根系主要分布在表层，追施有机肥时应于垄的最边缘开浅沟施，以免过多伤根。

（三）工作经验

一是强化技术引领，科学指导。化肥减施及有机肥替代行动实施以来，总结形成“火龙果水肥一体化＋配方肥”施肥方式以及有机肥替代化肥技术模式若干项。这些施肥模式被种植企业广泛采用，对火龙果产业发展具有积极作用。

二是积极培养骨干，示范带动。引进科技小院模式，积极开展培训和示范带动，促进区域经济发展，摸索出一套火龙果高效种植模式，以示范先行，培训在后的模式开展各种高效农业栽培管理培训，培养了一批批火龙果种植技术骨干。

三是转变思想理念，调整方式。引导培训公司和基地生产管理人员，参与相关科研项目的申报、专利书写等，提升技术素养，改变传统粗放式的经营管理模式。在田间地头，对周边农民开展多种形式的培训，实地传授科学种植、合理施肥和病虫害防治知识。

（四）取得成效

1. 减化肥，增有机肥效果显著 火龙果绿色高效栽培技术主要以合理使用有机肥和采用水肥一体化方式，减少了化肥施用量，形成了一整套施肥方案，显著提高了火龙果的肥料利用率。以火龙果目标亩产量4 500kg的推荐施肥量，初期亩施基肥6t，每年3月以及 10 月追大肥，每亩 2～3t。若有机氮替代化肥氮 20%，则每亩增加有机肥 400～500kg。预算充足的条件下，可用 30%的生物有机肥替代商品有机肥（图 6-5）。

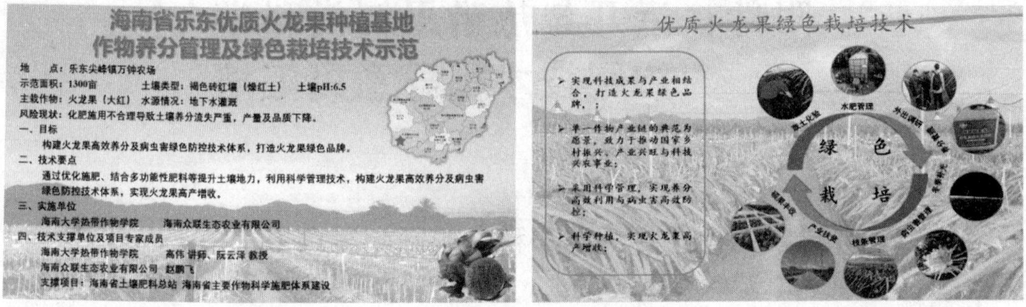

图 6-5　火龙果绿色栽培技术示范

2. **促进有机肥产业良性发展**　火龙果绿色栽培技术也推进了有机肥产业的良性发展。有机肥替代化肥项目实施前，有机肥用量小，项目实施前每亩有机肥用量仅 1t，项目实施后每亩达到 3t，有机肥数量以较大幅度逐年增长。同时有机肥用量的增长也促进了畜禽粪便资源的合理化利用，改善了种植区的生态环境，产生了较好的生态效益。

3. **示范区火龙果增产增收效果**　通过火龙果种植示范与推广，形成了火龙果绿色栽培技术，促进热区农业的绿色发展。由于海南地区属于冬季反季节水果优势产区，火龙果每亩收益可增收 10 000 元，经济效益显著。通过发展火龙果产业，能够有效辐射带动周边农村，有利于促进农民增收与就业。

4. **农户科技素养得到大幅度提升**　在火龙栽培示范过程中，对周边进行科普和培训，科普培训达 150 人次，形成周周小培训，月月大培训，总培训达 20 次/年，形成了良好的社会效益，也形成了“大学＋政府＋企业＋承包户”的多方位帮扶模式。累计为企业开展测土配方施肥 1 000 余次，开展农业技术培训 20 余场，受益人群 1 000 余人（图 6-6）。

图 6-6　开展多类型技术培训

附件：近几年热带果树类科学施肥技术指导意见汇编

（一）2023年果树棉花甘蔗春季科学施肥指导意见

1. 柑橘

1.1 长江上中游柑橘带

主要包含重庆市、四川省、湖北省。

1.1.1 施肥原则

（1）增施有机肥料，坚持有机无机配合施用；秋冬未施用有机肥的柑橘园注意春季补施。提倡行间种植绿肥，春季翻压或覆盖还田。

（2）该区域果园土壤以紫色土为主，部分土壤偏碱性，针对性施用锌、铁、锰、硼；老龄果园补施钙、镁。

（3）根据柑橘长势及产量水平、果园土壤肥力状况，优化氮磷钾肥用量、配比和施肥时期，适当调减化肥用量。

（4）肥水管理与绿色高产优质栽培结合，春季施肥前注意果树的整形修剪；前期发生冻害的柑橘园要及时修剪枯枝，温度回升后尽早施用有机肥等，促进根系生长和树势恢复；有条件的果园提倡水肥一体化技术。

1.1.2 施肥建议

（1）亩产水平1 000kg以下，亩施氮肥（N）7～10kg、磷肥（P_2O_5）3～5kg、钾肥（K_2O）6～8kg；亩产水平1 000～2 000kg，亩施氮肥（N）10～15kg、磷肥（P_2O_5）5～7kg、钾肥（K_2O）8～12kg；亩产水平2 000～3 000kg，亩施氮肥（N）15～20kg、磷肥（P_2O_5）7～9kg、钾肥（K_2O）12～16kg；亩产水平3 000kg以上，亩施氮肥（N）20～25kg、磷肥（P_2O_5）9～12kg、钾肥（K_2O）16～20kg。肥料分春夏秋3次施用。

（2）春季施肥：选用高氮中磷中钾型配方肥（20-13-12或相近配方），亩产水平低于1 000kg，配方肥每亩用量14～18kg；亩产水平1 000～2 000kg，配方肥每亩用量18～30kg；亩产水平2 000～3 000kg，配方肥每亩用量30～40kg；亩产水平3 000kg以上，配方肥每亩用量40～50kg。秋季有机肥施用不足的果园配合每亩施用200～400kg生物有机肥或腐熟饼肥；缺锌、铁、硼的柑橘园，在春季萌芽前每亩施用硫酸锌1～1.5kg、硼砂0.5～1.0kg。施肥方法采用条沟施，在柑橘树冠滴水线附近挖长、宽、深分别为60～80cm、40～50cm、15～25cm的施肥沟，将每株的有机肥、复合肥和中微量元素与土壤混匀后回填于施肥沟；能实施机械化操作的果园，在行间柑橘树冠滴水线附近采用开沟施肥覆土机一次完成；施肥时间为2月中旬至3月下旬（根据品种和当地气候确定，最好在春梢萌动或者花蕾前7～10d施用）。锌、铁、硼严重缺乏的果园，在开花初期到坐果期喷施2～3次。

(3) 夏季施肥：选用高钾型配方肥（18-5-22或相近配方），亩产水平1 000kg以下，配方肥每亩用量16～22kg；亩产水平1 000～2 000kg，配方肥每亩用量22～35kg；亩产水平2 000～3 000kg，配方肥每亩用量35～45kg；亩产水平3 000kg以上，配方肥每亩用量45～55kg。施肥方法采用条沟、穴施或兑水浇施，施肥深度10～20cm；施肥时间6月至8月果实膨大期一次或分次施用。缺镁果园在幼果期每亩施用硫酸镁20～30kg；缺钙果园在幼果期喷0.3%的硝酸钙2～3次。

1.2 赣南—湘南—桂北柑橘带

主要包括江西省、湖南省、广西壮族自治区以及云南省、贵州省。

1.2.1 施肥原则

(1) 果园以红壤为主，适量施用石灰、钙镁磷肥、硅钙肥等碱性肥料调理酸性土壤。

(2) 增施有机肥料，坚持有机无机配合施用；提倡行间种植绿肥，春季翻压或覆盖还田。

(3) 根据柑橘长势及产量水平、果园土壤肥力状况，优化氮磷钾肥用量、配比和施肥时期，适当调减化肥用量。

(4) 中微量元素采用"因缺补缺"的施肥策略，在酸性土壤上注意补充镁、钙、硼等中微量元素。

(5) 肥水管理与绿色高产优质栽培结合，春季施肥前注意果树的整形修剪；受冻害的柑橘园要及时修剪枯枝，温度回升后尽早施用优质有机肥等，促进根系生长和树势恢复；有条件的果园提倡应用水肥一体化技术。

1.2.2 施肥建议

(1) 亩产水平1 000kg以下，亩施氮肥（N）6～9kg、磷肥（P_2O_5）3～4kg、钾肥（K_2O）5～8kg；亩产水平1 000～2 000kg，亩施氮肥（N）9～14kg、磷肥（P_2O_5）4～6kg、钾肥（K_2O）8～12kg；亩产水平2 000～3 000kg，亩施氮肥（N）14～19kg、磷肥（P_2O_5）6～8kg、钾肥（K_2O）12～16kg；亩产水平3 000kg以上，亩施氮肥（N）19～25kg、磷肥（P_2O_5）8～10kg、钾肥（K_2O）16～21kg。肥料分春夏秋3次施用。

(2) 春季施肥：选用高氮中磷中钾型（22-11-12或相近配方）配方肥，亩产水平1 000kg以下，配方肥每亩用量10～15kg；亩产水平1 000～2 000kg，配方肥每亩用量15～25kg；亩产水平2 000～3 000kg，配方肥每亩用量25～35kg；亩产水平3 000kg以上，配方肥每亩用量35～45kg。秋季有机肥施用不足的果园应在春季每亩施用优质有机肥200～400kg、配施钙镁磷肥15～30kg。施肥方法采用条沟施，在柑橘树冠滴水线附近挖长、宽、深分别为60～80cm、40～50cm、15～25cm的施肥沟，将每株的有机肥、复合肥和中微量元素与土壤混匀后回填于施肥沟；能实施机械化操作的果园，在行间柑橘树冠滴水线附近采用开沟施肥覆土机一次完成；施用时间为早中熟品种2月至3月上旬施用（根据品种和当地气候确定，最好在春梢萌动或者花蕾前7～10d施用），3～4月收获的晚熟品种在3月底之前施用，越早越好；如采收前施肥操作困难，采收后马上施春肥。硼锌缺乏的果园补充硼肥和锌肥。

(3) 夏季施肥：选用高氮高钾型（18-5-22或相近配方）配方肥，亩产水平1 000kg以下，配方肥每亩用量15～20kg；亩产水平1 000～2 000kg，配方肥每亩用量20～30kg；

亩产水平 2 000～3 000kg，配方肥每亩用量 30～45kg；亩产水平 3 000kg 以上，配方肥每亩用量 45～55kg。施肥方法采用条沟、穴施或兑水浇施，施肥深度 10～20cm。施用时期为 5～8 月果实膨大期分次施用。缺镁果园在幼果期每亩施用硫酸镁 20～30kg；缺钙果园在幼果期喷 0.3%的钙肥 2～3 次。

1.3 浙—闽—粤柑橘带

主要包括浙江省、福建省、广东省。

1.3.1 施肥原则

（1）果园土壤以红壤或海涂土壤为主，有机质含量低，部分土壤酸化或盐渍化；应增施有机肥，坚持有机无机配合施用；提倡行间种植绿肥，春季翻压或覆盖还田；土壤酸化严重的果园施用石灰、钙镁磷肥、硅钙肥等碱性肥料进行调理。

（2）该区域是我国的柚子主产区，土壤磷累积明显，应适当降低磷肥用量；该区域钙镁普遍缺乏，应注意补充。

（3）肥水管理与绿色高产优质栽培结合。根据土壤肥力和不同熟期柑橘品种的长势及产量水平，优化氮磷钾肥用量、配比和施肥时期；有条件的果园提倡水肥一体化。

1.3.2 施肥建议

（1）亩产水平 1 000kg 以下，亩施氮肥（N）6～10kg、磷肥（P_2O_5）2～3kg、钾肥（K_2O）5～9kg；亩产水平 1 000～2 000kg，亩施氮肥（N）10～14kg、磷肥（P_2O_5）3～4kg、钾肥（K_2O）9～13kg；亩产水平 2 000～3 000kg，亩施氮肥（N）14～18kg、磷肥（P_2O_5）4～5kg、钾肥（K_2O）13～16kg；亩产水平 3 000kg 以上，亩施氮肥（N）18～23kg、磷肥（P_2O_5）5～7kg、钾肥（K_2O）16～21kg。肥料分春夏秋 3 次施用。

（2）春季施肥：选用高氮中磷中钾型（22-10-13 或相近配方）配方肥，亩产水平 1 000kg以下，配方肥每亩用量 10～15kg；亩产水平 1 000～2 000kg，配方肥每亩用量 15～25kg；亩产水平 2 000～3 000kg，配方肥每亩用量 25～33kg；亩产水平 3 000kg 以上，配方肥每亩用量 33～40kg。秋季有机肥施用不足的果园应在春季每亩补施 200～500kg 优质有机肥。施肥方法采用条沟、穴施，施用时间为 2～3 月。

（3）夏季施肥：选用高钾型（18-5-22 或相近配方）配方肥，亩产水平 1 000kg 以下，配方肥每亩用量 16～22kg；亩产水平 1 000～2 000kg，配方肥每亩用量 22～33kg；亩产水平 2 000～3 000kg，配方肥每亩用量 33～44kg；亩产水平 3 000kg 以上，配方肥每亩用量 44～50kg。施肥方法采用条沟、穴施或兑水浇施，施肥深度 10～20cm。施用时间在 6～8 月果实膨大期分次施用。

2. 荔枝

2.1 施肥原则

（1）重视有机肥施用，根据生育期施肥，合理搭配氮磷钾肥，视荔枝品种、长势、气候等因素调整施肥计划。

（2）土壤酸性较强果园，适量施用石灰、煅烧好的牡蛎壳粉、钙镁磷肥等调节土壤酸碱度和补充相应养分。

（3）大量元素肥料和有机肥采用土施，用量根据产量和土壤肥力而定，中微量元素肥料因缺补缺，采用根外追肥方式喷施。

（4）果实发育期正值雨季，氮肥尽量选用铵态氮肥，避免使用尿素或硝态氮肥。

（5）施肥与其他管理措施相结合，例如采用灌施肥、施肥枪施肥等。

2.2 施肥建议

（1）结果盛期树（株产 50kg 左右）：每株施有机肥 10～20kg、氮肥（N）0.75～1.0kg、磷肥（P_2O_5）0.25～0.3kg、钾肥（K_2O）0.8～1.1kg、钙肥（Ca）0.25～0.35kg、镁肥（Mg）0.07～0.09kg。

（2）未结果幼树或初果树：每株施有机肥 5～10kg、氮肥（N）0.4～0.6kg、磷肥（P_2O_5）0.1～0.15kg、钾肥（K_2O）0.3～0.5kg、镁肥（MgO）0.05kg。

（3）肥料分 6～8 次分别在采后（一梢一肥，2～3 次）、花前、谢花及果实发育期施用。视荔枝树体长势，可将花前和谢花肥合并施用，或将谢花肥和壮果肥合并施用。氮肥在上述 4 个生育期施用比例为 45%、10%、20%和 25%，磷肥可在采后一次施入或分采后和花前两次施入，钾钙镁肥施用比例为 30%、10%、20%和 40%。花期可喷施磷酸二氢钾溶液。喷施时加入适量土温、有机硅、山梨糖醇等叶面肥助剂。

（4）缺硼和缺钼的果园，在花前、谢花及果实膨大期喷施 0.2%硼砂、0.05%钼酸铵；在荔枝梢期喷施 0.2%的硫酸锌或复合微量元素。pH 小于 5 的果园，每亩施用石灰 100kg。

（5）采用水肥一体化施肥的果园，可以采用重力自压施肥法和泵前吸肥法，施肥总量减少 1/4～1/3，采用少量多次方式一般“一梢三肥”，果实发育期每 10d 1 次，全年施肥 10～12 次。

3. 甘蔗

包括广西壮族自治区、云南省、广东省、海南省等。

3.1 施肥原则

（1）根据立地条件和常年产量确定目标产量；结合土壤肥力水平和目标产量确定肥料用量，以氮、磷、钾为主，按需补充钙、镁、硼、锌等中微量元素养分。

（2）氮肥宜选用铵态氮肥或酰胺态氮肥，减少或避免使用硝态氮肥。

（3）农机农艺相结合，土壤深松，基肥深施；追肥于根层施用并覆土。

（4）提倡秸秆还田，长期秸秆还田地块适当减少磷、钾肥的施肥量。

（5）具备滴灌条件的蔗田，推广水肥一体化技术。

（6）土壤酸化严重蔗区，推广施用钙镁磷肥等碱性肥料或土壤调理剂。

3.2 施肥建议

（1）亩产水平大于 6.5t，亩施氮肥（N）23～28kg、磷肥（P_2O_5）10～12kg、钾肥（K_2O）18～20kg。

（2）亩产水平 5.5～6.5t，亩施氮肥（N）20～23kg、磷肥（P_2O_5）8～10kg、钾肥（K_2O）15～18kg。

（3）亩产水平 4.5～5.5t，亩施氮肥（N）18～20kg、磷肥（P_2O_5）6～8kg、钾肥（K_2O）14～16kg。

（4）土壤肥力水平低，施肥量增加 10%～20%；土壤肥力水平高，施肥量减少 10%～30%。

(5) 施用时期及方法。分基肥和追肥两次施用，地膜全覆盖种植采用基肥一次性施用。①基肥：种植时施用。如采用单质化肥，氮肥施用总量的20%～30%，磷肥（推荐使用钙镁磷肥或过磷酸钙）施用100%，钾肥施用总量的20%～30%；如采用复合肥，选用平衡型或中氮高磷中钾复合肥（如15-20-15等），每亩用量20～40kg。基肥撒施于种植沟底部，尽量避免与种茎接触，选用大型甘蔗种植机实施甘蔗下种、施肥、培土一体机械化种植操作。宿根甘蔗，第一次施肥时间在宿根甘蔗苗长出20～50cm，采用中大型甘蔗中耕施肥机进行破垄松蔸、施肥施药及培土。②追肥：甘蔗分蘖后期—拔节初期施用。如采用单质化肥，氮肥施用总量的70%～80%，钾肥施用总量的70%～80%；推荐选用高氮中低磷中钾复合肥（如25-8-16），每亩用量60～100kg，采用中大型甘蔗中耕施肥机进行破垄松蔸、施肥施药及培土。

(6) 秸秆翻压还田的田块，基肥用量可适当增加氮肥5%～10%；秸秆常年还田田块，磷肥和钾肥施用量减少20%～30%。

(7) 水肥一体化的田块，每亩施氮肥（N）20～23kg、磷肥（P_2O_5）8～10kg、钾肥（K_2O）15～18kg。分4～6次进行水肥一体化施肥，苗期施用氮肥（N）10%～20%、磷肥（P_2O_5）20%～30%、钾肥（K_2O）5%～15%；分蘖期施用氮肥（N）20%～30%、磷肥（P_2O_5）30%～40%、钾肥（K_2O）20%～30%；伸长前期（拔节2～4节）施用氮肥（N）25%～35%、磷肥（P_2O_5）20%～30%、钾肥（K_2O）25%～35%；伸长中期（拔节7～9节）施用氮肥（N）20%～30%、磷肥（P_2O_5）10%～20%、钾肥（K_2O）30%～40%。

(8) 在缺镁地区施用镁肥，基肥每亩施用镁肥（以MgO计）2kg；强酸性土壤田块，每亩基施含硅、钙、镁等碱性土壤改良剂100kg/亩。

（二）2022年秋冬季主要农作物科学施肥指导意见

1. 香蕉

1.1 施肥原则

针对香蕉生产中忽视有机肥施用和土壤培肥，钙、镁、硼等中微量元素缺乏，施肥总量不足及过量现象并存，重施钾肥但时间偏迟等问题，提出以下施肥原则：

(1) 合理施用有机肥料，氮磷钾配合施用，根据生长时期合理分配肥料，花芽分化期后加大肥料用量，注重钾肥施用，增加钙镁肥，补充缺乏的微量元素。

(2) 施肥配合灌溉，推广水肥一体化技术。

(3) 整地时增施石灰调节土壤酸碱度，补充土壤钙营养，杀灭有害菌。

1.2 施肥建议

(1) 亩产5 000kg以上的蕉园，腐熟畜禽粪每亩用量不超过1 000kg、氮肥（N）45～50kg、磷肥（P_2O_5）15～20kg、钾肥（K_2O）70～80kg。

(2) 亩产3 000～5 000kg的蕉园，腐熟畜禽粪每亩用量不超过1 000kg、氮肥（N）30～45kg、磷肥（P_2O_5）8～12kg、钾肥（K_2O）50～60kg。

(3) 亩产3 000kg以下的蕉园，腐熟畜禽粪每亩用量不超过1 000kg、氮肥（N）18～25kg、磷肥（P_2O_5）6～8kg、钾肥（K_2O）30～45kg。

(4) 根据土壤酸度，定植前每亩施用石灰40～80kg、硫酸镁25～30kg，与有机肥混匀后施用；缺硼、锌的蕉园，每亩施用硼砂 0.3～0.5kg、七水硫酸锌 0.8～1.0kg。

(5) 香蕉苗定植成活后至花芽分化前，施入约占总量 20%氮肥、50%磷肥和 20%钾肥；在花芽分化期前至抽蕾前施入约 45%氮肥、30%磷肥和 50%钾肥；在抽蕾后施入约 35%氮肥、20%磷肥和 30%钾肥。前期可施水溶肥或撒施固体肥，从花芽分化期开始宜沟施或穴施，共施肥 7～10 次。

(三) 2021 年春季主要农作物科学施肥指导意见

1. 柑橘

1.1 施肥原则

(1) 增施有机肥，坚持有机无机肥料配合施用；秋季未施用有机肥的晚熟柑橘园注意春季补施；提倡橘园行间种植绿肥，春季翻压或者覆盖还田，培肥土壤，保持水土。土壤酸化严重的果园施用碱性调理剂进行改良。

(2) 根据柑橘园土壤肥力和不同熟期柑橘品种的生长势及产量水平，优化氮磷钾肥用量、配比和施肥时期，适当调减化肥用量；中微量元素采用"因缺补缺"的施肥策略，在南方酸性土壤上注意补充镁、钙、硼、锌等中微量元素，尤其是在春季柑橘萌芽前及开花前后补充硼和锌。

(3) 肥水管理应与绿色高产优质栽培技术结合，春季施肥前注意果树的整形修剪；尤其是受前期低温影响发生冻害的柑橘园，要及时修剪枯枝，温度回升后尽早施用优质有机肥等促进根系生长和树势恢复；夏季易出现高温伏旱，提倡橘园生草覆盖和穴贮肥水技术，有条件的果园提倡水肥一体化技术。

1.2 施肥建议

(1) 每亩施用有机肥 300～500kg，或者农家肥 2～4m^3；树势弱或肥力低的土壤多施用；受低温冻害的果园，增加有机肥施用。全部有机肥作基肥，最好于秋季施用，秋季未施用的在春季 2～3 月及早施入，采用开沟或挖穴方法施用。

(2) 亩产 1 500kg 以下的果园，每亩施氮肥 (N) 8～13kg、磷肥 (P_2O_5) 4～6kg、钾肥 (K_2O) 7～11kg。亩产 1 500～3000kg 的果园，每亩施氮肥 (N) 13～18kg、磷肥 (P_2O_5) 5～7kg、钾肥 (K_2O) 11～15kg；亩产 3 000kg 以上的果园，每亩施氮肥 (N) 18～23kg、磷肥 (P_2O_5) 7～9kg、钾肥 (K_2O) 15～19kg。

(3) 化肥分 3～4 次施用，第一次是秋季基肥，在上年 9～11 月（晚熟品种最好在 9 月施用，其他品种在采果前后施用）20%～30%的氮肥、40%～50%的磷肥、20%～30%的钾肥，并配合施用；第二次是春季施肥，于 2～3 月萌芽前施用 30%～40%的氮肥、30%～40%的磷肥、20%～30%的钾肥；在 5 月根据挂果情况酌情施用稳果肥；第三次是夏季施肥，于 6～8 月果实膨大期施用 30%～40%的氮肥、20%～30%的磷肥、40%～50%的钾肥。

(4) 有针对性地施用中微量元素肥料。缺硼、缺锌和缺钙的柑橘园，在春季萌芽前每亩施用硫酸锌 1～1.5kg、硼砂 0.5～1.0kg、硝酸钙 30kg；缺素严重的果园还应在花期叶面喷施 2～3 次 0.2%的硼砂，幼果期喷 2～3 次 0.3%的钙肥。缺镁的柑橘园，在幼果期每亩施用硫酸镁 20～30kg，在秋施肥时每亩用钙镁磷肥 30kg 与有机肥配合施用。

2. 荔枝

2.1 施肥原则

（1）重视有机肥的施用，根据生育期施肥，合理搭配氮磷钾肥，视荔枝品种、长势、气候等因素调整施肥计划。

（2）土壤酸性较强的果园，采用适量施用石灰、钙镁磷肥来调节土壤酸碱度和补充相应养分。

（3）采用适宜施肥方法，有针对性地施用中微量元素肥料。

（4）果实发育期正值雨季，氮肥尽量选用铵态氮肥，避免使用尿素或硝态氮肥。

（5）施肥与其他管理措施相结合，例如采用喷滴灌施肥、施肥枪施用肥料溶液等。

2.2 施肥建议

（1）结果盛期树（株产 50kg 左右）：每株施有机肥 10～20kg、氮肥（N）0.75～1.0kg、磷肥（P_2O_5）0.25～0.3kg、钾肥（K_2O）0.8～1.1kg、钙肥（Ca）0.25～0.35kg、镁肥（Mg）0.07～0.09kg。

（2）幼年未结果树或结果较少树：每株施有机肥 5～10kg、氮肥（N）0.4～0.6kg、磷肥（P_2O_5）0.1～0.15kg、钾肥（K_2O）0.3～0.5kg、镁肥（Mg）0.05kg。

（3）肥料分 6～8 次分别在采后（一梢一肥，2～3 次）、花前、谢花及果实发育期施用。视荔枝树体长势，可将花前和谢花肥合并施用，或将谢花肥和壮果肥合并施用。氮肥在上述 4 个生育期施用比例为 45%、10%、20%和 25%，磷肥可在采后一次施入或分采后和花前两次施入，钾钙镁肥施用比例为 30%、10%、20%和 40%。花期可喷施磷酸二氢钾溶液。

（4）缺硼和缺钼的果园，在花前、谢花及果实膨大期喷施 0.2%硼砂＋0.05%钼酸铵；在荔枝梢期喷施 0.2%的硫酸锌或复合微量元素。pH 小于 5 的果园，每亩施用石灰 100kg。

（四）2021 年秋冬季主要农作物科学施肥指导意见

1. 柑橘

1.1 施肥原则

柑橘生产中存在忽视有机肥施用和土壤改良培肥现象，瘠薄果园面积大，土壤保水保肥能力弱。农户用肥量差异较大，肥料用量、配比、施肥时期和方法等不合理。赣南—湘南—桂北柑橘带、浙—闽—粤柑橘带土壤酸化严重，中微量元素钙、镁、硼普遍缺乏。长江上中游柑橘带部分土壤偏碱性，锌、铁、硼、镁缺乏时有发生。针对上述问题，提出以下施肥原则：

（1）增施有机肥料，坚持有机无机配合施用。

（2）加强果园土壤管理，提倡柑橘园行间种植绿肥，实施果园生草覆盖。土壤酸化严重的果园，适量施用碱性肥料或调理剂进行土壤改良。

（3）根据产量水平和土壤肥力状况，优化氮磷钾肥用量、配比和施肥时期，适当调减化肥用量，“因缺补缺”补充中微量元素，酸性土壤注意补充镁、钙、硼、锌。

（4）施肥方式改全园撒施为集中穴施或沟施，有机肥深施。

（5）肥水管理与绿色优质栽培技术结合，提倡水肥一体化。

1.2 施肥建议

（1）每亩施用腐熟农家肥 2～4m^3 或商品有机肥（含生物有机肥）300～500kg 作基肥，最好于秋季采用开沟或挖穴方法深施，树势弱或肥力低的果园可增加施用量。

（2）亩产 1 500kg 以下的果园，每亩施氮肥（N）8～13kg、磷肥（P_2O_5）4～6kg、钾肥（K_2O）7～11kg。亩产 1 500～3 000kg 的果园，每亩氮肥（N）13～18kg、磷肥（P_2O_5）5～7kg、钾肥（K_2O）11～15kg；亩产 3 000kg 以上的果园，每亩施氮肥（N）18～23kg、磷肥（P_2O_5）7～9kg、钾肥（K_2O）15～19kg。

（3）化肥分 3～4 次施用：第一次是秋季基肥，9～11 月（晚熟品种最好在 9 月施用，其他品种在采果前后施用）20%～30%的氮肥、40%～50%的磷肥、20%～30%的钾肥配合施用；第二次是春季施肥，于 2～3 月萌芽前施用 30%～40%的氮肥、30%～40%的磷肥、20%～30%的钾肥，5 月根据挂果情况酌情施用稳果肥；第三次是夏季施肥，6～8 月果实膨大期施用 30%～40%的氮肥、20%～30%的磷肥、40%～50%的钾肥；

（4）有针对性地施用中微量元素肥料。缺钙、缺镁的柑橘园，秋季每亩选用钙镁磷肥 25～50kg 与有机肥混匀后施用；钙和镁严重缺乏的南方酸性土果园在 5—7 月每亩再施用硝酸钙 20kg、硫酸镁 10kg。缺锌、缺硼的柑橘园，在春季萌芽前每亩施用硫酸锌 1～1.5kg、硼砂 0.5～1.0kg。

2. 香蕉

2.1 施肥原则

针对香蕉生产中忽视有机肥施用和土壤培肥，钙、镁、硼等中微量元素缺乏，施肥总量不足及过量现象并存，重施钾肥但时间偏迟等问题，提出以下施肥原则：

（1）合理施用有机肥料，氮磷钾配合施用，根据生长时期合理分配肥料，花芽分化期后加大肥料用量，注重钾肥施用，增加钙镁肥，补充缺乏的微量元素。

（2）施肥配合灌溉，推广水肥一体化技术。

（3）整地时增施石灰调节土壤酸碱度，补充土壤钙营养，杀灭有害菌。

2.2 施肥建议

（1）亩产 5 000kg 以上的蕉园，每亩施腐熟畜禽粪用量不超过 1 000kg、氮肥（N）45～50kg、磷肥（P_2O_5）15～20kg、钾肥（K_2O）70～80kg。

（2）亩产 3 000～5 000kg 的蕉园，每亩施腐熟畜禽粪用量不超过 1 000kg、氮肥（N）30～45kg、磷肥（P_2O_5）8～12kg、钾肥（K_2O）50～60kg。

（3）亩产 3 000kg 以下的蕉园，每亩施腐熟畜禽粪用量不超过 1 000kg、氮肥（N）18～25kg、磷肥（P_2O_5）6～8kg、钾肥（K_2O）30～45kg。

（4）根据土壤酸度，定植前每亩施用石灰 40～80kg、硫酸镁 25～30kg，与有机肥混匀后施用；缺硼、缺锌的蕉园，每亩施用硼砂 0.3～0.5kg、七水硫酸锌 0.8～1.0kg。

（5）香蕉苗定植成活后至花芽分化前，施入约占总量 20%氮肥、50%磷肥和 20%钾肥，在花芽分化期前至抽蕾前施入约 45%氮肥、30%磷肥和 50%钾肥；在抽蕾后施入约 35%氮肥、20%磷肥和 30%钾肥。前期可施水溶肥或撒施固体肥，从花芽分化期开始宜沟施或穴施，共施肥 7～10 次。

参考文献

晁骏，李磊，符悦冠，等．2021. 芒果园种植大叶油草对果园节肢动物群落结构及多样性的影响［J]. 热带作物学报，42（1）：275-282.
陈厚彬．2018. 荔枝产业发展报告［J]. 现代农业装备（4）：22-24.
陈杰忠．1989. 果树栽培学各论［M]. 中国农业出版社：210-217.
陈金洪，叶素莲．2011. 覆盖技术在龙眼高产中的应用研究［J]. 中国高新技术企业（21）：33-35.
陈金玉，朱虹，吴晓东．2021. 香蕉主要病虫害的防治技术分析［J]. 农业技术与装备（11）：164-165.
陈锦翠．2016. 柑橘病虫害综合防治技术［J]. 果农之友（7）：27-28.
陈菁，秦献泉．2019. 中晚熟荔枝施肥情况调查分析［J]. 现代农业科技（24）：39-40.
陈水森，李丹，周霞，等．2010. 荔枝花芽分化期叶片的光谱特征及其养分预测［J]. 农业工程学报（6）.
陈正喜，徐苏君，徐振安，等．2015. 亚热带季风气候地区柑橘防寒抗冻栽培技术［J]. 中国农业信息（3）：21.
程琛．2018. 琯溪蜜柚果园铜、硼营养状况的研究［D]. 福州：福建农林大学．
程宁宁，林电，黄鹤丽，等．2011. 海南'金煌'芒干物质及养分年积累量研究［J]. 中国农学通报，27（22），243-246.
戴良昭．1999. 荔枝龙眼施肥新技术［M]. 北京：中国农业出版社．
邓成忠．2010. 香蕉标准化技术集成创新及示范应用［J]. 云南农业（5）：11.
邓婉珍．2021. 不同覆盖方式对广西橘园土壤水肥特征及柑橘品质的影响［D]. 桂林理工大学．
邓秀新，彭抒昂．2013. 柑橘学［M]. 北京：中国农业出版社．
丁莉，张益，金琰，等．2021. 乡村振兴背景下海南荔枝产业发展分析［J]. 农业展望（5），31-35.
段志坤．2003. 果树施磷肥要讲究方法［J]. 柑橘与亚热带果树信息，19（8）：21-22.
樊卫国，王立新．2012. 不同供磷水平对纽荷尔脐橙幼树生长及叶片营养元素含量的影响［J]. 中国农业科学，45（4）：714-725.
冯裕才．2018. 香蕉硼铁锰锌铜营养形态诊断与缺素营养效应研究［D]. 武汉：华南农业大学．
符慧华．2021. 海南香蕉病虫害防治技术［J]. 特种经济动植物，24（7）：43-44.
耿中华，房淑霞．2017. 苹果树氮素供求关系与氮肥施用［J]. 现代园艺（17）：63-64.
郭继阳．2019. 菠萝施肥调研与金菠萝营养特性及减肥技术研究［D]. 海口：海南大学．
韩文福．2008. 香蕉营养特性及施肥技术［J]. 福建果树（2）：43-45.
何翠翠，冯焕德，魏志远，等．2019. 海南省芒果主产区果园施肥状况与评价［J]. 中国土壤与肥料（3）：122-129.
贺军虎，陈业渊，魏守兴．2006. 中国杧果产业的现状、存在问题与发展对策［J]. 热带农业科学，26（6）：59-62.
贺梅英．2012. 广东荔枝、香蕉产业生产要素优化配置比较研究［J]. 中国农业资源与区划，33（4）：78-83.
胡晶晶．2021. 高效益下的荔枝产业概况［J]. 营销界（27）：74-82。
黄德炎，陈延玲．1999. 芒果早结丰产栽培技术［M]. 中国盲文出版社：35-53.

黄慧德 . 2017. 香蕉需肥特点与施肥技术 [J]. 世界热带农业信息（6）：51-55.

黄显淦 . 2015. 果树营养、施肥及果园土壤管理和改良 [J]. 果农之友（1）：40-41.

黄媛媛，徐小俊 . 2021. 全球香蕉产业现状与发展趋势 [J]. 热带农业工程，45（5）：34-38.

孔凡红 . 2013. 果树防病害　磷钾不可缺 [J]. 农家之友（5）：48.

孔庆波，栗方亮，张青 . 2021. 滴灌条件下减量施钾对香蕉产量及土壤钾素平衡的影响 [J]. 植物营养与肥料学报，27（2）：312-321.

匡石滋，邵雪花，赖多，等 . 2021. 香蕉减量施肥与氨基酸水溶性肥配施效果研究 [J]. 中国土壤与肥料（3）：134-140.

匡石滋，田世尧，段冬洋，等 . 2015. 生草栽培对火龙果果园土壤特性及微生态环境的影响 [J]. 热带农业科学，35（5）：1-4，12.

雷靖，梁珊珊，谭启玲，等 . 2019. 我国柑橘氮磷钾肥用量及减施潜力 [J]. 植物营养与肥料学报（25）：1504-1513.

李海英，王忠诚，罗程，等 . 2020. 香蕉病虫害及其无公害综合防治 [J]. 农家参谋（6）：45.

李俊杰 . 2021. 供磷水平与施肥方法对脐橙生长发育的影响 [D]. 重庆：西南大学 .

李伟国 . 2010. 农业部热作标准化生产示范园热带作物生产技术规范 [M]. 中国农业出版社：100-125.

李文庆，张民，束怀瑞 . 2022. 氮素在果树上的生理作用 [J]. 山东农业大学学报（自然科学版）（1）：96-100.

李贤高，林志城，王歆昕，等 . 2020. 不同产区“桂蕉 6 号”香蕉种植成本分析 [J]. 农业研究与应用，33（5）：36-40.

李展祥 . 2015. 园地香蕉栽培技术 [J]. 现代农业科技（3）：93.

李张锁 . 1997. 简易果树叶面肥的配制及喷施技术 [J]. 新农业（8）：28-29.

梁海玲，阳继辉，温标堂，等 . 2021. 滴灌施肥对香蕉产量及肥料利用效率的影响 [J]. 南方农业，15（14）：39-40.

廖世纯，王凤英，黎柳锋，等 . 2015. 广西荔枝产业现状与发展对策 [J]. 农业研究与应用（6）：47-50，53。

廖炜，李先信，阳志慧，等 . 2010. 氮磷肥对柑橘的影响研究进展 [J]. 湖南农业科学（24）：34-35.

林玲，唐卫东，李华雄 . 2019. 柑橘果园生草栽培技术 [J]. 农村百事通（2）：37-38.

林伟杰，李歆博，于建霞，等 . 2020.‘琯溪蜜柚’园土壤和树体的硫素营养研究 [J]. 果树学报，37（6）：848-856.

刘斌，苏穆清，王松标，等 . 2021. 芒果果实不同生长发育期矿质元素需求规律 [J]. 广东农业科学，48（11）：49-55.

刘伟，罗玲，钟奇，等 . 2021. 生草和地布覆盖对攀枝花地区芒果园土壤性质及果实品质的影响 [J]. 应用与环境生物学报，27（2）：261-270.

卢加忠 . 2021. 香蕉种植与病虫害防治技术浅析 [J]. 南方农业，15（23）：35-36.

卢希旭，梁启宗 . 2020. 阳江地区香蕉标准化栽培技术 [J]. 安徽农学通报，26（7）：29-30.

罗东林，王伟，朱陆伟，等 . 2019. 华南荔枝叶片营养诊断指标的建立 [J]. 植物营养与肥料学报，25（5）：859-870.

罗自威，陶晶霞，侯凯捷，等 . 2022. 养分优化管理实现蜜柚高产高效和降低碳排放 [J]. 植物营养与肥料学报，28（4）：688-700.

马静燕，陈梅珍 . 2019. 广东省香蕉主要病害的无公害化防治探究 [J]. 南方农业，13（9）：3 4.

马原松，黄志璞 . 2017. 微生物肥料的研究进展 [J]. 山东工业技术（11）：259-260.

欧阳曦，齐文娥 . 2017. 广东省香蕉产业对农户收入贡献研究 [J]. 海峡科技与产业（11）：159-160.

齐文娥 . 2014. 我国主要荔枝品种生产规模与生产效率分析：基于 2011—2013 年的数据 [J]. 广东农业科学，41（11）：233-236.

区惠平，彭嘉宇，周柳强，等.2021. 百色芒果主产区果园施肥状况及减施潜力分析［J］. 南方农业学报，52（12），3375-3381.
沈兆敏，刘焕东.2013. 柑橘营养与施肥［M］. 北京：中国农业出版社.
施琼.2012. 香蕉高产栽培及管理技术［J］. 云南农业（8）：12-13.
石伟琦，马海洋，刘亚男，等.2019. 菠萝水肥一体化技术［M］. 北京：中国农业大学出版社.
石伟琦，孙伟生，习金根，等.2011. 我国菠萝产业现状与发展对策［J］. 广东农业科学（3）：181-186
苏钻贤，杨胜男，陈厚彬，等.2020.2020 年我国荔枝主产区的生产形势分析［J］. 南方农业学报（7）期：1598-1605.
孙熹，张承瑶，潘介春，等.2013. 不同覆盖材料对龙眼园生态环境及产量和品质的影响［J］. 中国土壤与肥料（4）：54-58.
谭德星，鲁雪利，苏晓艺.2021. 酵素微生物套餐肥在草莓上的应用效果研究［J］. 现代农业科技（17）：66-68.
谭宏伟.2019. 热带亚热带作物施肥理论与实践［M］. 北京：中国农业出版社.
陶尚琨.2021. 百色市香蕉健康管理技术［J］. 植物医生，34（2）：75-78.
汪末根，潘兰贵，江雪芳，等.2021. 淳安县柑橘绿色防控及经济效益分析［J］. 浙江农业科学，62（2）：386-388.
王海丽，古璇清，王小军，等.2016. 芒果需水规律与适宜土壤水分灌溉调控技术研究［J］. 中国农村水利水电（8）：125-127.
王坤，陆宏芳，谭耀文，等.2010. 生草栽培对三种岭南水果种植系统的生态经济影响评价［J］. 生态环境学报，19（1）：197-204.
王孟兰，孙婷，苏舜.2019. 控释 BB 肥侧深施对水稻产量、氮肥利用率及经济效益的影响［J］. 上海农业科技（5）：99-101.
王荣香，康专苗.2014.2 种灌溉施肥方式对香蕉生长和果实品质的影响［J］. 热带农业科学，34（11）：18-21.
王秀平.2009. 园林树木生草覆盖法栽培效应［J］. 广东农业科学（6）：58-60.
王燕、李于兴、刘昌质，等.2021. 合江荔枝产业发展现状与对策［J］. 热带农业工程（3）：33-35.
韦家少.2005. 世界芒果产业发展概况［J］. 中国热带农业（5）：22-25.
位杰，蒋媛，王丙太，等.2018. 果园生草栽培与利用技术［J］. 北方园艺（6）：197-201.
魏守兴，黄丽娜，谢子四，等.2013. 漳州主要长期焦园土壤肥力分析与施肥建议［J］. 热带作物学报，34（12）：2336-2341.
吴小波，彭杨，龚德勇，等.2019. 贵州芒果产业发展现状·存在问题及对策［J］. 安徽农业科学，47（1）：244-245.
武松伟，梁珊珊，谭启玲，等.2021. 柑橘营养特性与“以果定肥”［J］. 华中农业大学学报，40（1）：12-21.
向旭.2020. 广东荔枝产业发展瓶颈与产业技术研发进展［J］. 广东农业科学（12）：32-41。
谢国干，谢冰清，林尤河，等.2000. 海南芒果业现状，存在问题与对策［J］. 海南大学学报（自然科学版），18（3）：293-297.
徐囧志，岑文展.2020. 广西荔枝高接换种品种推荐及方法选择［J］. 农业研究与应用（1）：53-55.
徐志平.2009. 测土配方施肥实用技术（修订本）［M］. 福州：福建科学技术出版社：116-123.
许林兵，高爱平，蒲金基，等.2012. 香蕉芒果安全生产技术指南［M］. 中国农业出版社：177-189.
许修柱.2019. 琯溪蜜柚生产中的碳排放及优化施肥的综合效应评价［D］. 福州：福建农林大学.
严程明，张江周，石伟琦，等.2013. 徐闻县菠萝种植现状与生长因素分析［J］. 热带农业科学，33（9）：16-21.
杨玉盛，陈光水，林鹏，等.2003. 格氏栲天然林与人工林细根生物量、季节动态及净生产力［J］. 生态学报，23（9）：1719-1730.
姚丽贤，周昌敏，何兆桓，等．2020. 荔枝主栽品种树体营养累积特点及与土壤养分关系［J］. 华南农业大学学报，41（2）：40-47.
叶美欢．2019. 施肥技术集成模式在香蕉生产上应用初探［J］. 广西农学报，34（6）：23-25.
夜明珠，毛兴菊，夏晓洁．2021. 柑橘病虫害绿色防控［J］. 云南农业（8）：62-63.
余赟，韦义波，韦思智，等．2014. 宿根栽培年限对桂西南香蕉生产的影响及管理建议［J］. 热带农业科技，37（3）：27-30.
臧小平，井涛，陈宇丰，等．2021. 不同滴灌施肥配比对香蕉产量、养分利用及经济效益的影响［J］. 灌溉排水学报，40（6）：66-71.
曾海鹏．2012. 冬季香蕉高产管理技术［J］. 现代农业科技（13）：114.
张春喜．2021. 海南香蕉优质高产栽培管理技术［J］. 特种经济动植物，24（8）：60-61.
张发明，陈于福，解德宏，等．2012. 云南干旱地区芒果园生草栽培对土壤肥力的影响［J］. 热带农业科学，32（10）：72-76，90.
张福锁，陈新平，陈清，等．2009. 中国主要作物施肥指南［M］. 北京：中国农业大学出版社．
张惠云，魏团仁，高贤玉，等．2010. 荔枝园不同耕作模式土壤表层水分动态变化研究［J］. 现代农业科技（19）：243-244，247.
张江周，严程明，史庆林，等．2014. 菠萝营养与施肥［M］. 北京：中国农业大学出版社．
张世祺，程琛，林伟杰，等．2019.‘琯溪蜜柚’园土壤和树体的硼素营养与果实粒化关系分析［J］. 果树学报，36（4）：468-475.
张显努．2004. 香蕉缺素症的表现及其预防［J］. 农村实用技术（3）：12.
赵凤亮，邹刚华，单颖，等．2020. 香蕉园化肥施用现状、面源污染风险及其养分综合管理措施［J］. 热带作物学报，41（11）：2346-2352.
赵亮亮．2022. 微生物肥对土壤肥力及作物产量的效应研究［J］. 科技资讯，20（1）：108-110.
赵玉山．2022. 广东：鲜荔枝出口占全国比重超四成［J］. 中国果业信息（4）：45.
郑桂英．2005. 浅析香蕉的营养特性及施肥技术［J］. 福建农业科技（1）：46-47.
郑平清．2021. 芒果产业发展现状存在问题及对策［J］. 江西农业（14）：70-71.
周小伟．2020. 海南香蕉主要病虫害及防治［J］. 现代化农业（10）：10-12.
朱振柳．2019. 柑橘专用BB肥在纽荷尔脐橙上的应用效果［J］. 东南园艺，7（3）：7-10.
庄丽娟，邱泽慧．2021. 2019年中国荔枝产业发展特征与政策建议［J］. 中国南方果树（4）：184-188.
庄伊美．1990. 香蕉营养与施肥［J］. 福建果树（1）：36-43.
Alva A K，Paramasivam S，Fares A，et al. 2006. Nitrogen best management practice for citrus trees：II. Nitrogen fate，transport，and components of N budget［J］. Scientia Horticulturae，(109)：223-233.
Ashkevari A，Sheikh，Hoseinzadeh S H，et al. 2013. Effects of different nitrogen，phosphorus，potassium rates on the quality and quantity of citrus plants，variety Thomson novel under rainfed and irrigated conditions［J］. Journal of plant nutrition，(36)：1412-1423.
Cakmak I，Yazici A M. 2010. Magnesium：A forgotten element in crop production［J］. Better crops with plant food，94（2）：23-25.
Li C P，Qi Y P，Zhang J，et al. 2017. Magnesium-deficiency-induced alterations of gas exchange，major metabolites and key enzymes differ among roots，and lower and upper leaves of Citrus sinensis seedlings［J］. Tree physiology.
Mattos D，Quaggio J A，Cantarella H，et al. 2012. Nutrient management for high citrus fruit yield in tropical soils［J］. Better Crops with Plant Food，(96)：4-7.
Pregitzer K S. 2008. Tree root architecture：form and function［J］. The New Phytologist，(180)：562-564.

Ram L，Kohli R R，Srivastava A K，et al. 1997. Nutritional requirement of Nagpur mandarin（Citrus reticulata Blanco）grown on vertisol in Central India［J］. Indian journal of horticulture，54（2）：91-97.

Wójcik P，Lewandowski M. 2003. Effect of calcium and boron sprays on yield and quality of "Elsanta" strawberry［J］. Journal of plant nutrition，26（3）：671-682.

Zaman Q U，Schumann A W，Miller W M，et al. 2005. Variable rate nitrogen application in Florida citrus based on ultrasonically-sensed tree size［J］. Applied Engineering in Agriculture，（21）：331-335.

Zhang S W，Yang W H，Muneer M A，et al. 2021. Integrated use of lime with Mg fertilizer significantly improves the pomelo yield，quality，economic returns and soil physicochemical properties under acidic soil of southern China［J］. Scientia Horticulturae，290（2）.